中华人民共和国年鉴社　编

中国国情读本

2015版

新　华　出　版　社

图书在版编目（CIP）数据

中国国情读本（2015 版）/中华人民共和国年鉴社编．
北京：新华出版社，2015. 1
ISBN 978-7-5166-1402-0
Ⅰ. ①中… Ⅱ. ①中… Ⅲ. ①中国—概况—现代 Ⅳ. ①K92
中国版本图书馆 CIP 数据核字（2014）第 301629 号

中国国情读本（2015 版）

作　　者： 中华人民共和国年鉴社编

出 版 人： 张百新　　**创意策划：** 要力石
责任编辑： 米春改　时光慧　孙大萍　王妍妍　　**责任印制：** 廖成华
装帧设计： 李尘工作室

出版发行： 新华出版社
地　　址： 北京石景山区京原路 8 号　　**邮　　编：** 100040
网　　址： http://www.xinhuapub.com　http://press.xinhuanet.com
经　　销： 新华书店
购书热线： 010-63077122　　**中国新闻书店购书热线：** 010-63072012

照　　排： 北京汉书鸿图文化传播有限公司
印　　刷： 北京新魏印刷厂

成品尺寸： 170mm×240mm　1/16
印　　张： 24.5　　**字　　数：** 390 千字
版　　次： 2015 年 1 月第一版　　**印　　次：** 2015 年 1 月第一次印刷

书　　号： ISBN 978-7-5166-1402-0
定　　价： 38.00 元

目　录

第五编　魅力国情　/159 – 344

时政篇

经济篇

文化篇

科技篇

民生篇

人物篇

第六编　年度大事 /353－378

第一编　图说中国

12月4日是中国首个国家宪法日，最高人民法院在北京举行国家宪法日主题宣传暨公众开放日活动。

王申 摄（新华）

10月20日至23日，中国共产党第十八届中央委员会第四次全体会议在北京举行。

鞠鹏 摄（新华）

9月19日，武警福建总队龙岩支队组织刚入伍的新兵来到全国爱国主义教育基地——古田会议会址，开展“传承红色基因，争当合格武警”主题教育活动。图为讲解员为新兵讲解《星星之火 可以燎原》的创作背景。

李涛 摄（新华）

9月5日，中共中央、全国人大常委会在北京人民大会堂隆重举行庆祝全国人民代表大会成立60周年大会。

谢环驰 摄（新华）

9月3日是中国人民抗日战争胜利纪念日，党和国家领导人来到中国人民抗日战争纪念馆，与首都各界代表一起，向抗战烈士敬献花篮。

王晔 摄（新华）

9月30日是国家设立的首个烈士纪念日，全国各地各界干部群众举行多种纪念活动，缅怀烈士功绩，弘扬烈士精神。图为解放军官兵在广州起义烈士陵园参加公祭活动。

刘大伟 摄（新华）

12月13日，南京大屠杀死难者国家公祭仪式在侵华日军南京大屠杀遇难同胞纪念馆举行。图为和平鸽在公祭仪式现场振翅飞翔。

韩瑜庆 摄（新华）

随着党的群众路线教育实践活动深入开展，山东省泰安市岱岳区推出以“公开 便捷 亲切”为主题的阳光服务行动，提升便民服务水平。图为10月17日，岱岳区公共行政服务中心工作人员为群众办理营业执照。

高启民 摄（新华）

2014年，党中央高度重视反腐倡廉工作，坚定不移反腐败，驰而不懈抓作风。各级纪检监察机关狠抓大案要案、严格正风肃纪、深化体制改革，打出一套反腐“组合拳”，打掉一批“老虎”“苍蝇”。图为1月23日，杭州市西湖边绿杨路6号的东篱会所已停业。

鞠焕宗 摄（新华）

11月11日，亚太经合组织（APEC）第二十二次领导人非正式会议在北京怀柔雁栖湖国际会议中心举行。

李涛 摄（新华）

11月10日晚，北京为APEC会议在奥林匹克公园举行焰火表演。

罗晓光 摄（新华）

APEC会议期间，“品味北京”展在北京国家会议中心展出，包括文化传承珍品、传统老字号名品、科技创新精品三大板块。图为民间艺术家在演示脸谱绘制艺术。

罗晓光 摄（新华）

APEC会议期间，为确保首都大气质量，京津冀鲁等地联防联控，启动最高级别减排措施，并取得明显成效。图为北京怀柔雁栖湖周边APEC主题景观。

马宁 摄（新华）

12月19日，庆祝澳门回归祖国15周年文艺晚会在澳门举行。图为演员在表演歌舞。

秦晴 摄（新华）

10月21日，世界知名旅游系列书籍《孤独星球》公布2015年最佳旅游胜地名单，澳门入选“十大最佳旅游地区”，成为两岸四地唯一入选地。图为游客在澳门威尼斯人购物中心内观光。

秦晴 摄（新华）

12月20日，澳门特区政府在金莲花广场举行隆重升旗仪式，庆祝澳门回归祖国15周年。五星红旗和特区区旗冉冉升起。

吕小炜 摄（新华）

12月20日，烟花在澳门上空盛放，庆祝澳门回归祖国15周年。

吕小炜 摄（新华）

2月11日，国务院台湾事务办公室主任张志军（右）在南京与来访的台湾方面大陆委员会负责人王郁琦（左）会面，就推进两岸关系有关问题广泛深入交换意见，并达成积极共识。

沈伯韩 摄（新华）

8月31日，十二届全国人大常委会第十次会议表决通过全国人大常委会关于香港特别行政区行政长官普选问题和2016年立法会产生办法的决定，确定下一步提出行政长官普选具体办法的原则和方向。图为8月27日，十二届全国人大常委会第十次会议在北京人民大会堂举行第二次全体会议。

刘卫兵 摄（新华）

11月17日，中共中央政治局委员、上海市委书记韩正（右二），中国证监会主席肖钢（右一）共同为上海证券交易所当日交易鸣锣开市，标志着作为资本市场重大制度创新的沪港通正式启动，沪港两地证券市场成功实现联通。

陈飞 摄（新华）

8月17日，香港社会各界逾19万人参加了由“保普选、反占中”大联盟发起的“和平普选大游行”，表达各界落实“一国两制”方针和基本法，依法实行普选的愿望和诉求。图为参与者经过香港金钟。

陈思涵 摄（新华）

CHINA

11月11日至16日，第十届中国国际航空航天博览会在广东省珠海市航展中心举行。图为11月10日，参加此次航展的歼—31战机在珠海航展中心上空试飞。

刘大伟 摄（新华）

5月31日至7月28日，总参依托北京军区朱日和训练基地，组织“跨越—2014·朱日和”实兵对抗系列演习。图为6月24日，对抗演习中“红军”士兵成战术队形向前推进。

朱思楠 摄（新华）

2014年，中国双线作战抗击埃博拉疫情。既做好国内疫情防范工作准备，又积极开展援非抗疫工作。图为12月20日，中国援助塞拉利昂防控埃博拉出血热第二批公共卫生师资培训队出发。

王申 摄（新华）

1月2日，“雪龙”号上的“雪鹰12”直升机成功解救俄罗斯南极被困船只上的52名人员，但撤离时自身却被密集浮冰困阻。7日，“雪龙”号成功冲出厚重的密集浮冰区，胜利突围。图为破冰突围的“雪龙”号在清水区航行。

张建松 摄（新华）

9月2日，中央军委给王红理、海军给372潜艇记一等功庆功大会举行。在此前的一次实战化紧急拉动和战备远航训练中，指挥员王红理面对重大险情沉着冷静、果断指挥，全艇官兵舍生忘死、奋力排险，圆满完成后续任务。图为海军372潜艇起航驶离军港，奔赴深海大洋。

万俊成 摄（新华）

2014年，国务院印发《关于建立统一的城乡居民基本养老保险制度的意见》，决定将现行新型农村社会养老保险制度与城镇居民社会养老保险制度合并实施，建立全国统一的城乡居民基本养老保险制度。图为广西贺州市钟山县清塘镇敬老院。

陆波岸 摄（新华）

10月11日，由云南预备役步兵师应急救援大队帮助景谷地震重灾区永平镇昔俄村建设的“帐篷小学”开学复课。图为“帐篷小学”学生在上语文课。

陈海宁 摄（新华）

7月30日，国务院公布《关于进一步推进户籍制度改革的意见》，明确建立城乡统一的户口登记制度。图为山东省沂南县公安局民警在为群众办理户籍手续。

新华社发

2014年，“单独两孩”政策在全国各地启动实施。图为市民带着女儿在办事处填写“单独两孩”生育证审批表。

杨世尧 摄（新华）

3月，福建省上杭县社会保障服务中心正式启用，该中心设有一线敞开式服务窗口39个，为百姓提供就业、医保、养老保险、社保、医疗救助等办理事项的一站式、“一条龙”服务，整合政府资源，方便百姓办事。图为3月20日，该中心的工作人员为群众服务。

姜克红 摄（新华）

6月23日，北京金隅汇星苑公开摇号，这是北京首个摇号的自住型商品房项目。图为购房家庭代表上台摇取种子号。

罗晓光 摄（新华）

11月16日，兰新高铁乌鲁木齐至哈密段开通运行，新疆由此迈入高铁时代。兰新高速铁路全长1776公里，是目前世界上一次性建设里程最长的高速铁路。图为旅客乘坐列车时特意穿上了民族服装。

赵戈 摄（新华）

10月31日，主题为“城市转型与发展”的首届“世界城市日”启动仪式在上海举行。图为嘉宾在启动仪式上推动拨杆。

方喆 摄（新华）

中央八项规定实施两年来，福建省福州市严格控制“三公”经费支出。福州市鼓楼区缩减“三公”经费1100多万元，主要用于居家养老、教育等民生工程。图为老人在政府投资建成的鼓东街道庆城社区居家养老服务站用餐。

张国俊 摄（新华）

2014年，北京市加大城市保障房建设力度，全市保障房新开工100811套，竣工107432套，累计分配保障房3.6万套。新开工量、竣工量、建设投资量全部超额完成。图为门头沟区龙门保障房小区。

李欣 摄（新华）

第二编　国情概略

概　　貌

疆域和区划

位置和面积

中国处于北半球，赤道以北。中国幅员辽阔，最北端位于黑龙江省漠河县北端的黑龙江主航道中心线上（北纬53°33′）；最南端位于南沙群岛的曾母暗沙（北纬3°51′），南北跨纬度约近50°，相距约5500千米。最东端位于黑龙江省抚远县黑龙江与乌苏里江交汇处的黑瞎子岛（经度为东经135°5′）；最西端位于新疆维吾尔自治区乌恰县乌兹别里山口（经度为东经73°40′），东西跨经度约62°，相距约5200千米。

中国位于亚洲东部，太平洋西岸，是背陆面海，海陆兼备的国家。这样的海陆位置，既有利于同众多陆上邻国的联系，也有利于同海外各国的交往；每年来自海洋上的湿润空气，带来丰沛的降水，是中国淡水资源的重要来源和发展农牧业生产的必要条件。沿海地区还便于海洋事业的发展。

中国位于北半球，北回归线穿过南部，是世界上纵跨温度带最多的国家之一。北起黑龙江省北部的寒温带，向南依次出现中温带、暖温带、北亚热带、中亚热带、南亚热带、边缘热带和中热带以及赤道带。青藏高原因其地势高峻，面积广大，又可划分为高原寒带、高原亚寒带和高原温带三个特殊类型。喜马拉雅山南坡的部分地区，还出现了狭长的山地热带、亚热带地区。从南北位置看，跨纬度范围广，光热充足，适合多种动植物的生长和发展。

中国陆地总面积约960万平方千米，占地球陆地面积的1/15。在世界各国中面积仅次于俄罗斯和加拿大，居世界第三位，差不多同整个欧洲面积相等。海域总面积约473万平方千米，其中，根据《联合国海洋法公约》的规定，中国主张管辖的海域面积约为300万平方千米，包括了内海、领海、毗连区、专属经济区和大陆架。

疆界和邻国

中国陆地边界长度约2.2万千米。陆地与14个国家接壤，从东北开始，按逆时针顺序，依次是朝鲜、俄罗斯、蒙古、哈萨克斯坦、吉尔吉斯斯坦、塔吉克斯坦、阿富汗、巴基斯坦、印度、尼泊尔、不丹、缅甸、老挝、越南。中国在海上与8个国家相邻，分别是朝鲜、韩国、日本、菲律宾、马来西亚、文莱、印度尼西亚、越南。其中，朝鲜、越南既是中国的陆上邻国，又是中国的海上邻国，其余6个国家则与中国隔海相望。

中国大陆海岸线长度约1.8万千米。中国近海有渤海、黄海、东海、南海及台湾以东太平洋海区5大海区，其中渤海为中国内海。中国沿海分布着大小岛屿数千个，其中面积在500平方米以上的岛屿有6500多个，主要分布在东海和南海。面积最大的是台湾岛，面积35759平方千米，海南岛位列第二，面积33900平方千米。主要群岛有长山列岛、庙岛群岛、舟山群岛、澎湖列岛、钓鱼岛列岛以及南海中的东沙群岛、西沙群岛、中沙群岛和南沙群岛等。主要海峡自北起有渤海海峡、台湾海峡、巴士海峡、琼州海峡。中国较大的半岛有辽东半岛、山东半岛和雷州半岛等。

中国领海的宽度为12海里，专属经济区宽度为200海里。根据《联合国海洋法公约》的规定，中国主张管辖的海域面积约为300万平方千米。辽东半岛和山东半岛环抱的渤海、雷州半岛和海南岛之间的琼州海峡是中国的内海，全部属于中国的领海。

行政区划

中国宪法规定，行政区划有省（自治区、直辖市）、县（自治县、市）、乡（镇）三级。乡镇是中国最基层的行政单位。自治区、自治州、自治县是少数民族聚居地区的民族自治地方，它们都是祖国不可分割的部分。国家根据需要，还可以设立特别行政区。此外，为了便于行政管理和经济建设，为了加强民族团结，国家可根据需要对行政区划作必要的调整和变更。

目前中国有34个省级行政区，包括23个省、5个自治区、4个直辖市、2个特别行政区。在历史上和习惯上，各省级行政区都有简称。省级人民政府驻地称省会（首府），中央人民政府所在地是首都。北京是中国的首都。

香港和澳门是中国领土的一部分。中国政府已于1997年7月1日对香港恢复行使主权，成立了香港特别行政区。于1999年12月20日对澳门恢复行使主权，成立了澳门特别行政区。

省级行政区划

名称	简称	人民政府驻地	名称	简称	人民政府驻地	名称	简称	人民政府驻地
北京市	京	北京	福建省	闽	福州	云南省	云或滇	昆明
天津市	津	天津	江西省	赣	南昌	西藏自治区	藏	拉萨
河北省	冀	石家庄	山东省	鲁	济南	陕西省	陕或秦	西安
山西省	晋	太原	河南省	豫	郑州	甘肃省	甘或陇	兰州
内蒙古自治区	内蒙古	呼和浩特	湖北省	鄂	武汉	青海省	青	西宁
辽宁省	辽	沈阳	湖南省	湘	长沙	宁夏回族自治区	宁	银川
吉林省	吉	长春	广东省	粤	广州	新疆维吾尔自治区	新	乌鲁木齐
黑龙江省	黑	哈尔滨	广西壮族自治区	桂	南宁	香港特别行政区	港	
上海市	沪	上海	海南省	琼	海口	澳门特别行政区	澳	
江苏省	苏	南京	重庆市	渝	重庆	台湾省	台	
浙江省	浙	杭州	四川省	川或蜀	成都			
安徽省	皖	合肥	贵州省	贵或黔	贵阳			

人口和民族

世界上人口最多的国家

中国是世界上人口最多的国家，截至 2013 年底，中国人口总数已达 13.61 亿人（不含香港、澳门特别行政区和台湾省）。

中国人口分布不均，如从哈尔滨到昆明连一条线，线以东许多地区人口密度在 100 人以上，有些地方甚至在 400 人以上；线以西广大地区人口密度在 50 人以下，其中许多地区人口密度在 1 人以下。所以中国人口分布的特征是：东部人口多，西部人口少。

统一的多民族国家

中国是一个团结统一的多民族国家。在中国广大的土地上，居住着 56 个民族，它们共同组成了中华民族大家庭。在中国历史发展中，各民族共同发展了经济和文化，共同反抗阶级压迫和抵御外来侵略，为缔造和发展统一的多民族国家作出了自己的贡献。

在民族大家庭中，汉族人口最多，约占全国总人口的 90% 以上。其他 55 个民族人口较少，称为少数民族。在 55 个少数民族中，人口在百万人以上的有 18 个民族，分别为壮、满、回、维吾尔、苗、彝、土家、蒙古、藏、布依、侗、瑶、朝鲜、白、哈尼、哈萨克、黎、傣族，其中壮族人口最多，有 1600 多万人。人口在 1 万人以下的有 6 个民族，他们是鄂伦春、独龙、塔塔尔、赫哲、高山、珞巴（按实地普查区域的人数计算）民族。各民族虽然人数多少不同，但都是祖国大家庭中的亲密兄弟。

少数民族 2010 年人口普查汇总数及主要分布

民族	人口数（人）	主要分布地区
蒙古族	5981840	内蒙古、辽宁、吉林、河北、黑龙江、新疆
回　族	10586087	宁夏、甘肃、河南、新疆、青海、云南、河北、山东、安徽、辽宁、北京、内蒙古、天津、黑龙江、陕西、贵州、吉林、江苏、四川
藏　族	6282187	西藏、四川、青海、甘肃、云南
维吾尔族	10069346	新疆
苗　族	9426007	贵州、湖南、云南、广西、重庆、湖北、四川
彝　族	8714393	云南、四川、贵州
壮　族	16926381	广西、云南、广东
布依族	2870034	贵州
朝鲜族	1830929	吉林、黑龙江、辽宁
满　族	10387958	辽宁、河北、黑龙江、吉林、内蒙古、北京
侗　族	2879974	贵州、湖南、广西
瑶　族	2796003	广西、湖南、云南、广东
白　族	1933510	云南、贵州、湖南
土家族	8353912	湖南、湖北、重庆、贵州
哈尼族	1660932	云南
哈萨克族	1462588	新疆
傣　族	1261311	云南
纳西族	326295	云南
景颇族	147828	云南
柯尔克孜族	186708	新疆
土　族	289565	青海、甘肃
达斡尔族	131992	内蒙古、黑龙江
仫佬族	216257	广西
羌　族	309576	四川
布朗族	119639	云南
撒拉族	130607	青海
毛南族	101192	广西
仡佬族	550746	贵州
锡伯族	190481	辽宁、新疆
阿昌族	39555	云南
普米族	42861	云南
塔吉克族	51069	新疆
怒　族	37523	云南
乌孜别克族	10569	新疆
俄罗斯族	15393	新疆、黑龙江
鄂温克族	30875	内蒙古
德昂族	20556	云南
保安族	20074	甘肃
裕固族	14378	甘肃

民族	人口数（人）	主要分布地区	民族	人口数（人）	主要分布地区
黎 族	1463064	海南	京 族	28199	广西
傈僳族	702839	云南、四川	塔塔尔族	3556	新疆
佤 族	429709	云南	独龙族	6930	云南
畲 族	708651	福建、浙江、江西、广东	鄂伦春族	8659	黑龙江、内蒙古
高山族	4009	台湾、福建	赫哲族	5354	黑龙江
拉祜族	485966	云南	门巴族	10561	西藏
水 族	411847	贵州、广西	珞巴族	3682	西藏
东乡族	621500	甘肃、新疆	基诺族	23143	云南

中国民族的分布具有既集中、又分散，大杂居、小聚居，交错分布的特点。汉族分布最广，但绝大部分集中分布在东部地区，其余则广泛分散在各地，与其他民族杂居共处。少数民族聚居的地区主要在西南、西北和东北边疆地区，约占全国总面积的 1/2 以上。有些民族既有相对集中分布的地区，又有部分散居在全国各地。这样的分布既有利于各民族间经济、文化上的交流，又促进相互间的往来，形成了相互依存、密不可分的关系。

《中华人民共和国宪法》第一章总纲第四条规定：中华人民共和国各民族一律平等。国家保障各少数民族的合法权利和利益，维护和发展各民族的平等、团结、互助关系。禁止对任何民族的歧视和压迫，禁止破坏民族团结和制造民族分裂的行为。

国家根据各少数民族的特点和需要，帮助各少数民族地区加速经济和文化的发展。

各少数民族聚居的地方实行区域自治，设立自治机关，行使自治权。各民族自治地方都是中华人民共和国不可分离的部分。

各民族都有使用和发展自己的语言文字的自由，都有保持或者改革自己的风俗习惯的自由。

侨胞和侨乡

侨居在外国的中国人称作华侨，中国有很多侨胞分布在世界各地。有些华侨取得了居留国的国籍，就成为外籍华人。侨胞的原籍以广东、福建两省最多，其中珠江三角洲、粤东的潮汕地区、梅州以及福建的泉州、厦门、漳州、莆田为著名的侨乡。广大侨胞热爱祖国、热爱家乡，大力支持祖国建设和家乡的经济文化发展，并为发展中国与世界各国的友好关系，加强各国人民之间的往来，作出了许多贡献。

地形和气候

地形主要特征

地形多种多样　在中国辽阔的大地上，有雄伟的高原、起伏的山岭、广阔的平原、低缓的丘陵，还有四周群山环抱、中间低平的盆地。陆地上的 5 种基本地形类型，中国均有分布，这为中国工农业的发展提供了多种多样的条件。

山区面积广大　通常人们把山地、丘陵和高原称为山区。中国山区面积占全国面积的 2/3，这是中国地形的又一显著特征。山区面积广大，给交通运输和农业发展带来一定困难，但山区可提供林产、矿产、水能和旅游资源，为改变山区面貌、发展山区经济提供了资源保证。

地势西高东低，呈阶梯状分布　地势是地表高低起伏的总趋势。中国地势西高东低，大致呈阶梯状分布。

地势的第一级阶梯是青藏高原，平均海拔在 4000 米以上。其北部与东部边缘分布有昆仑山脉、阿尔金山脉、祁连山脉、横断山脉，它们的北、东缘是地势第一、二级阶梯的分界线。

地势的第二级阶梯上分布着大型的盆地和高原，平均海拔在 1000 ~ 2000 米之间，其东部边缘有大兴安岭、太行山脉、伏牛山、巫山、雪峰山等，它们的东麓是地势的第二、三级阶梯的分界线。

地势的第三阶梯上主要分布着广阔的平原，间有丘陵和低山，海拔多在 500 米以下。

如果通过北纬 32°线，自西向东作一幅中国地形剖面图，从西部的大高原，到中部的中山盆地，再到东部平原，西高东低，呈阶梯状逐级下降的地势特点十分明显。

从中国陆地的第三级阶梯继续向海面以下延伸，就是浅海大陆架，这是大陆向海洋自然延伸的部分，一般深度不大，坡度较缓，海洋资源丰富。中国近海大陆架比较广阔，渤海和黄海的海底全部、东海海底的大部分和南海海底的一部分，都属浅海大陆架。目前，开发海洋资源，尤其是石油资源主要是在大陆架上进行的。

地势西高东低，有利于海上湿润空气向中国陆上推进，也便于北方冷空气南下，为降水的形成提供条件。受地势影响，中国大多数河流东流入海，沟通了东西交通，便于沿海与内地联系。随着地势逐级下降，河流在一、二级阶梯的过渡地带形成巨大落差，蕴藏着丰富的水能资源。

各类地形所占比例（%）

山　地	高　原	盆　地	丘　陵	平　原
33.33	26.04	18.75	9.90	11.98

各级海拔高度所占比例（%）

>3000 米	2000～3000 米	1000～2000 米	500～1000 米	≤500 米
25.94	6.07	24.55	15.86	27.58

地形分布

山脉　山地呈脉状延伸即为山脉。山脉构成中国地形的骨架，常常是不同地形区的分界，山脉延伸的方向称作走向，中国山脉的分布按其走向一般可分为 5 种情况。

东西走向的山脉主要有 3 列：北列为天山—阴山；中列为昆仑山—秦岭；南列为南岭。

东北—西南走向的山脉主要分布在中国东部：西列为大兴安岭—太行山—雪峰山；中列为长白山—武夷山；东列为台湾山脉。

西北—东南走向的山脉主要分布在中国西部，著名山脉有两条：阿尔泰山和祁连山。

南北走向的山脉主要有两条，分布在西南和西北，分别是横断山脉和贺兰山脉。

弧形山系由几条并列的山脉组成，其中最著名的山脉为喜马拉雅山，分布在中国与印度、尼泊尔等国边界上，绵延 2400 多千米，平均海拔 6000 米左右，其主峰珠穆朗玛峰，海拔 8844.43 米，是世界最高峰。

高原　中国有四大高原，即青藏高原、云贵高原、黄土高原和内蒙古高原。它们集中分布在地势第一、二级阶梯上。由于高度、位置、成因和受外力侵蚀作用不同，高原的外貌特征各异。

盆地　中国有四大盆地，即塔里木盆地、准格尔盆地、柴达木盆地和四川盆地。它们主要分布在地势第二级阶梯上，由于所在位置不同，其特点也不相同。

此外，著名的吐鲁番盆地也分布在地势第二级阶梯上，它是中国地势最低的盆地（－154 米）。

平原　中国有三大平原，即东北平原、华北平原和长江中下游平原。它们分布在中国东部地势第三级阶梯上。由于位置、成因、气候条件等各不相同，在地形上也各具特色。

三大平原南北相连，土壤肥沃，是中国最重要的农耕区。除此以外，中国还有成都平原、汾渭平原、珠江三角洲平原、台湾西部平原等，它们也都是重要的农耕区。

丘陵 中国丘陵众多，在东部地区主要有辽东丘陵、山东丘陵、东南丘陵。有些丘陵地区林木茂密，矿产丰富；有些丘陵被辟为梯田，或蕴藏水能。

气温和温度带

冬季气温的分布 以淮河—秦岭—青藏高原东南边缘为分界线，1 月份时，此线以北（包括北方、西北内陆及青藏高原）的气温在 0℃以下，其中黑龙江漠河的气温接近 −30℃；此线以南的气温则在 0℃以上，其中海南三亚的气温为 20℃以上。因此，南方温暖，北方寒冷，南北气温差别大是中国冬季气温分布的主要特征。

夏季气温的分布 7 月份，除了地势高的青藏高原和天山等以外，大部分地区在 20℃以上，南方许多地区在 28℃以上；新疆吐鲁番盆地 7 月平均气温高达 32℃以上，是中国夏季的炎热中心。所以除青藏高原等地势高的地区外，全国普遍高温，南北气温差别不大，是中国夏季气温分布的主要特征。

中国的温度带 通常可以采用积温来划分温度带，当日平均气温稳定升到 10℃以上时，大多数农作物才能活跃生长，所以通常把日平均气温连续≥10℃的天数叫作生长期。把生长期内每天平均气温累加起来的温度总和叫作积温。一个地区的积温，反映了该地区的热量状况。根据积温的分布，中国划分了 5 个温度带和 1 个特殊的青藏高原区。不同的温度带内热量不同，生长期长短不一，耕作制度和作物种类也有明显差别。

链　接

二十四节气

立春 在每年公历 2 月 4 日前后。中国习惯把它作为春季开始的节气。

雨水 在每年公历 2 月 19 日前后。此时农村开始备耕生产。

惊蛰 每年公历 3 月 6 日前后为惊蛰。“过了惊蛰节，春耕不停歇”。北方进入惊蛰，春耕大忙便开始了。

春分 每年公历 3 月 21 日前后太阳到达黄经 0°时为春分。这时阳光直照赤道，南北半球得阳光平均，所以昼夜几乎等长。

清明 每年公历 4 月 5 日前后为清明。此时，中国黄河流域及大部分地区的气温开始升高，雨量增多。

谷雨 在每年公历 4 月 20 日前后。“雨生百谷”道出了谷雨节气的由来。谷雨是北方春作物播种、出苗的季节。

立夏 中国习惯把立夏作为夏季的开始，一般在每年公历5月6日前后。

小满 每年公历5月21日前后为小满。顾名思义，小满是指夏收作物籽粒将要饱满成熟的意思。小满后，北方各地的小麦就要熟了，而黄淮流域的冬小麦将开镰收割。

芒种 芒种表示麦类等有芒作物成熟的季节，一般在每年公历6月6日前后。

夏至 每年公历6月21日前后为夏至。夏至表示炎热的夏天已经到来，同时也是一年中白天最长的一天。

小暑 在每年公历7月7日左右。一般小暑后就要数伏（伏指初伏、中伏和末伏，它是从夏至后第三庚开始的），所以小暑标志着一年最炎热的季节就要到来了。

大暑 在每年公历7月23日前后。顾名思义，大暑是一年中气候最热的时候。

立秋 在每年公历8月8日前后。中国习惯上把这一天作为秋季的开始。

处暑 在每年公历8月23日前后。处暑是反映气温由热向冷变化的节气。

白露 在每年公历9月8日前后。白露指气温降低，并出现露水。

秋分 在每年公历9月23日前后。"秋分秋分，日夜平分"。此时，阳光直照赤道，昼夜几乎等长。

寒露 在每年公历10月8日前后。寒露一到，华北地区便开始进入深秋，原野一片金黄，是秋游的好时节；而东北地区则呈初冬景象，长江流域及以南地区却仍郁郁葱葱。

霜降 每年公历10月23日或24日。霜降表示气候渐渐寒冷，北方地区已出现降霜或开始有霜。

立冬 每年公历11月7日前后为立冬。立冬是表示冬季开始的节气。这时，黄河中下游地区即将结冰。

小雪 在每年公历11月22日前后。它表示已经到了开始下雪的节气。此时，东北、内蒙古、华北北部地区气候寒冷。

大雪 每年公历12月7日前后。一交大雪，黄河流域的冬小麦进入了休眠期。

冬至 每年公历12月22日前后为冬至。冬至为北半球冬季的开始。这天昼最短，夜最长。冬至过后便是"数九"了。

小寒 在每年公历1月6日前后。这时正值"三九"前后，中国大部分地区进入严寒时期。

大寒 在每年公历1月20日前后。大寒为中国大部分地区一年中最冷的时期。

降水和干湿地区

年降水量的空间分布 从中国年降水量分布图可看出：800毫米等降水量线大致在淮河北—秦岭—青藏高原东南边缘一线；400毫米等降水量线大致在大兴安岭—张家口—兰州—拉萨—喜马拉雅山东南端一线。塔里木盆地年降水量少于50毫米，其南部边缘的一些地区降水量不足20毫米；吐鲁番盆地的托克逊平均年降水量仅5.9毫米，是中国的"旱极"。中国东南部有些地区降水量在1600毫米以上，台湾东部山地可达3000毫米以上，其东北部的火烧寮年平均降水量达 6000 毫米以上，最多的年份为 8408 毫米，是中国的“雨极”。

中国年降水量空间分布的规律是：从东南沿海向西北内陆递减。各地区差别很大，大致是沿海多于内陆，南方多于北方，山区多于平原，山地中暖湿空气的迎风坡多于背风坡。

降水量的时间变化 中国降水量的时间变化表现在两个方面，即：季节变化和年际变化。

季节变化是一年内降水量的分配状况。中国降水的季节分配特征是：南方雨季开始早，结束晚，雨季长，集中在5—10 月；北方雨季开始晚，结束早，雨季短，集中在 7、8 月。全国大部分地区夏秋多雨，冬春少雨。

年际变化是年与年之间的降水分配情况。中国大多数地区降水量年际变化较大，一般是多雨区年际变化较小，少雨区年际变化较大；沿海地区年际变化较小，内陆地区年际变化较大，且以内陆盆地年际变化最大。

季风活动与季风区 中国降水空间分布与时间变化特征，主要是由于季风活动影响形成的。源于西太平洋热带海面的东南季风和赤道附近印度洋上的西南季风把温暖湿润的空气吹送到中国大陆上，成为中国夏季降水的主要水汽来源。

在夏季风正常活动的年份，每年 4、5 月，暖湿的夏季风推进到南岭及其以南的地区。广东、广西、海南等省区进入雨季，降水量增多。

6 月，夏季风推进到长江中下游，秦岭—淮河以南的广大地区进入雨季。这时，江淮地区阴雨连绵，由于正是梅子黄熟时节，故称这种天气为梅雨天气。

7、8 月，夏季风推进到秦岭—淮河以北地区，华东、东北等地进入雨季，降水明显增多。9 月，北方冷空气的势力增强，暖湿的夏季风在它的推动下向南后退，北方雨季结束。10 月，夏季风从中国大陆上退出，南方的雨季也随之结束。

在中国大兴安岭—阴山—贺兰山—巴颜喀拉山—冈底斯山连线以西以北的地区，夏季风很难到达，降水量很少。习惯上我们把夏季风可以到达的地区称为季风区，夏季风势力难以到达的地区称为非季风区。

中国的干湿地区 干湿状况是反映气候特征的标志之一，一个地方的干湿程度由降水量和潜在蒸散的对比关系决定。干湿状况与天然植被类型及农业等关系密切。中国各地干湿状况差异很大，共划分为 4 个干湿地区：湿润区、半湿润区、半干旱区和干旱区。

河流和湖泊

中国河流、湖泊众多。这些河流、湖泊不仅是中国地理环境的重要组成部分，而且还蕴藏着丰富的自然资源。中国的河湖地区分布不均，内外流区域兼备。中国外流区域与内流区域的界线大致是：北段大体沿着大兴安岭—阴山—贺兰山—祁连山（东部）一线，南段比较接近于200毫米的年等降水量线（巴颜喀拉山—冈底斯山）。这条线的东南部是外流区域，约占全国总面积的2/3，河流水量占全国河流总水量的95%以上；内流区域约占全国总面积的1/3，但是河流总水量还不到全国河流总水量的5%。

河流

中国是世界上河流最多的国家之一。中国有许多源远流长的大江大河。其中流域面积超过1000平方千米的河流就有1500多条。

中国的河流，按照河流径流的循环形式，有注入海洋的外流河，也有与海洋不相沟通的内流河。

长江　长江发源于青海省西南部、青藏高原上的唐古拉山脉主峰各拉丹冬雪山，曲折东流，干流先后流经青海、四川、西藏、云南、重庆、湖北、湖南、江西、安徽、江苏、上海共11个省、自治区和直辖市，最后注入东海。全长6363千米，是中国第一大河，也是亚洲最长的河流，世界第三大河。流域面积180万平方千米，约占全国总面积的1/5，年入海水量9513亿立方米，占全国河流总入海水量的1/3以上。流经中国青藏高原、横断山区、云贵高原、四川盆地、长江中下游平原，流域绝大部分处于湿润地区。

黄河　黄河发源于青海省中部，巴颜喀拉山北麓，流经青海、四川、甘肃、宁夏、内蒙古、山西、陕西、河南、山东9个省、自治区，注入渤海。全长5464千米，是中国第二大河。流域面积79.5万平方千米，流经中国青藏高原、内蒙古高原、黄土高原、华北平原，以及干旱、半干旱、半湿润区。

珠江　珠江是中国南方最大的河流，其干流西江发源于云南东部。珠江流经云南、贵州、广西、广东入南海，全长2214千米，流域在中国境内45.37万平方千米。主要有西江、北江、东江三大支流水系，北江与东江基本上都在广东境内，三江水系在珠江三角洲汇集，形成纵横交错、港汊纷杂的网状水系。

京杭运河　中国除天然河流外，还有许多人工开凿的运河，其中有世界上开凿最早、最长的京杭运河。京杭运河北起北京、南到杭州，纵贯京津两市和冀、鲁、苏、浙4省，沟通海河、黄河、淮河、长江、钱塘江五大水系，全长1801千米，是中国历史上与万里长城齐名的伟大工程。从开凿至今已有2000多年的历史，对沟通中国南北交通曾起过重大的作用，但过去由于不加维护，许多河段已断航。新中国成立后，对运河进行了整治，目前江苏、浙江两省境内的河段，仍是重要的水上运输线。同时，运河还发挥灌溉、防洪、排涝等综合作用。在“南水北调”东线工程中，它又被用作长江水源北上的输水渠道。

湖泊

中国湖泊众多，共有湖泊24800多个，其中面积在1平方千米以上的天然湖泊就有2759个。湖泊数量虽然很多，但在地区分布上很不均匀。总的来说，东部季风区，特别是长江中下游地区，分布着中国最大的淡水湖群；西部以青藏高原湖泊较为集中，多为内陆咸水湖。

外流区域的湖泊都与外流河相通，湖水能流进也能排出，含盐分少，称为淡水湖，也称排水湖。中国著名的淡水湖有鄱阳湖、洞庭湖、太湖、洪泽湖、巢湖等。

内流区域的湖泊大多为内流河的归宿，湖水只能流进，不能流出，又因蒸发旺盛，盐分较多形成咸水湖，也称非排水湖，如中国最大的湖泊青海湖以及海拔较高的纳木错湖等。

中国的湖泊按成因有河迹湖（如湖北境内长江沿岸的湖泊）、海迹湖（即潟湖，如西湖）、溶蚀湖（如云贵高原区石灰岩溶蚀所形成的湖泊）、冰蚀湖（如青藏高原区的一些湖泊）、构造湖（如青海湖、鄱阳湖、洞庭湖、滇池等）、火口湖（如长白山天池）、堰塞湖（如镜泊湖）等。

自然资源

土地资源

绝对数量大，人均占有量少　中国陆地总面积约960万平方千米，海域总面积473万平方千米。陆地面积居世界第3位，但按人均占土地资源论，在面积位居世界前12位的国家中，中国居第11位。中国人均占有的土地资源，只相当于澳大利亚的1/58、加拿大的1/48、俄罗斯的1/15、巴西的1/7、美国的1/5。按利用类型区分的中国各类土地资源也都具有绝对数量大、人均占有量少的特点。

类型复杂多样，耕地比重小 中国地形、气候十分复杂，土地类型复杂多样，为农、林、牧、副、渔多种经营和全面发展提供了有利条件。但也要看到，有些土地类型难以开发利用。例如，中国沙质荒漠、戈壁合占国土总面积的12%以上，改造、利用的难度很大。而对中国食物安全至关重要的耕地，所占比重仅为10%多些。

利用情况复杂，生产力地区差异明显 土地资源的开发利用是一个长期的历史过程。由于中国自然条件的复杂性和各地历史发展过程的特殊性，中国土地资源利用的情况极为复杂。例如，在广阔的东北平原上，汉民族多利用耕地种植高粱、玉米等杂粮，而朝鲜族则多种植水稻。在相近的自然条件下，太湖流域、珠江三角洲、四川盆地的部分地区就形成了全国性的桑蚕饲养中心等。

水资源

中国淡水资源总量为2.8万亿立方米，占全球水资源的6%，仅次于巴西、俄罗斯、加拿大、美国和印度尼西亚，居世界第六位，但人均只有2200立方米，仅为世界平均水平的1/4、美国的1/5，是全球人均水资源贫乏的国家之一，属于缺水严重的国家。受气候和地形影响，淡水资源的地区分布极不均匀，大量淡水资源集中在南方，北方淡水资源只有南方淡水资源的1/4。河流和湖泊是中国主要的淡水资源，河湖的分布、水量的大小，直接影响着各地人民的生活和生产。各大河的流域中，以珠江流域人均水资源最多，长江流域稍高于全国平均数，海滦河流域是全国水资源最紧张的地区。

中国水资源的分布情况是南多北少，而耕地的分布却是南少北多。如中国小麦、棉花的集中产区——华北平原，耕地面积约占全国的40%，而水资源只占全国的6%左右。水、土资源配合欠佳的状况，进一步加剧了中国北方地区缺水的程度。

中国水能资源理论蕴藏量近7亿千瓦，占常规能源资源量的40%。其中，经济可开发容量近4亿千瓦，年发电量约1.7亿千瓦时，是世界上水能资源总量最多的国家。中国水能资源的70%分布在西南四省市和西藏自治区，其中以长江水系为最多，其次为雅鲁藏布江水系。黄河水系和珠江水系也有较大的水能蕴藏量。目前，已开发利用的地区，集中在长江、黄河和珠江的上游。

生物资源

植物资源　中国植被种类丰富，分布错综复杂。在东部季风区，有热带雨林，热带季雨林，南亚热带、中亚热带常绿阔叶林、北亚热带落叶阔叶—常绿阔叶混交林，温带落叶阔叶林，寒温带针叶林，以及亚高山针叶林、温带森林草原等植被类型。在西北部和青藏高原地区，有干草原、半荒漠草原灌丛、干荒漠草原灌丛、高原寒漠、高山草原草甸灌丛等植被类型。据统计，有种子植物 300 个科、2980 个属、24600 个种，兼有寒、温、热三带的植物。其中被子植物 2946 属（占世界被子植物总属的 23. 6%）。较古老的植物，约占世界总属的 62%。有些植物，如水杉、银杏等，世界上其他地区现代已经绝灭，都是残存于中国的“活化石”。

动物资源　中国是世界上动物资源最为丰富的国家之一。全国陆栖脊椎动物约有 2070 种，占世界陆栖脊椎动物的 9. 8%。其中鸟类 1170 多种、兽类 400 多种、两栖类 184 种，分别占世界同类动物的 13. 5%、11. 3% 和 7. 3%。在西起喜马拉雅山—横断山北部—秦岭山脉—伏牛山—淮河与长江间一线以北地区，以温带、寒温带动物群为主，属古北界，以南地区以热带性动物为主，属东洋界。由于东部地区地势平坦，西部横断山南北走向，使得两界动物相互渗透混杂的现象比较明显。

矿产资源

中国幅员广大，地质条件多样，矿产资源丰富，矿产 171 种。已探明储量的有 157 种。其中钨、锑、稀土、钼、钒和钛等的探明储量居世界首位。煤、铁、铅锌、铜、银、汞、锡、镍、磷灰石、石棉等的储量均居世界前列。

中国矿产资源分布的主要特点是，地区分布不均匀。如铁主要分布于辽宁、冀东和川西，西北很少；煤主要分布在华北、西北、东北和西南区，其中山西、内蒙古、新疆等省区最集中，而东南沿海各省则很少。这种分布不均匀的状况，使一些矿产相对集中，如钨矿，虽然在 19 个省区均有分布，但储量主要集中在湘东南、赣南、粤北、闽西和桂东—桂中，尽管有利于大规模开采，但也给运输带来了很大压力。为使分布不均的资源在全国范围内有效地调配使用，亟须加强交通运输建设。

历　史

古代史

中国古代史，始于大约170万年前的元谋人，止于1840年的鸦片战争前，是中国原始社会、奴隶社会和封建社会的历史。

原始社会

中国的原始社会，起自大约170万年前的元谋人，止于约公元前2070年夏王朝的建立。原始社会经历了原始人群和氏族公社两个时期。氏族公社又经历了母系氏族公社和父系氏族公社两个阶段。

元谋人是已知的中国境内最早的人类。北京人是原始人群时期的典型代表。山顶洞人已经过着氏族公社的生活。长江流域的河姆渡氏族和黄河流域的半坡氏族是母系氏族公社的繁荣时期。大汶口文化的中晚期反映了父系氏族公社的情况。

传说中，黄帝是大约4000多年前生活在黄河流域原始部落的部落联盟首领。他提倡种植五谷，驯养牲畜，促使这个部落联盟逐步强大。他曾率领部落打败黄河上游的炎帝部落和南方的蚩尤部落。后来炎帝部落和黄帝部落结成联盟，在黄河流域长期生活、繁衍，构成了以后华夏族的主干成分。黄帝被尊奉为华夏族的祖先。

黄帝以后，黄河流域部落联盟的杰出首领，先后有尧、舜、禹。那时候，部落联盟首领由推选产生。尧年老了，召开部落联盟会议，大家推举有才德的舜为继承人。尧死后，舜继承了尧的位置，舜年老了，也采取同样的办法把位置让给治水有功的禹。这种更替首领位置的办法，历史上叫作“禅让”。

奴隶社会——夏、商、西周、春秋

从约公元前2070年夏朝建立开始，到公元前476年春秋时期结束，是中国的奴隶社会。

禹的儿子启建立的夏，是中国最早的奴隶制国家。约公元前1600年，夏王桀在位时，被商汤率兵灭亡。

约公元前1600年至公元前1046年的商朝，是奴隶社会的发展时期。商朝的农业、手工业较发达，青铜冶炼和铸造有很高水平。中国有文字可考的历史是从商朝开始的。商纣王统治时，周武王兴兵伐纣，商亡。

公元前1046年至公元前771年的西周，是奴隶社会的强盛时期。西周统治者实行了分封制和井田制。周厉王统治时，引起“国人暴动”，厉王逃跑，政权由周、召二公执掌。公元前771年，西周被犬戎灭亡。

公元前770年至公元前476年的春秋时期，是奴隶社会逐步瓦解时期。这一时期，周王室衰微，诸侯争霸。由于铁器的使用和牛耕的出现，生产力提高，私田增多，促使以奴隶制国有土地为基础的井田制逐步瓦解，奴隶制走向崩溃。春秋时期，文化上出现了繁荣局面。

封建社会的确立和初步发展——战国、秦、汉

从公元前475年战国时期开始，到公元220年东汉灭亡，是中国封建社会的确立和初步发展时期。

战国时期，新兴地主阶级推动了各诸侯国的变法运动。其中秦国商鞅变法比较彻底，使秦国逐渐成为诸侯国中实力最强的国家。这一时期，社会经济获得很大发展，科学技术取得显著成就，思想上出现了“百家争鸣”的繁荣局面。

秦朝是中国历史上第一个统一的多民族的专制主义中央集权的封建国家。秦始皇为巩固专制主义中央集权所采取的一系列措施，对后世产生了重大影响。秦统一后，为了防御匈奴南侵，在连接原来秦、赵、燕三国北方长城的基础上，又向东、西两段延伸，筑成一道西起临洮、东到辽东的城防。这就是有名的万里长城。秦统治者的暴政导致了农民战争的爆发和秦王朝的灭亡。

西汉是中国历史上一个强盛的封建国家。汉初统治者采取的“休养生息”政策，使社会经济得到了恢复和发展，出现了“文景之治”的局面，汉武帝时国力达到空前强盛。平定“七国之乱”后，加强了中央集权；通过“罢黜百家，独尊儒术”，在全国加强了思想统治；通过对匈奴战争和张骞出使西域，使多民族的国家得到进一步发展；丝绸之路的拓通，使中外经济文化交流有了新的发展。西汉末年，由于社会矛盾尖锐，农民战争爆发，西汉终于走向灭亡。

东汉初期的光武帝调整了统治政策，使社会出现了“光武中兴”的局面。但东汉后期，豪强地主势力发展，社会黑暗，终于爆发了黄巾大起义。在农民起义的打击下，东汉名存实亡。

秦汉时期，国家统一，生产发展，各民族间政治经济联系加强，科学文

化得到迅速发展。

封建国家的分裂和民族大融合——三国、两晋、南北朝

从公元220年曹丕建魏，到公元589年隋统一，是中国历史上封建国家的分裂和民族大融合时期。

经过黄巾起义的沉重打击，东汉政权已名存实亡。在镇压起义过程中出现了一些割据一方的军事集团。曹操在官渡打败袁绍，基本上统一北方。赤壁一战，曹操大败，退回北方。孙权、刘备的地位得到巩固。220年，曹丕称帝建魏；221年，刘备称帝建蜀；222年，孙权称帝建吴，三国鼎立局面形成。三国时期，各国经济都得到了发展。

三国后期，魏国的力量日益强大。263年，魏灭了蜀。266年，司马炎夺取魏政权建立晋朝，史称西晋。280年，西晋灭吴，结束了三国鼎立的局面。西晋的统一是短期的，由于阶级矛盾和民族矛盾日益尖锐，内迁的少数民族和各地流民不断起义、反抗，最终导致了西晋的灭亡。

西晋灭亡后，皇族司马睿在江南建立政权，史称东晋。北方各族统治者先后建立了许多国家，史称十六国。383年，统一黄河流域的前秦和东晋间的淝水之战，东晋取得了胜利，不久，前秦瓦解，形成了南北对峙的局面。在南方，东晋之后，经历了宋、齐、梁、陈四个朝代，史称南朝；在北方，经历了北魏、东魏和西魏、北齐和北周五个朝代，史称北朝。南北朝时期，江南得到了开发，北方出现了各民族的大融合。北魏孝文帝的改革，促进了民族的融合。

三国、两晋、南北朝时期，由于各民族的大融合和南北经济的发展，科学文化得到了进一步发展，在不少领域取得了世界领先的成就。

封建社会的繁荣——隋、唐

从公元581年隋朝建立，到公元907年唐朝灭亡，是中国封建社会的繁荣时期。

在民族大融合和南北经济发展的基础上，隋朝实现了统一。全国统一后，社会秩序安定下来，农业、手工业和商业得到发展，封建经济开始呈现了繁荣局面。官制的改革和科举制的创立，对后世产生了重大影响；大运河的开凿，对南北经济交流起了很大作用。

当隋末农民起义蓬勃发展时，李渊起兵攻占长安，并在618年称帝，建立唐朝。唐初统治者吸取隋亡教训，调整统治政策，前期政治比较清明，出现了“贞观之治”“开元盛世”，封建经济得到新的发展。

唐朝是一个强盛的多民族封建国家，各民族间的联系加强，同亚洲各国的经济文化交流也空前频繁。

安史之乱是唐朝由强盛转向衰落的转折点。安史之乱后，唐朝出现了藩镇割据的局面，生产遭到严重破坏。唐朝后期，土地兼并十分严重，导致了农民战争爆发，唐朝迅速瓦解。

隋唐时期，中国南北统一，疆域广阔，经济发达，中外文化交流频繁。在此基础上，各族人民共同创造了辉煌灿烂的文化。

民族融合的进一步加强和封建经济的继续发展
——五代、辽、宋、夏、金、元

从907年后梁建立，到1368年元朝灭亡，是中国封建社会民族融合的进一步加强和封建经济的继续发展时期。

五代十国时期，南方相对安定，经济获得较大发展。五代十国后期，后周逐渐强大，为后来结束分裂割据局面奠定了基础。

北宋建立后，采取了一系列加强中央集权的措施，结束了五代十国的分裂局面，封建经济得到继续发展。北宋中期，出现了财政困难等危机，为了克服统治危机，王安石实行了变法。北宋末，政治腐朽，防备空虚，金兵南下，结束了北宋的统治。1127年，南宋的统治开始。南宋与金对峙，南北经济都有新的发展。

北宋时，同其并立的主要少数民族政权，有契丹族建立的辽，有取代辽的女真族建立的金，还有党项族建立的夏。各民族政权间不断进行战争，同时也加强了经济文化交流。

蒙古族的首领铁木真（后被尊称成吉思汗）统一蒙古各部，建立了蒙古政权。成吉思汗及其子孙发动了大规模的战争。忽必烈建立的元朝统一了全国。元的统一促进了多民族国家的发展。元朝实行的行省制度，有效地管辖了全国。

宋元时期，各民族经济交往频繁，手工业、商业和城市经济较前繁荣，中国同亚、欧、非各国联系加强，文化科学技术达到了高度繁荣的水平。

统一的多民族国家的巩固和封建制度的逐渐衰落
——明、清（鸦片战争以前）

从1368年明朝建立，到1840年鸦片战争爆发前止，是中国封建社会统一的多民族国家的巩固和封建制度的逐渐衰落时期。

1368 年，朱元璋建立了明朝。明朝前期，明政府采取了一系列措施，强化专制主义中央集权的统治。为了加强军事防御力量，明政府营建并迁都北京。为巩固北部边防，明政府修筑了北边的长城。为了进一步加强同海外各国的联系，明政府派遣郑和出使西洋。明朝中后期，随着商品经济的发展，在江南一些地方出现了资本主义生产关系的萌芽。明朝后期，封建专制统治非常腐朽，社会矛盾日益尖锐，终于爆发了李自成领导的农民起义，明朝的统治被推翻。

1616 年，努尔哈赤建立了女真族的政权后金。皇太极改女真为满洲，于 1636 年称帝，并改金为清。清初统治者为了进一步加强专制主义的中央集权，除设立内阁、六部外，还增设了军机处；为了从思想上控制人民，清政府一再兴起文字狱，压制知识分子的反清思想。

明清前期，统一的多民族国家得到巩固。郑成功收复台湾，清朝设置台湾府，击败沙俄对中国黑龙江流域的侵略，这些斗争维护了国家主权和领土完整。清政府粉碎噶尔丹的分裂活动，平定大小和卓的叛乱，加强对西藏的管辖，使多民族国家得到进一步巩固。

近代史

中国近代史的时间为，从 1840 年鸦片战争到 1949 年中华人民共和国成立前，这也是中国半殖民地半封建社会的历史。中国近代史分为前后两个阶段，从 1840 年鸦片战争到 1919 年五四运动前夕，是旧民主主义革命阶段；从 1919 年五四运动到 1949 年中华人民共和国成立前夕，是新民主主义革命阶段。

鸦片战争

鸦片战争前，中国是一个独立自主的封建国家。由于中国的自然经济占统治地位，在中英正当贸易中，中国处于出超地位。英国为了改变贸易入超的状况，向中国偷运鸦片。鸦片的输入给中华民族带来了深重的灾难。人民群众强烈要求禁烟。林则徐领导的禁烟运动，给英国侵略者以沉重的打击。1840 年，英国发动了侵略中国的鸦片战争。战争中，广大爱国官兵和三元里人民进行了英勇战斗。但由于清政府奉行妥协方针，终于导致战争失败。1842 年，英国强迫清政府签订中英《南京条约》，中国的独立和领土完整开始遭到破坏，从封建社会开始沦为半殖民地半封建社会。战争中，一些爱国的知识分子惊醒了，一股“向西方学习”的新思潮萌发了。

1856—1860 年的第二次鸦片战争，是英、法为了扩大侵略权益而发动的侵华战争。美、俄坐收渔人之利。四国强迫清政府签订的《天津条约》《北京条约》等，使中国丧失了更多的领土和主权，外国侵略势力扩大到沿海各省和长江中下游地区。中国社会的半殖民地化程度进一步加深了。

太平天国运动

鸦片战争后，清朝国内阶级矛盾空前激化，农民起义风起云涌。1851 年，洪秀全发动了金田起义，并建立了太平天国政权；1853 年，太平天国定都天京，颁布了《天朝田亩制度》；1856 年，太平天国军事上达到了全盛时期；领导集团内部矛盾激化引发的天京事变大伤了太平天国的元气；1864 年，太平天国运动失败。洪秀全领导的太平天国运动体现了新时代农民战争的特点。太平天国的一些领导人开始向西方寻求真理，探索中国独立、富强的途径，勇敢地担负起反封建、反侵略的任务。太平天国运动是中国农民战争的高峰。

清朝后期资本主义的产生和民族危机的加深

19 世纪 60 年代，清朝统治阶级内部出现了洋务派。从 60 年代到 90 年代。他们掀起了一场“师夷长技以自强”的洋务运动。洋务运动没使中国走上富强的道路，但在客观上刺激了中国资本主义的发展。

19 世纪六七十年代，中国社会出现了资本主义的生产方式，中国民族资产阶级产生了。中国民族资产阶级对外国资本主义侵略和本国封建主义压迫既有革命性的一面，又有妥协性的一面。中国无产阶级产生于 40 年代，早于民族资产阶级，是中国新生产力的代表者，具有最坚决、最彻底的革命性。

19 世纪后半期，随着世界资本主义向帝国主义过渡，帝国主义国家更加紧了对中国的侵略。1883 年和 1894 年，先后爆发了中法战争和甲午中日战争。《中法新约》的签订，使法国进一步打开了中国西南的门户；中日《马关条约》的签订，大大加深了中国社会的半殖民地化。

戊戌变法和义和团运动

甲午中日战争后，由于民族危机空前严重和中国民族资本主义的初步发展，民族资产阶级开始作为新的政治力量登上历史舞台。以康有为、梁启超为首的资产阶级维新派为了挽救民族危亡和发展资本主义，掀起维新变法运动。以慈禧太后为代表的封建顽固守旧势力发动政变，使维新变法归于失败。这场资产阶级性质的改良运动，在社会上起到了思想启蒙的作用，有利于资产阶级思想文化的传播。它的失败说明，资产阶级改良道路在中国行不通。

义和团运动是一场反帝爱国运动。这一运动粉碎了帝国主义列强瓜分中国的狂妄计划，沉重打击了清政府的反动统治，加速了它的灭亡。1890 年夏，英、俄、日、法、德、美、意、奥八国联军侵略中国。1901 年，清政府被迫同八国及比利时、荷兰、西班牙 11 国签订了丧权辱国的《辛丑条约》。这标志着中国半殖民地半封建社会的形成。

辛亥革命和清朝的灭亡

1894 年，孙中山创立了中国资产阶级第一个革命团体兴中会。20 世纪初，资产阶级民主革命思想得到广泛传播，出现了章炳麟、邹容、陈天华等著名民主革命思想家和宣传家。随着民主革命思想的广泛传播，资产阶级革命团体也相继建立起来。1905 年中国同盟会的成立，标志着中国资产阶级民主革命进入了一个新的阶段。革命派通过与保皇派的论战，使民主革命思想得到进一步传播，有力地推动了民主革命高潮的到来。

同盟会成立后，革命党人发动了萍浏醴、广州黄花岗等一系列起义，四川发生了保路运动。1911 年 10 月武昌起义成功。1912 年元旦，孙中山在南京就任临时大总统，宣告中华民国成立，接着颁布了《中华民国临时约法》。辛亥革命既有伟大的历史功绩，也留下了深刻的教训。辛亥革命是中国近代历史上的一次反帝反封建的资产阶级民主革命。它推翻了在中国存在了两千多年的君主制度，建立了资产阶级民主共和国，颁布了反映资产阶级民主主义精神的临时约法。

中华民国初期北洋军阀的统治

1912 年 3 月，袁世凯篡夺了辛亥革命的果实，就任中华民国临时大总统，临时政府迁往北京。临时政府正式迁京后，以袁世凯为首的北洋军阀政权建立起来。袁世凯对内镇压国民党，对外出卖国家主权，孙中山号召武力讨袁，“二次革命”发生了。由于国民党力量涣散，北洋军力量强大，“二次革命”很快失败。袁世凯镇压“二次革命”后，开始了复辟帝制的活动。孙中山再次组织武力讨袁，护国运动爆发，袁世凯被迫取消帝制，在绝望中死去。

袁世凯死后，中国出现了军阀割据的局面。徐州军阀张勋以调停“府院之争”为名，进北京拥戴溥仪复辟，但复辟丑剧只持续了短短的 12 天。段祺瑞再次执政后，拒绝恢复《临时约法》和召集国会。为维护共和制度，孙中山倡导了护法运动，但不久也失败了。

五四运动和中国共产党的创立

第一次世界大战期间，随着中国资本主义经济的进一步发展，资产阶级强烈要求在中国实行资产阶级的民主政治，反对封建军阀的统治，新文化运动应运而生了。1915 年，陈独秀在上海创办《新青年》，成为新文化运动兴起的标志。“民主”和“科学”是新文化运动提出的口号。新文化运动在社会上掀起了一股思想解放的潮流。俄国十月社会主义革命胜利后，李大钊宣传十月革命，在中国第一次举起了社会主义的大旗，从而使新文化运动有了新的发展。

巴黎和会拒绝了中国代表的正义要求，激起中国人民强烈义愤。1919 年的五四运动在北京爆发。6 月初，运动发展成以工人阶级为主力的全国规模的群众爱国运动，并取得了初步胜利。五四运动具有重大的历史意义，是中国新民主主义革命的开端。

五四运动后，马克思主义在中国传播开来，成为新思潮的主流。一批先进分子把马克思主义同中国工人运动初步结合起来。1920 年，共产主义小组在各地相继建立，1921 年，中共一大召开，中国共产党诞生了。1922 年，中共二大制定了民主革命纲领，为中国革命指明了方向。

在中国共产党的领导下，从 1922 年 1 月香港海员罢工到 1923 年 2 月京汉铁路工人罢工，中国工人运动出现了第一次高潮。

第一次国内革命战争

1924 年 1 月至 1927 年 7 月是第一次国内革命战争时期。第一次国内革命战争是中国人民在中国共产党领导下进行的反对帝国主义、北洋军阀的战争。

经过“二七惨案”，中国共产党认识到，仅仅依靠工人阶级的力量是不够的，只有团结一切可以团结的力量，才可能把中国革命引向胜利。为此，中国共产党决定同孙中山领导的国民党合作，建立革命统一战线。1924 年 1 月，中国国民党在广州举行第一次全国代表大会。国民党一大的召开标志着国共两党合作的实现和革命统一战线的正式建立。接着，在中国共产党和苏联的帮助下，国民党在广州黄埔建立了陆军军官学校，为建立国民革命军奠定了基础。

为了打倒帝国主义，推翻军阀统治，统一中国，国民政府开始了北伐。北伐军胜利进军，不到半年打到长江流域。北伐战争得到了工农运动的大力支援；北伐战争的胜利又推动了工农运动的高涨，上海工人武装起义取得了胜利。

1925 年 3 月孙中山逝世后，国民党右派加紧争夺革命领导权。1927 年，蒋介石发动了“四一二”反革命政变；汪精卫发动了“七一五”反革命政变。这期间，以陈独秀为代表的中共中央犯了右倾投降主义错误。国民革命失败了。

第二次国内革命战争

1927 年 8 月至 1937 年 7 月是第二次国内革命战争时期。第二次国内革命战争是中国人民在中国共产党领导下反对国民党反动统治的战争。

“四一二”反革命政变后，蒋介石在南京建立了国民政府。不久，国民政府举行“北伐”，占领北京，奉系军阀张作霖退到关外。张学良“东北易帜”，服从国民政府。这样，国民政府形式上统一了全国。但国民党新军阀间连年混战给人民带来极大灾难。在国民政府统治下，四大家族凭借国家政权，迅速聚敛巨额财富，成为中国官僚买办资产阶级的代表。

中国共产党人没有被国民党反动派的屠杀吓倒，1927 年召开“八七”会议，纠正了陈独秀的右倾投降主义错误，发动了南昌起义、秋收起义和广州起义，创建红军，开辟农村根据地，进行土地革命，开辟了一条农村包围城市，武装夺取政权的道路。接着，又取得红军三次反“围剿”的胜利。与此同时，建立了中华苏维埃政权。

1931 年，日本发动了侵略中国东北的九一八事变。由于国民党的不抵抗政策，致使东北三省沦亡。日本扶植溥仪做傀儡皇帝，建立伪满洲国，对东北实行殖民统治。1932 年，日本又发动了侵略上海的“一·二八”事变，取得了日军驻留上海的权利。

1933 年秋，蒋介石发动了对革命根据地的第五次“围剿”。由于王明“左”倾冒险主义错误的影响，红军第五次反“围剿”失利，被迫长征。中国共产党在长征路上举行的遵义会议，在极其危急关头挽救了党、红军和中国革命。红军在毛泽东的指挥下，克服千难万险，取得了长征的胜利。

1935 年《何梅协定》的签订和“华北五省自治”，使中华民族处在亡国灭种的生死关头。“一二·九”运动掀起了全国抗日救亡运动的新高潮。1935 年 12 月在瓦窑堡召开的中共中央政治局扩大会议制定了抗日民族统一战线的策略方针。1936 年西安事变获得了和平解决，由此揭开了国共两党由内战到和平，由分裂对峙到合作抗日的序幕。

抗日战争

1937 年 7 月至 1945 年 8 月，是抗日战争时期。

1937 年 7 月 7 日，日军进攻卢沟桥，中国军队奋起还击，全国抗日战争的序幕由此揭开。8 月 13 日，日军进攻上海，国民政府被迫对日作战。9 月下旬，国民党公布中国共产党提交的国共合作宣言，抗日民族统一战线正式形成，全民族的抗战开始。

抗战初期，国民政府在正面战场组织多次战役，抗击日本侵略者，但实行的是一条片面抗战的路线，丧失了大片国土；中国共产党实行的是全面抗战的路线，执行持久抗战的方针，八路军、新四军深入敌后，广泛开展游击战争，建立了许多抗日根据地，取得了很大胜利。

1938 年 10 月，日军占领广州、武汉后，抗日战争进入相持阶段。日本帝国主义者对国民党实行政治诱降，国民党内的亲日派叛国投敌；国民党内的亲英美派抗战逐渐消极，制造反共摩擦事件，对此，中国共产党给予了坚决的回击和无情的揭露。在抗日战争的艰苦岁月里，为了克服困难，争取抗战的胜利，中国共产党在政治上、经济上、思想上采取了一系列措施，终于度过了最困难时期。

1944 年，解放区军民开始局部反攻。1945 年 4 月，中国共产党召开了七大。8 月 8 日，苏联对日宣战。9 日，毛泽东发出“对日寇的最后一战”的号召，抗日战争进入大反攻。8 月 15 日，日本政府宣布无条件投降，9 月 2 日签订无条件投降书。经过八年艰苦奋战，中国人民取得抗日战争的伟大胜利。

第三次国内革命战争

1945 年 8 月至 1949 年 10 月是第三次国内革命战争时期。第三次国内革命战争是中国人民在中国共产党领导下反对国民党反动派的战争。

抗日战争胜利后，国民党反动派在美国支持下发动内战。为了争取国内的和平，1945 年 8 月，毛泽东亲赴重庆同国民党进行谈判，国共双方代表签订了《双十协定》。但是，国民党在谈判期间派军队向解放区发起进攻。解放区军民打退了国民党的军事进攻。国共双方代表签订停战协定，并在重庆召开政治协商会议。

1946 年夏，国民党军队在美国援助下向解放区发动进攻，全面内战爆发。

从 1946 年夏到 1947 年 6 月，人民解放军粉碎了国民党军队的全面进攻和重点进攻。1947 年 6 月底，人民解放军开始了全国性的反攻。从 1948 年 9 月到 1949 年 1 月，人民解放军先后发动了辽沈、淮海、平津三大战役，基本上消灭了国民党军队的主力，加速了人民解放战争在全国的胜利。1949 年 4 月，人民解放军渡江作战，23 日解放南京，推翻了国民党的统治。

1949 年 9 月，第一届中国人民政治协商会议召开，标志着中国人民民主革命的伟大胜利。

现代史

中华人民共和国（1949— ）

1949 年 10 月 1 日，北京民众汇集天安门广场举行开国大典，中央人民政府主席毛泽东庄严宣告：中华人民共和国正式成立。

新中国成立之初，中国政府成功地在占全国农业人口总数 90% 以上的地区完成了土地改革，3 亿农民分得了约 4700 万公顷的土地。1953 年至 1957 年实施的第一个五年计划取得巨大成就：国民收入年均增长率达 8.9% 以上；建立起一批国家工业化所必需而过去没有的基础工业，包括飞机和汽车制造业、重型和精密机器制造业、发电设备制造业、冶金和矿山设备制造业以及高级合金钢和有色金属冶炼等。

从 1957 年到 1966 年，是中国开展大规模社会主义建设时期。以 1966 年同 1956 年相比，全国工业固定资产按原价计算增长 3 倍，国民收入按可比价格计算增长 58%；主要工业产品的产量都有几倍乃至十几倍的增长；农业基本建设和技术改造大规模展开。1966 年 5 月至 1976 年 10 月是"文化大革命"的十年，国家和人民遭受了新中国成立以来最严重的挫折和损失。

1976 年 10 月，江青反革命集团被粉碎，"文化大革命"结束，中国进入新的历史时期。邓小平重新复出，自 1979 年起推行"改革开放"政策，把工作重点放到现代化建设上。通过改革经济体制、政治体制，逐步确立了一条具有中国特色的社会主义现代化建设道路。改革开放以来，中国的面貌发生了深刻变化，经济突飞猛进，人民生活水平显著提高，是新中国成立后形势最好的时期。

以 1978 年党的十一届三中全会为标志，中国进入了改革开放的历史新时期。30 年多来，中国共产党团结带领全国各族人民，坚定不移地推进体制改革，毫不动摇地促进对外开放，取得了社会主义现代化建设的举世瞩目的巨大辉煌成就，实现了人民生活由温饱不足向总体小康的历史性跨越，赢得了中国在国际经济社会影响力和地位的空前提高，中国经济社会的面貌从此发生了历史性的变化。

改革开放的推进，不断为发展注入生机和活力，中国经济迅速走上快速发展的轨道。经济总量居世界位次稳步提升，大大缩小了中国与世界主要发达国家的差距。人均国内生产总值成倍增加。国家财政实力不断增强，对促进经济发展、加强经济和社会中的薄弱环节、切实改善民生、有效应对各种风险和自然灾害的冲击提供了有力的资金保障。经济结构不断优化升级，基本实现以工农业为主向一、二、三次产业协同发展的转变，农业基础地位不断强化，工业实现持续快速发展，服务业迅速发展壮大。城镇化步伐明显加快，基本实现了由城乡分割向城乡协调共同发展的转变。

国有经济战略性调整取得重大进展，基本实现了由单一的公有制经济向多种所有制经济共同发展的转变。分配结构出现明显调整，基本实现了由平均主义突出、收入渠道单一，向以劳动报酬为主、资本和技术等收入为辅的多种分配方式并存的转变。

商品和服务的供给能力明显提高，商品和服务的短缺问题大大缓解。农产品供给能力稳定提高。工业生产能力扩张迅速，制造业大国地位初步确立。交通运输能力明显增强。邮电通信业蓬勃发展。对外开放的广度和深度不断拓展，对外经济呈现加速发展态势。对外贸易的国际竞争力明显增强。利用外资规模不断扩大。进入新世纪，随着“走出去”战略的付诸实施，对外投资从无到有，也出现了强劲的增长势头。

居民生活明显改善，居民拥有的财富迅速增加。就业人员持续不断增加。覆盖城乡的社会保障制度逐步建立和完善。在城镇，养老、医疗、失业、工伤、生育保险在内的社会保障体系框架基本形成，而且覆盖面不断扩大。扶贫工作取得巨大成绩。

社会事业大发展，呈现出由社会发展滞后向社会经济全面协调发展的突破性转变。教育事业成效卓著，培养了一大批德才兼备的知识分子队伍，不断加大科技投入，科技体制改革力度逐步加大，科技事业不断取得重大成果。

公共卫生事业成效明显，医疗卫生体制改革进展顺利。尤其是 2003 年以来，针对突如其来的“非典”和高致病性禽流感等重大疫情，国家以建设全国疾病预防控制体系和突发公共卫生事业医疗救治体系为重点，加快公共卫生体系建设，取得明显成效。基本建成了有效应对重大疫情的公共卫生网络体系。医疗体制改革也做了积极的探索，新型农村合作医疗制度改革的试点工作逐步推开，多层次医疗保障体系初步形成。

文化事业得到长足发展。文化基础设施建设得到加强，国家图书馆二期暨国家数字图书馆、国家博物馆等文化基础设施建设进展顺利。初步形成了可以覆盖全国特别是城镇的公共文化服务体系。体育事业也获得了前所未有的发展和进步，竞技体育和群众体育蓬勃发展，人民体质不断加强。

历史纪年简表

夏	约公元前2070—约公元前1600年
商	约公元前1600—前1046年
西周	公元前1046—前771年
春秋	公元前770—前476年
战国	公元前475—前221年
秦	公元前221—前207年
汉	公元前202—公元220年
——西汉	公元前202—公元9年
——东汉	公元25—220年
三国	公元220—280年
——魏	公元220—265年
——蜀	公元221—263年
——吴	公元222—280年
晋	公元266—420年
——西晋	公元266—317年
——东晋	公元317—420年
十六国	公元304—439年
南北朝	公元420—589年
——北朝	公元439—581年
——南朝	公元420—589年
隋	公元581—618年
唐	公元618—907年
五代十国	公元907—979年
宋	公元960—1276年
——北宋	公元960—1127年
——南宋	公元1127—1276年
辽	公元916—1125年
西夏	公元1038—1227年
金	公元1115—1234年
元	公元1271—1368年
明	公元1368—1644年
清	公元1644—1911年
中华民国	公元1912—1949年
中华人民共和国	1949年10月1日成立

政　党

中国实行的政党制度是中国共产党领导的多党合作和政治协商制度（以下简称中国多党合作制度），它既不同于西方国家的两党或多党竞争制，也有别于有的国家实行的一党制。这一制度在中国长期的革命、建设、改革实践中形成和发展起来，是适合中国国情的一项基本政治制度，是具有中国特色的社会主义政党制度，是中国社会主义民主政治的重要组成部分。

《中华人民共和国宪法》明确规定：中国共产党领导的多党合作和政治协商制度将长期存在和发展。在中国，中国共产党和各民主党派都必须以宪法为根本活动准则，维护宪法尊严，保证宪法实施。

中国多党合作制度中包括中国共产党和八个民主党派。八个民主党派是中国国民党革命委员会、中国民主同盟、中国民主建国会、中国民主促进会、中国农工民主党、中国致公党、九三学社、台湾民主自治同盟。中国人民政治协商会议（以下简称人民政协）是中国共产党领导的多党合作和政治协商的重要机构。在中国多党合作制度中，中国共产党与各民主党派长期共存、互相监督、肝胆相照、荣辱与共，共同致力于建设中国特色社会主义，形成了“共产党领导、多党派合作，共产党执政、多党派参政”的基本特征。中国多党合作制度在中国的政治和社会生活中显示出独特的政治优势和强大的生命力，发挥了不可替代的重大作用。

作为国家的一项基本政治制度，中国多党合作制度规定了中国共产党和各民主党派在国家政治生活中的地位、作用和相互关系。

中国共产党处于领导和执政地位　中国共产党的领导地位是在长期革命、建设、改革实践中形成并巩固起来的，是历史的选择、人民的选择。在80多年的奋斗历程中，中国共产党领导中国人民完成了新民主主义革命的任务，实现了民族独立和人民解放；建立了人民当家做主的国家政权，维护了国家统一和各民族团结；建立了社会主义制度，实现了中国历史上最广泛、最深刻的社会变革；开创了中国特色社会主义事业，为实现国家富强和人民幸福探索出了一条正确道路。中国是一个有着960万平方公里国土、13亿人口、56个民族的发展中大国。在这样一个幅员辽阔、人口众多的多民族国家进行现代化建设，必须有一个坚强的领导核心。中国共产党代表中国先进生产力的发展要求，代表中国先进文化的前进方向，代表中国最广大人民的根本利益。中国共产党的坚强领导是中国实现社会主义现代化的根本保证，是维护中国国家统一、社会和谐稳定的根本保证，是把亿万人民团结起来、共同建设美好未来的根本保证。这是中国各族人民在长期革命、建设、改革实践中形成的政治共识。

各民主党派是中国的参政党 中国人民民主专政的内在要求和各民主党派在中国政治生活中的实际作用，决定了民主党派的参政党地位。各民主党派作为各自所联系的一部分社会主义劳动者、社会主义事业建设者和拥护社会主义爱国者的政治联盟，属于人民的范畴，他们在中国共产党的领导下参政，是人民民主的重要体现。民主党派参政的基本点是：参加国家政权，参与国家大政方针和国家领导人选的协商，参与国家事务的管理，参与国家方针政策、法律法规的制定和执行。参政党的地位和参政权利受到宪法和法律的保护。

中国共产党与各民主党派形成了团结合作的新型政党关系 中国共产党与各民主党派在长期的共同奋斗中，形成了亲密的友党关系。中国共产党的基本理论、基本路线、基本纲领、基本经验得到各民主党派的认同，建设中国特色社会主义成为中国各政党的共同目标。在保持宽松稳定、团结和谐的政治环境中，中国共产党与各民主党派实行广泛的政治合作，照顾同盟者的政治利益和物质利益，团结他们一道前进。

中国共产党与各民主党派的合作具有丰富的内容 第一，中国共产党就重大方针政策和重要事务同各民主党派进行政治协商，实行相互监督。第二，各民主党派成员在国家权力机关中占有适当数量，依法履行职权。第三，各民主党派成员担任国家及地方人民政府和司法机关的领导职务；各级人民政府通过多种形式与民主党派联系，发挥他们的参政议政作用。第四，各民主党派通过人民政协参加国家重大事务的协商。第五，中国共产党支持民主党派参加改革开放和社会主义现代化建设。为经济社会发展服务，是各民主党派履行参政党职能的重要内容，是中国多党合作制度的一大特色。

中国共产党与各民主党派互相监督 这种监督是通过提出意见、批评、建议的方式进行的政治监督。由于中国共产党处于领导和执政地位，更需要来自民主党派的监督。民主党派民主监督的内容是：国家宪法和法律法规的实施情况；中国共产党和政府重要方针政策的制定和贯彻执行情况；中国共产党各级党委的工作和中共党员领导干部履行职责、为政清廉等方面的情况。民主党派的监督，对于加强和改善中国共产党的领导，健全社会主义监督体系，有着重要而独特的作用。

节选自《中国的政党制度》白皮书

社　会

国民经济连上新台阶，社会生产力和综合国力显著提升

经济持续较快发展。2003—2011 年，国内生产总值年均实际增长 10.7%，其中有 6 年实现了 10% 以上的增长速度，在受国际金融危机冲击最严重的 2009 年依然实现了 9.2% 的增速。这一时期的年均增速不仅远高于同期世界经济 3.9% 的年均增速，而且高于改革开放以来 9.9% 的年均增速。经济总量连续跨越新台阶。2011 年，中国国内生产总值达到 47.2 万亿元，扣除价格因素，比 2002 年增长 1.5 倍。经济总量居世界位次稳步提升。2008 年国内生产总值超过德国，居世界第三位；2010 年超过日本，居世界第二位，成为仅次于美国的世界第二大经济体。中国经济增长对世界经济的贡献不断提高。特别是 2008 年下半年国际金融危机爆发以来，在世界主要经济体增长明显放缓甚至面临衰退时，中国经济依然保持了相当高的增速并率先回升，成为带动世界经济复苏的重要引擎。中国经济总量占世界的份额由 2002 年的 4.4% 提高到 2011 年的 10% 左右，对世界经济增长的贡献率超过 20%。

2003—2011年人均国内生产总值及其增长速度

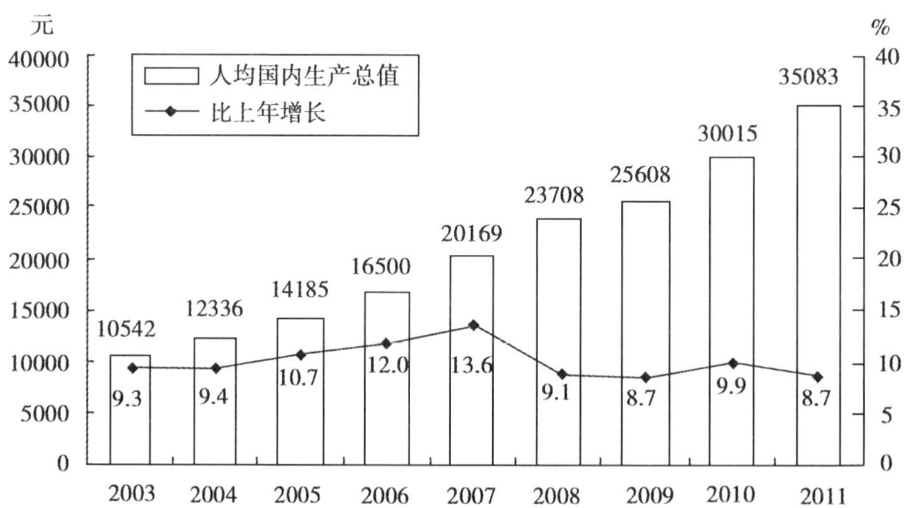

在经济总量稳步增长的同时，人均国内生产总值也快速增加。2011 年，中国人均国内生产总值达到 35083 元，扣除价格因素，比 2002 年增长 1.4 倍，年均增长 10.1%。按照平均汇率折算，中国人均国内生产总值由 2002 年的 1135 美元上升至 2011 年的 5432 美元。

国家财政实力明显增强。经济快速增长带来了国家财政收入的稳定增长。2011 年，中国财政收入超过 10 万亿，达到 103740 亿元，比 2002 年增长 4.5 倍，年均增长 20.8%。财政收入的快速增长为加大教育、医疗、社保等民生领域投入，增强政府调节收入分配能力等提供了有力的资金保障。

国家外汇储备大幅增加。中国外汇储备 2006 年末突破 1 万亿美元，2009 年末突破 2 万亿美元，2011 年末突破 3 万亿美元，达到 31811 亿美元，比 2002 年增长 10.1 倍，年均增长 30.7%，外汇储备规模连续 6 年稳居世界第一位。

结构调整迈出新步伐，经济发展的协调性和竞争力明显增强

三次产业协同性增强。农业基础稳固、工业生产能力全面提升、服务业全面发展的格局逐步形成。2003—2011 年，第一产业年均增长 4.6%，第二产业年均增长 11.9%，第三产业年均增长 11.1%，均保持较快发展态势。制造业大国地位初步确立。按照国际标准工业分类，在 22 个大类中，中国在 7 个大类中名列第一，钢铁、水泥、汽车等 220 多种工业品产量居世界第一位。据美国经济咨询公司环球通视数据，2010 年，中国制造业产出占世界的比重为 19.8%，超过美国成为全球制造业第一大国。新能源、新材料、新医药等新兴产业蓬勃发展，成为经济增长新亮点。服务业不断发展壮大。2011 年，服务业增加值占国内生产总值比重上升到 43.1%，比 2002 年提高 1.6 个百分点。信息服务业、快递业等现代物流业、商务服务业、高技术服务业等迅速发展，服务业对经济社会发展的支撑和带动作用日益凸显。

需求结构明显改善。在国家扩大内需战略的带动下，内需对经济增长的拉动作用显著增强。尤其是在应对国际金融危机冲击中，内需的强劲增长有效弥补了外需的不足，对实现经济平稳较快发展起到了极为关键的作用。2011 年，内需对经济增长的贡献率由 2002 年的 92.4% 提高到 104.1%，外需贡献率则由 2002 年的 7.6% 转为负 4.1%。

城镇化步伐明显加快。2011 年，中国城镇化率首次突破 50%，达到 51.3%，比 2002 年提高 12.2 个百分点，中国城乡结构发生历史性变化。

区域结构不断优化。中西部地区加快发展，经济总量占全国的比重持续上升，区域发展呈现出协调性增强的趋势。2011 年，中部地区、西部地区的地区生产总值占全国的比重分别为20.1%、19.2%，分别比2002年提高1.3、2.0个百分点。主体功能区建设初见成效，西部大开发、振兴东北老工业基地、促进中部地区崛起等区域发展战略向纵深推进，区域间产业梯度转移步伐加快，中西部地区发展潜力不断释放。2011年，中部地区、西部地区、东北地区全社会固定资产投资占全国的比重分别为23.2%、23.5%和10.7%，分别比2002年提高5.5、3.2和2.4个百分点。

基础设施和基础产业发展实现新飞跃，经济发展的基础和环境得到进一步改善

农业基础不断巩固和加强。十六大以来，国家高度重视“三农”工作，坚持把“三农”问题放在经济社会发展全局的突出位置，有效克服了自然灾害频发的不利影响，农业综合生产能力稳步提高，特别是取消农业税、实施农业补贴，极大地调动了农民生产积极性。2011年，粮食总产量达到57121万吨，比2002年增长25.0%，年均增长2.5%，连续5年稳定在5亿吨以上，实现半个世纪以来首次“八连增”。近年来，中国谷物、肉类、花生、茶叶、水果等农产品产量稳居世界第一位。

2003—2011年粮食产量及其增长速度

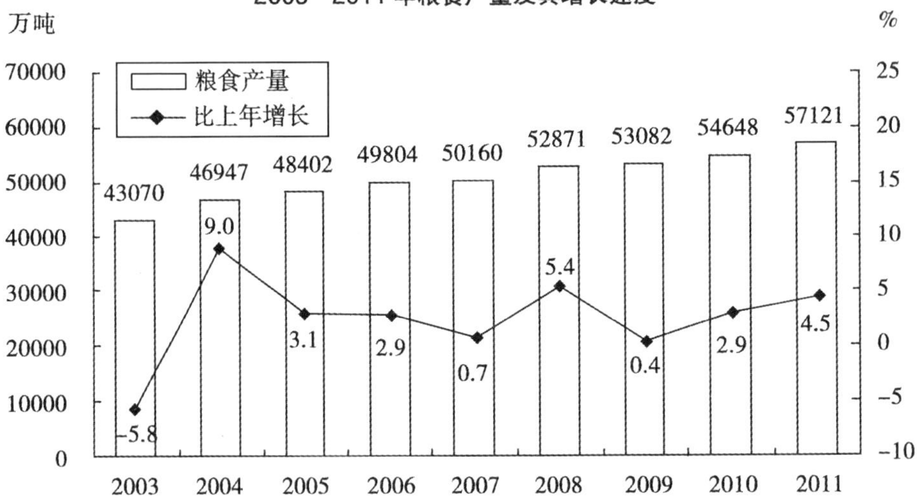

固定资产投资特别是基础设施和基础产业投入快速增长。2003—2011年，全社会固定资产投资累计完成144.9万亿元，年均增长25.6%；其中，基础设施投资25.7万亿元，2004—2011年年均增长21.9%。投资规模之大、增速之快为历史所少有。青藏铁路、京沪高铁等一批关系国计民生的重大项目建成投产，西气东输、南水北调、长江三峡等重大工程进展顺利。为应对国际金融危机冲击，国家实施了四万亿投资计划，主要投向国民经济和社会发展的重点领域和薄弱环节，形成了一批利于长远发展的优良资产，增强了经济社会发展的后劲。

能源生产供应能力稳步提高。2011 年，中国能源生产总量达到 31.8 亿吨标准煤，比 2002 年增长 1.1 倍，是世界第一大能源生产国，能源自给率在 90% 左右。能源结构进一步优化。非化石能源占一次能源消费比重由 2002 年的 7.3% 提高到 2011 年的 8.0%。水电装机规模居世界第一位。

交通运输能力持续增强。铁路迎来了史无前例的跨越式发展，高速铁路从无到有飞速发展，生产出时速高达 350 公里的动车组，标志着中国铁路运输达到国际先进水平。“五纵七横”国道主干线和西部开发八条公路干线建成。截至 2011 年，铁路营业里程达到 9.3 万公里，比 2002 年增长 29.6%；公路里程达到 410.6 万公里，增长 1.3 倍，其中高速公路 8.5 万公里，增长 2.4 倍；民用航空航线里程达到 349.1 万公里，增长 1.1 倍。旅客周转量由 2002 年的 1.4 万亿人公里增加到 2011 年的 3.1 万亿人公里，年均增长 9.1%；货物周转量由 2002 年的 5.1 万亿吨公里增加到 2011 年的 15.9 万亿吨公里，年均增长 13.6%。沿海规模以上主要港口货物吞吐量达到 61.6 亿吨，比 2002 年增长 2.7 倍。

邮电通信业蓬勃发展。2003—2011 年，全国邮电业务总量年均增长 23.2%。传统业务继续发展，移动电话用户数快速增加。2011 年，固定电话年末用户达到 28510 万户，比 2002 年增长 33.1%；移动电话年末用户达到 98625 万户，比 2002 年增长 3.8 倍。新兴业务不断发展壮大，快递等新兴业务不断涌现，3G 移动用户迅猛发展，互联网规模快速壮大。2011 年，互联网上网人数达到 5.1 亿人，稳居全球第一。

对外经济和对外贸易实现新跨越，对外开放的深度和广度得到进一步拓展

进出口贸易规模不断扩大。2011 年，货物进出口总额达到 36421 亿美元，比 2002 年增长 4.9 倍，年均增长 21.7%。其中，出口额 18986 亿美元，增长 4.8 倍，年均增长 21.6%；进口额 17435 亿美元，增长 4.9 倍，年均增长 21.8%。进出口贸易总额跃居世界第二位，其中货物出口额居世界第一位，货物进口额居世界第二位。

进出口商品结构不断优化。在出口总额中，工业制成品占比由 2002 年的 91.2% 提高到 2011 年的 94.7%；机电产品由 48.2% 提高到 57.2%；高新技术产品由20.8%提高到28.9%。与此同时，先进技术、设备、关键零部件进口快速增长，大宗资源能源产品进口规模不断扩大。2011年，机电产品进口7533亿美元，比2002年增长3.8倍；高新技术产品进口4630亿美元，增长4.6倍。铁矿砂及其精矿进口6.9亿吨，比2002年增长5.2倍；原油进口2.5亿吨，增长2.7倍。

利用外资规模跃居全球第二。2003—2011年，全国累计实际使用外商直接投资7164亿美元，连续多年成为吸收外商直接投资最多的发展中国家，全球排名也上升至第二位。

对外投资从无到有，"走出去"步伐不断加快。2003年，中国非金融类对外直接投资只有29亿美元，2011年增加到601亿美元，比2003年增长19.7倍。对外经济合作迅速发展。2011年，对外承包工程业务完成营业额1034亿美元，比2002年增长6.2倍。

人民生活持续获得新改善，人民群众享受到更多改革和发展的实惠

就业规模不断扩大。2011年末，中国城乡就业人数达到76420万人，比2002年增加3140万人。其中，城镇就业人数从25159万人增加到35914万人，增加10755万人；乡村就业人数从48121万人减少到40506万人，减少了7615万人。随着工业化和城市化进程的不断推进，城镇吸纳就业的能力不断增强，城镇就业人员占全国的比重从2002年末的34.3%提高到2011年末的47.0%。农民工数量不断扩大。2011年，农民工总量达到25278万人。

2003—2011年农村居民人均纯收入及其实际增长速度

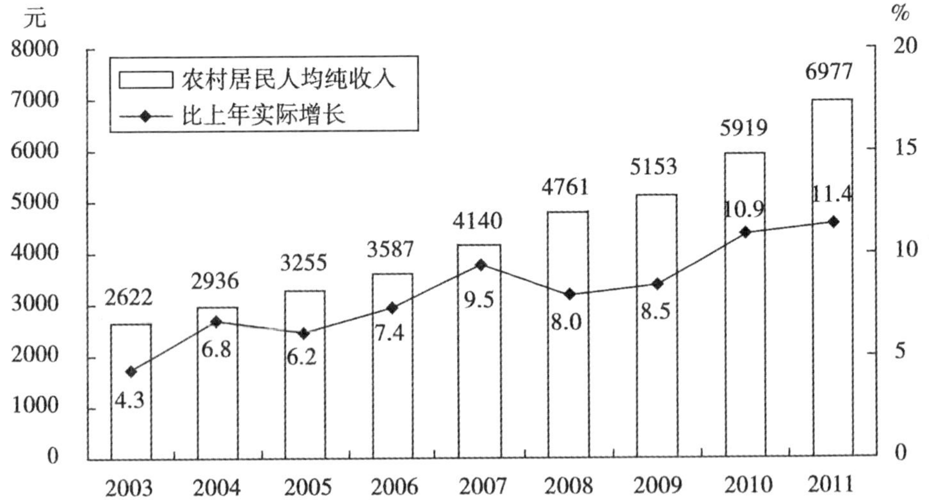

城乡居民收入快速增长。2011年，城镇居民人均可支配收入21810元，比2002年增长1.8倍，扣除价格因素，年均实际增长9.2%；农村居民人均纯收入6977元，比2002年增长1.8倍，扣除价格因素，年均实际增长8.1%。城乡居民收入年均增速超过1979—2011年7.4%的年均增速，是历史上增长最快的时期之一。其中，2010、2011年农村居民收入增速连续两年快于城镇，城乡居民收入差距有所缩小。

居民生活质量明显改善。2011年，城乡居民家庭恩格尔系数分别为36.3%和40.4%，分别比2002年降低了1.4和5.8个百分点。主要耐用消费品拥有量大幅增长。2011年底，城镇居民家庭平均每百户拥有家用汽车18.6辆，比2002年底增加17.7辆；拥有移动电话205.3部，增长2.3倍；拥有家用电脑81.9台，增长3.0倍。农村居民家庭平均每百户拥有电冰箱61.5台，增长3.1倍；空调机22.6台，增长8.9倍；拥有移动电话179.7部，增长12.1倍。2011年，全国电话普及率达到94.90部/百人，比2002年提高1.8倍。

覆盖城乡居民的社会保障体系建设取得突破性进展，初步形成了以社会保险为主体，包括社会救助、社会福利、优抚安置、住房保障和社会慈善事业在内的社会保障制度框架。2011年末，全国城镇职工基本养老、城镇基本医疗、失业、工伤、生育保险参保人数分别达到28391万人、47343万人、14317万人、17696万人、13892万人。建立新型农村社会养老保险制度并开展试点。2011年末，全国列入国家新型农村社会养老保险试点地区参保人数3.3亿人。城镇居民社会养老保险试点开始启动。全民医保体系初步形成，13亿城乡居民参保，其中新型农村合作医疗制度从无到有，从有到好。最低生活保障制度实现全覆盖，城乡社会救助体系基本建立。2011年末，2277万城市居民得到政府最低生活保障，5306万农村居民得到政府最低生活保障，分别比2002年增加212万人和4898万人。农村贫困人口不断下降。以低收入标准测算，农村贫困人口从2002年末的8645万人下降到2010年末的2688万人。2011年，中央决定将农民人均纯收入2300元（2010年不变价）作为新的国家扶贫标准，比2009年提高92%，按照新标准，年末农村扶贫对象为12238万人。把更多农村低收入人口纳入扶贫范围，这是社会的巨大进步。

各项社会事业发展取得新突破，经济社会发展的协调性增强

全面实行城乡免费义务教育，教育公平迈出重大步伐。国民受教育程度大幅度提升，国民平均受教育年限达到9年以上。职业教育快速发展。2011年，各类中等职业教育招生809万人，在校生2197万人，毕业生663万人。

高等教育大众化程度进一步提高。2011 年，全国普通高等教育本专科招生 682 万人，在校生 2309 万人，毕业生 608 万人，比 2002 年分别增加 361 万、1405 万和 475 万人。

科技投入持续增加，科技发展成果丰硕。2011 年，全国研究与试验发展经费支出 8687 亿元，比 2002 年增长 5.7 倍，占国内生产总值的比重由 1.07% 上升到 1.84%。2011 年，研究与试验发展人员全时当量 288.3 万人年，比 2002 年增长 1.8 倍。技术市场成交额 4764 亿元，比 2002 年增长 4.4 倍。重要科学前沿和战略必争领域取得了一批重大创新成果。千万亿次超级计算机系统“天河一号”研制成功，载人潜水器“蛟龙”号创下了 7062 米的下潜纪录，百亩超级杂交稻试验田亩产突破 900 千克，嫦娥一号、二号探月卫星成功发射，神舟系列飞船实现了发射、空间出舱活动以及空间科学试验等重大突破，特别是天宫一号目标飞行器与神舟九号飞船顺利载人交会对接，标志着中国载人航天工程第二步战略目标取得了具有决定性意义的重要进展。

卫生工作成效显著。成功应对了突如其来的非典、高致病性禽流感、甲型 H1N1 流感等重大疫情。医疗卫生体制改革进入实质性启动阶段。医疗卫生服务体系建设步伐明显加快。2011 年末，全国共有医疗卫生机构 95 万个。共有卫生技术人员 620 万人，比 2002 年末增加 193 万人，其中执业（助理）医师 247 万人，注册护士 224 万人，分别增加 62 万人和 100 万人。医院卫生机构床位 516 万张，增加 202 万张。医疗卫生体制改革进入实质性启动阶段。从 2009 年开始，新一轮医改大幕拉开，中国逐步向城乡居民统一提供疾病预防控制、妇幼保健、健康教育等基本公共卫生服务。

文化事业进一步加强，公共文化服务体系建设进入快速、稳定的重要发展期。2011 年末，全国共有公共图书馆 2952 个，比 2002 年末增加 255 个；博物馆 2650 个，增加 1139 个；艺术表演团体 7069 个，增加 4482 个。有线广播电视用户 20209 万户，增加 10352 万户；年末广播节目综合人口覆盖率为 97.1%，提高 3.8 个百分点；电视节目综合人口覆盖率为 97.8%，提高 3.2 个百分点。文化产业异军突起，各项指标均位居世界前列。2011 年，共生产电视剧 469 部 14939 集，动画电视 261444 分钟；生产故事影片 558 部，科教、纪录、动画和特种影片 131 部；出版各类报纸 467 亿份，各类期刊 33 亿册，图书 77 亿册（张）。

体育事业不断进步。2003—2011 年，中国运动员共获得 1063 个世界冠军，创造 136 项世界纪录。特别是成功举办了 2008 年北京奥运会，实现了中国人的百年梦想，极大提升了中国的国际影响力。

节能减排和环境保护得到空前重视，经济可持续发展能力不断增强

环境质量持续改善。2011 年，七大水系的水质监测断面中，Ⅰ～Ⅲ类水质断面比例占 56.3%。在监测城市中空气质量达到二级以上（含二级）标准的城市占监测城市数的 88.8%。2011 年末，城市污水处理厂日处理能力达 11255 万立方米，比 2002 年末增长 2.1 倍；城市污水处理率达到 82.6%，提高 42.6 个百分点。

节能降耗取得明显成效。2011 年，单位国内生产总值能耗比 2002 年下降 12.9%。

污染物排放总量得到控制。2010 年，化学需氧量和二氧化硫排放量比 2005 年分别下降 12.45% 和 14.29%。

尊重和保障人权的法律制度

中国把消灭贫穷落后，让每个人享有充分的人权，建设富强民主文明和谐的社会主义现代化国家，作为不懈的奋斗目标。中国发展人权事业的基本立场是：坚持生存权、发展权的首要地位，把发展作为第一要务，同时不断发展公民的政治、经济、社会、文化权利，努力实现人的全面发展。

以宪法为根本依据，中国制定和完善了一系列保障人权的法律制度，人权保障事业不断法律化、制度化。

生命权的法律保障　中国重视对公民生命权的保障。《宪法》《刑法》《民法通则》等法律对保障公民生命权作了基本规定。《安全生产法》《职业病防治法》等法律法规，对保护劳动者的生命安全和身体健康作出规定。根据本国情况，中国在法律上保留了死刑，但坚持“少杀、慎杀”的政策，严格控制和慎重适用死刑，确保死刑仅适用于极少数罪行极其严重的犯罪分子。

人身自由、人格尊严的法律保障　《宪法》规定，公民的人身自由不受侵犯。公民的住宅不受侵犯，禁止非法搜查或者非法侵入公民的住宅。公民的通信自由和通信秘密受法律保护，禁止非法检查公民的通信。《刑事诉讼法》明确禁止刑讯逼供，对于拘留、逮捕、搜查取证等涉及人身自由和安全的强制方法和手段，规定了严格的法律程序。《立法法》和《行政处罚法》还规定，行政法规和地方性法规均不得设定限制人身自由的处罚；限制人身自由的强制措施和处罚，只能由法律设定。国务院于 2003 年颁布《城市生活无着的流浪乞讨人员救助管理办法》，同时废止了《城市流浪乞讨人员收容遣送办法》。《宪法》规定公民的人格尊严不受侵犯，禁止用任何方法对公民进行侮辱、诽谤和诬告陷害。《民法通则》规定了公民的姓名权、名誉权、肖像

权等各种人格权。

平等权的法律保障 中国宪法确立了公民在法律面前一律平等的原则。《宪法》和《民族区域自治法》规定，各民族一律平等，国家保障各少数民族的合法权利和利益，禁止对任何民族的歧视和压迫。《宪法》和《妇女权益保障法》等法律规定，妇女在政治的、经济的、文化的、社会的和家庭的生活等方面享有同男子平等的权利。

政治权利的法律保障 《宪法》规定，国家的一切权力属于人民。《立法法》规定，只有法律才能设定对公民政治权利的剥夺。选举权是公民重要的政治权利。宪法和法律还保障公民言论、出版、集会、结社、游行、示威的自由。《选举法》《集会游行示威法》等法律以及有关出版、社团登记管理方面的行政法规，为公民的政治权利和自由提供了法制保障。国务院颁布的《信访条例》，通过强化政府信访工作责任来依法保障公民的批评、建议、申诉、控告、检举权利。

宗教信仰自由的法律保障 《宪法》规定，公民有宗教信仰自由，任何国家机关、社会团体和个人不得强制公民信仰宗教或者不信仰宗教，不得歧视信仰宗教的公民和不信仰宗教的公民。国家保护正常的宗教活动。国务院颁布的《宗教事务条例》，依法保护宗教团体、宗教活动场所和信教公民的合法权益和正常的宗教活动。

劳动者权益的法律保障 《劳动法》《劳动合同法》《劳动争议调解仲裁法》《就业促进法》和《职工带薪年休假条例》《劳动保障监察条例》等法律法规，规范和促进了就业，合理界定了用人单位和劳动者的权利和义务，维护了劳动者的合法权益。《工伤保险条例》《失业保险条例》《社会保险费征缴暂行条例》以及《企业职工生育保险试行办法》等法规、规章，保证了劳动者在养老、失业、患病、工伤和生育等情况下能够享有必要的物质帮助。《残疾人就业条例》《女职工劳动保护规定》《禁止使用童工规定》等法规和规章，对不同类型弱势群体的身心健康和合法权益给予特别保护。

经济、社会、文化和其他权利的法律保障 《宪法》规定，公民的合法的私有财产不受侵犯。《物权法》规定，国家、集体、私人的物权和其他权利人的物权受法律保护，任何单位和个人不得侵犯。《老年人权益保障法》《母婴保健法》《未成年人保护法》《残疾人保障法》等法律，加强对特殊群体的保护。

规范市场经济秩序的法律制度

改革开放以来，在从计划经济体制向市场经济体制转变过程中，中国不断加强经济立法和相关立法，符合社会主义市场经济要求的法律制度已基本形成。

民事法律制度 与建立社会主义市场经济体制相适应，中国把财产权的确认、变更、行使、流转、消灭和保护规则作为民事法律制度的核心。《民法通则》《合同法》《担保法》和《物权法》等一系列法律，建立健全了债权制度和包括所有权、用益物权、担保物权的物权制度，确立了合同自由原则以及国家、集体、私人的物权和其他权利人的物权受法律平等保护的原则，形成了各种所有制经济合法共存、平等竞争、相互促进的新格局。

市场主体的法律制度 中国市场主体法律制度经历了以所有制为导向向以组织和责任形式为导向的立法的转变，适应了市场经济对市场主体的基本要求。《公司法》《合伙企业法》《个人独资企业法》《商业银行法》和《农民专业合作社法》等法律，确认各类市场主体的合法地位，保障其公平参与市场竞争。《企业破产法》建立了规范市场主体退出的破产制度。中国还建立了法律、财务、信息咨询等大批市场服务组织，完善了市场中介组织法律制度。

市场管理的法律制度 《反垄断法》《反不正当竞争法》规范了市场竞争行为，促进了垄断行业的改革，加强了政府监管和社会监督，并相应地确立了民事赔偿和行政赔偿并存的法律救济制度。《消费者权益保护法》《产品质量法》建立了保护消费者利益和保证产品质量的法律制度。《城市房地产管理法》建立了有利于城市房地产的管理，维护房地产市场秩序，保障房地产权利人合法权益的制度。《保险法》《证券法》《银行业监督管理法》和《外汇管理条例》等法律法规，确立了以公开、公平、公正为价值取向的行业监督管理制度，以有效防范和化解金融风险。《直销管理条例》《商业特许经营管理条例》等法规也有效规范了市场行为。

宏观调控的法律制度 运用法律手段对经济进行宏观调控是中国社会主义市场经济的一大特点。《预算法》《审计法》《政府采购法》《价格法》《个人所得税法》《企业所得税法》《税收征收管理法》和《中小企业促进法》等法律，对相关领域进行宏观调控依法作出规定。《中国人民银行法》等法律，为保持币值稳定、化解金融风险、保证金融安全提供了制度保障。《统计法》为国民经济和社会发展的科学决策提供了法律基础。

知识产权保护的法律制度 通过制定《专利法》《商标法》《著作权法》和《反不正当竞争法》等法律，以及出台《计算机软件保护条例》《集成电路布图设计保护条例》《著作权集体管理条例》《信息网络传播权保护条例》《知识产权海关保护条例》《植物新品种保护条例》等一批行政法规，建立起比较完善的保护专利权、商标权、著作权、集成电路布图设计权、植物新品种权等知识产权法律制度。

资源节约和环境保护的法律制度 中国将资源节约和环境保护确立为基本国策，不断加强环境与资源保护法制建设。制定了《环境保护法》等9部环境保护方面的法律，以及《可再生能源法》《节约能源法》《土地管理法》等17部资源节约和保护方面的法律。中国十分重视资源节约和环境保护领域的国际合作，缔结或参加了《联合国气候变化框架条约》《京都议定书》《生物多样性公约》《联合国防治荒漠化公约》等30多项国际环境与资源保护条约，并积极履行所承担的条约义务。

对外经贸合作的法律制度 《中外合资经营企业法》《中外合作经营企业法》《外资企业法》和《对外贸易法》等一系列法律，为外国投资者在中国投资提供了多种模式或组织形式，充分保障了外国投资者在中国投资、开展经贸活动的合法权益。

司法制度与公正司法

人民法院是中国的审判机关。人民检察院是中国的法律监督机关。人民法院和人民检察院依照《宪法》《人民法院组织法》《人民检察院组织法》《民事诉讼法》《行政诉讼法》和《刑事诉讼法》的规定，分别独立行使审判权和检察权，不受行政机关、社会团体和个人的干涉。

中国审判机关包括最高人民法院、地方各级人民法院和军事法院等专门人民法院。中国建立健全了审判制度，完善了民事、行政和刑事三大审判体系，形成了符合建设社会主义法治国家要求的现代司法制度，努力维护司法公正和社会正义。

公开审判制度 人民法院审判案件实行依法公开、及时公开的原则。离婚案件和涉及商业秘密的民事诉讼案件，当事人申请不公开审理的，可以不公开审理。其他的案件，除涉及国家秘密、个人隐私和未成年人犯罪外，人民法院审理案件一律公开进行。

合议制度 人民法院审判第一审案件，除简单的民事案件、轻微的刑事案件和法律另有规定的案件可以适用简易程序由审判员一人独任审判外，由审判员组成合议庭或者由审判员和人民陪审员组成合议庭进行；审判上诉和抗诉案件，由审判员组成合议庭进行。合议庭的成员人数，必须是单数。

人民陪审员制度 为保障公民依法参加审判活动，促进司法公正，除适用简易程序审理的案件和法律另有规定的案件外，人民法院审理社会影响较大的民事、行政和刑事诉讼案件，以及刑事案件被告人、民事案件原告或者被告、行政案件原告申请由人民陪审员参加的一审案件，由人民陪审员和法官组成合议庭进行。

辩护制度 为了保障犯罪嫌疑人、被告人的人权，确保刑事诉讼程序正义，刑事案件的犯罪嫌疑人、被告人依法享有辩护权，人民法院有义务保证被告人获得辩护。

诉讼代理制度 在民事、行政诉讼活动中，无诉讼行为能力人由其监护人作为法定代理人代为诉讼，法定代理人之间相互推诿代理责任的，由人民法院指定其中一人代为诉讼。当事人、法定代理人可以委托一至二人作为诉讼代理人。在刑事诉讼活动中，公诉案件的被害人及其法定代理人或者近亲属、自诉案件的自诉人及其法定代理人、附带民事诉讼的当事人及其法定代理人均有权委托诉讼代理人。

回避制度 案件当事人如果认为审判人员与本案有利害关系或者与本案当事人有其他关系，可能影响对案件公正审理的，有权申请审判人员回避。

司法调解制度 人民法院审理民事案件，依照“能调则调，当判则判，调判结合，案结事了”的原则，根据自愿、合法、民主的要求，在审判人员的主持下，采取调解的方式，促使双方当事人达成和解，解决民事权益的争议。

司法救助制度 对于经济确有困难的当事人，为维护自己合法权益而向人民法院提起民事、行政诉讼的，人民法院实行缓交、减交、免交诉讼费用的救助制度。最高人民法院制定的《关于对经济确有困难的当事人提供司法救助的规定》，依法保障弱势群体的诉讼权利。

两审终审的审级制度 地方各级人民法院第一审案件的判决或者裁定，在法定期限内，当事人可以依法向上一级人民法院上诉；当事人不上诉的，法定期满即发生法律效力。对上诉、抗诉的案件的判决和裁定，上一级人民法院作出的判决和裁定，除死刑案件需要最高人民法院复核外，都是终审判决和裁定。最高人民法院审判的第一审案件的判决和裁定，是终审判决和裁定。

死刑复核制度 死刑复核制度是独立于两审终审的审级制度以外的、对判处死刑的案件进行复查核准的重要制度。死刑除了依法由最高人民法院判决的以外，都应当报请最高人民法院核准。最高人民法院制定了《关于复核死刑案件若干问题的决定》，严格掌握和统一死刑适用的标准、统一死刑案件的证据标准，严格规范死刑复核程序，确保死刑案件的慎重与公正。从2006年下半年起，所有死刑二审案件全部开庭审理。

国防领导管理体制

中国根据宪法、国防法及其他有关法律，建立和完善国防领导管理体制。国家对国防活动实行统一的领导。中国的武装力量受中国共产党领导。党的中央军事委员会和国家的中央军事委员会，组成人员和对军队的领导职能完全一致。中央军委实行主席负责制。

全国人民代表大会选举国家中央军委主席，根据中央军委主席的提名，决定中央军委其他组成人员的人选；决定战争和和平的问题，并行使宪法规定的国防方面的其他职权。全国人大常委会在全国人民代表大会闭会期间决定战争状态的宣布，决定全国总动员或者局部动员，并行使宪法规定的国防方面的其他职权。国家主席根据全国人大及其常委会的决定，宣布战争状态，发布动员令，并行使宪法规定的国防方面的其他职权。

国务院领导和管理国防建设事业，编制国防建设发展规划和计划，制定国防建设方面的方针、政策和行政法规，管理国防经费和国防资产，领导和管理国防科研生产，领导和管理国民经济动员工作和人民武装动员、人民防空、国防交通等方面的有关工作，领导和管理拥军优属和退役军人安置工作，领导国防教育工作，与中央军委共同领导人民武装警察部队、民兵的建设和征兵、预备役工作以及边防、海防、空防的管理工作，并行使法律规定的与国防建设事业有关的其他职权。国务院设有国防部以及其他与国防建设事业有关的部门。

中央军委领导和统一指挥全国武装力量，决定军事战略和武装力量的作战方针，领导和管理人民解放军的建设，向全国人大或者全国人大常委会提出议案，制定军事法规，发布决定和命令，决定人民解放军的体制和编制，任免、培训、考核和奖惩武装力量成员，批准武器装备体制和发展规划、计划，并行使法律规定的其他职权。

人民解放军总参谋部、总政治部、总后勤部、总装备部，是中央军委的军事、政治、后勤、装备工作机关。总参谋部组织领导全国武装力量军事建设和组织指挥全国武装力量军事行动，设有作战、情报、通信、军训和兵种、军务、动员、电子对抗、陆军航空兵、外事等部门，主要职权是提出军事建设和军事斗争重大问题的建议，组织实施战略指挥，拟制军事工作规划和法规，组织领导战备工作、军事训练和动员工作等。总政治部负责管理全军党的工作，组织进行政治工作，设有组织、干部、宣传、保卫、纪律检查、群众工作等部门，主要职责是保证党的路线方针政策和国家的宪法、法律在军队的贯彻执行，制定政治工作方针政策，拟制政治工作法规，部署、检查和指导全军政治工作等。总后勤部主管全军后勤工作，设有财务、军需物资油料、卫生、军事交通运输、基建营房、审计等部门，主要职责是拟制后勤建设规划和法规，部署后勤力量、组织后勤动员、实施后勤支援，负责军费的申请、分配和预决算，以及物资采购保障等。总装备部主管全军装备工作，设有综合计划、军兵种装备、陆军装备科研订购、通用装备保障、电子信息基础等部门，主要职责是拟制装备发展战略、规划计划和政策法规，组织装备科研、试验、采购、战勤和维修保障工作，掌管全军装备建设经费等。

陆军未设独立的领导机关，由四总部行使领导机关职能，各军区直接领导所属陆军部队。陆军机动作战部队共有 18 个集团军。海军、空军和第二炮兵领导各自部队的军事、政治、后勤、装备工作，参与联合作战指挥，领导机关均设有司令部、政治部、后勤部、装备部。海军组织指挥本部队独立的或以海军为主的海上作战行动，下辖北海、东海、南海 3 个舰队。舰队下辖舰艇支队和航空兵师等。空军组织指挥本部队独立的空中作战、首都防空作战和以空军为主的空中作战行动，下辖沈阳、北京、兰州、济南、南京、广州、成都 7 个军区空军。军区空军下辖航空兵师、地空导弹师（旅、团）、高炮旅（团）、雷达旅（团）以及其他保障部队，在重要方向和重点目标区设有军级或师级指挥所。第二炮兵组织指挥本部队实施战略导弹的核反击和常规导弹的作战行动，下辖导弹基地、训练基地和相关保障部队等。

军区（战区）是根据国家行政区划、地理位置和战略战役方向、作战任务等设置的军事组织，是中央军委派出的战区联合作战指挥机构，领导所属部队的军事、政治、后勤和装备工作，设有司令部、政治部、联勤部、装备部。主要负责制定战区部队战备、作战及后备力量建设的规划计划，组织指挥战区内诸军兵种联合作战、实施联勤保障等。人民解放军现设有沈阳、北京、兰州、济南、南京、广州、成都 7 个军区，下辖陆军集团军、兵种部队、后勤保障部队和省军区（卫戍区、警备区）。

省军区（卫戍区、警备区）是人民解放军在省级行政区域设立的一级组织，隶属于军区，同时是省（直辖市、自治区）党委的军事工作部门和政府的兵役工作机构，受军区和同级地方党委、政府的双重领导，设有司令部、政治部、后勤部等领导机关。领导所属部队的军事、政治、后勤和装备工作，负责全区后备力量建设、平时兵员征集和战时兵员动员等。

军分区（警备区）是人民解放军在地区（地区级市、自治州、盟）设立的一级组织，隶属于省军区，同时是地区（地区级市、自治州、盟）党委的军事工作部门和政府的兵役工作机构，受省军区和同级地方党委、政府的双重领导，设有司令部、政治部、后勤部等领导机关。主要负责民兵、预备役部队的军事训练、政治工作和装备管理，组织实施战时动员，进行兵役登记和兵员征集等。边防军分区还负责边防部队的军事、政治、后勤和装备工作，以及边防勤务、会谈会晤和边境的管理、维护、控制等。

人民武装部是人民解放军在县（旗、县级市、市辖区）设立的一级组织，隶属于军分区，同时是县（旗、县级市、市辖区）党委的军事工作部门和政府的兵役工作机构，受军分区和同级地方党委、政府的双重领导，一般设军事科、政工科、后勤科等部门。主要负责后备力量建设和战备工作、兵役和动员工作，指挥民兵作战等。国家在乡（镇）、街道设立的基层人民武装部，属非现役机构，配备专职人民武装干部，接受同级地方党委、政府和上级军事机关的双重领导。

此外，地方各级人大和县级以上地方各级人大常委会在本行政区域内，保证有关国防方面的法律法规的遵守和执行。地方各级人民政府依照法律规定的权限，管理本行政区域内的征兵、民兵、预备役、国防教育、国民经济动员、人民防空、国防交通、国防设施保护、退出现役的军人的安置和拥军优属等工作。地方各级人民政府和驻地军事机关根据需要召开军地联席会议，协调解决本行政区域内有关国防事务的问题。

（文中涉及的全国性统计数据，除国土面积外，均未包括香港特别行政区、澳门特别行政区和台湾省。）

第三编　国情特载

国情特载

领航中国，在民族复兴伟大征程上
——十八大以来以习近平同志为总书记的党中央治国理政述评

“东方欲晓，莫道君行早。”

进入实现民族复兴关键阶段的中国，时间尤显匆匆。

短短两年多来，以习近平同志为总书记的党中央，胸怀强烈的责任感和使命感，勇担重任，接力奋斗，大气魄治党治国治军，大手笔运筹国内国际大局，推动改革发展稳定、内政外交国防各领域出现崭新局面。

山高愈前行，梦好起宏图。

今日之中国，以更加开放自信的姿态、更加坚定有力的步伐，奋进在民族复兴的伟大征程上。

“为人民服务，担当起该担当的责任”

——党的十八大以来，这一执政理念，犹如一条红线贯穿以习近平同志为总书记的党中央治国理政全过程

“我的执政理念，概括起来说就是：为人民服务，担当起该担当的责任。”

马年正月初八，黑海之滨的索契，习近平用质朴的话语，回答俄罗斯电视台记者的提问。

这是中国共产党最高领导人对祖国、对人民的深情告白。

“人民对美好生活的向往，就是我们的奋斗目标。”

2012年11月15日，刚刚当选为中共中央总书记的习近平庄严宣示。

民惟邦本、政得其民。人民，是新一届中央领导集体执政理念的支撑点。

总书记有句座右铭——

“勿忘人民，甘作奉献；鞠躬尽瘁，奋发有为。”

总书记爱听一首歌——

"我住过不少小山村/到处有我的父老乡亲/小米饭把我养育/风雨中教我做人……我勤劳善良的父老乡亲/树高千尺也忘不了根。"

总书记心中有榜样——

"后来，我当知青、上大学、参军入伍、当干部，我心中一直有焦裕禄同志的形象，见贤思齐，总是把他当作榜样对照自己。"

第二批群众路线教育实践活动时，习近平特地把兰考作为联系点。

2014 年 3 月和 5 月，习近平两赴兰考，号召党员、干部以焦裕禄为镜，学习他"心中装着全体人民、唯独没有他自己"的公仆情怀。

5 月 14 日，参观者在河南兰考焦裕禄同志纪念馆内观看焦裕禄事迹展览。

李安　摄（新华）

意莫高于爱民，行莫厚于乐民。

总书记深沉的为民情怀浸透在日日夜夜的时间里、点点滴滴的行动中。

访民情、察民意、问民生，就业、教育、医疗、住房、社保……党的十八大以来，从黄土高原到太行深处，从南国海岛到西部边陲，从校园乡村到社区军营，总书记念念不忘的始终是人民群众。

一页页工作日志，一张张出行地图，李克强、张德江、俞正声、刘云山、王岐山、张高丽等中央领导同志调研的脚步遍及大江南北。

自古以来，顺民心者得民望。

北京四季青敬老院，习近平与老人们的合影摆在很多老人的床头。

一年前，这里的老人们希望能与前来看望他们的总书记合影留念，习近平欣然答应，并细心嘱咐"照片要给每位老人家都送一张"。

平易近人，春风化雨。亿万中国人从总书记身上感受到亲人的气息，感受到温暖的力量。

"老梁，给你们带来一份纪念品，祝你们生活幸福。"2014 年 12 月 19 日，澳门物流工人梁志华家，从孩子上学到大人工作，从家庭收入到住房支出，习近平问得很细很细。

国家最高领导人和百姓的距离有多近，国家的凝聚力就有多强。

2012 年 11 月 29 日，国家博物馆。习近平总书记在参观《复兴之路》展览时首次提出实现中华民族伟大复兴的中国梦。

中国梦的提出，看似不经意，实则深思熟虑，意蕴深远——

新一届中央领导集体接过历史的接力棒，面临的是经济体制深刻变革、社会结构深刻变动、利益格局深刻调整、思想观念深刻变化的中国。

执政中国，当务之急就是凝聚共识。

“凝聚共识最重要的就是要找最大公约数。”中央文献研究室副主任孙业礼说，“中国梦就是这个最大公约数。”

猛药去疴，从严治党；勇涉险滩，深化改革；密织法网，完善法治……

站在两年节点上回望，以习近平同志为总书记的党中央在治国理政上以非凡勇气、坚定决心、不懈努力，指向一个清晰的理念和伟大的目标——中华民族伟大复兴的中国梦！

民族复兴的时代旋律，激起了每一个中国人的共鸣；中国梦这个大梦想，点燃了每个个体的梦想——

“生活在我们伟大祖国和伟大时代的中国人民，共同享有人生出彩的机会，共同享有梦想成真的机会，共同享有同祖国和时代一起成长与进步的机会。”

中国梦引领中国进入放飞梦想的时代，催生出 13 亿人梦想的“核聚变”——

从上学就业到住房就医，尊严的保证、事业的成功、价值的实现……两年来，亿万鲜活生动的梦想，使得当今中国充满激情，充满创新、创业、创造的活力。每个人实现梦想的努力，汇聚成推动国家发展的强大动力。

中国梦构建起与世界合作共赢的新平台——

2014 年岁末，一本以 9 种文字出版的《习近平谈治国理政》行销全球，引起强烈反响。

“我从中领略到习近平在治国理政上的冷静思维和远见卓识。”埃及前总理埃萨姆·谢拉夫评价。

“把人民的期待变成我们的行动，把人民的希望变成生活的现实。”2015 年新年贺词中，习近平总书记再次强烈宣示。

把人民放在心中，用梦想凝聚力量。以习近平同志为总书记的党中央的执政理念，正焕发出无坚不摧的磅礴力量，引领中华民族走向伟大复兴的光明前景。

“协调推进全面建成小康社会、全面深化改革、全面推进依法治国、全面从严治党”

——党的十八大以来，以习近平同志为总书记的党中央治国理政的总体框架更加完整、总体思路日渐清晰

“协调推进全面建成小康社会、全面深化改革、全面推进依法治国、全面从严治党，推动改革开放和社会主义现代化建设迈上新台阶。”

执政两周年之际，习近平总书记用“四个全面”，勾勒出了一幅治国理政方略图。

两年多前，新一届中央领导集体接过历史接力棒时，中国已进入全面建成小康社会的决定性阶段。

全面建成小康社会，是目标，也是要求。

“没有全民健康，就没有全面小康”；

“没有农村的小康，特别是没有贫困地区的小康，就没有全面建成小康社会”……

习近平总书记用“没有……就没有”句式，指出全面建成小康社会的短板与瓶颈。

两年多来，从制定“稳增长、调结构、促改革”政策，推动经济转型升级，到继续向贫困宣战、向污染宣战，以习近平同志为总书记的党中央注重问题导向，把解决不平衡、不协调、不可持续问题作为全面建成小康社会的主要着力点，努力提高发展的质量和效益。

决定性阶段，关键还是要靠改革这个强大动力；进入攻坚期和深水区的改革，亟待全面深化。

在职公务员数量约为700万，126万个各类事业单位在职人员3000多万……

2014年末，从全国人大常委会会议对国务院相关报告的审议中传递出一个重要信息：养老保险制度改革方案已经国务院常务会议、中央政治局常委会会议审议通过，改革箭在弦上，养老保险“双轨制”有望逐步破除。

这只是一个缩影。

从当选总书记后首次离京便到广东释放坚定不移走改革开放道路的强烈信号，到十八届三中全会就全面深化改革作出战略部署，从一次次专项小组会议到一次次中央全面深化改革领导小组会议，两年多来，以习近平同志为总书记的党中央攻坚克难，稳步推进各领域改革。

——积极适应新常态，紧紧围绕使市场在资源配置中起决定性作用深化经济体制改革。

从先后取消和下放超过700项行政审批事项到注册资本登记制度改革全面施行，从民营资本进军银行业到国企改革启动试点，从财税体制改革到农村土地制度改革，一系列改革举措，激发了市场活力，提升了经济内生动力。

——以国家治理体系和治理能力现代化为目标，紧紧围绕坚持党的领导、人民当家做主、依法治国有机统一深化政治体制改革。

全国人大及其常委会着力提高立法质量，全国政协坚持召开双周协商座谈会，改革社会组织管理制度、推进四类社会组织直接登记……一系列改革举措，进一步发展了人民民主，提高了国家治理能力。

——为民族复兴铸魂，紧紧围绕建设社会主义核心价值体系、社会主义文化强国深化文化体制改革。

设立国家文化产业创新实验区，积极推进国有文化企业并购重组，建立健全互联网管理领导体制和工作联动机制，推动传统媒体和新兴媒体融合发展，加快中华文化走出去……一系列改革举措，使文化领域呈现出新的气象。

——为使更多群众共享发展成果，紧紧围绕更好保障和改善民生、促进社会公平正义深化社会体制改革。

推进户籍制度改革，实施“单独两孩”政策，推进考试招生制度改革，深化医药卫生体制改革，完善社会救助体系……一系列改革举措，促进社会既充满活力又和谐有序。

——为走向社会主义生态文明新时代，紧紧围绕建设美丽中国深化生态文明体制改革。

修订环境保护法、大气污染防治法，开展大气污染防治行动计划实施情况考核，提高排污费征收标准，开展环境污染第三方治理试点……一系列改革举措，推动形成人与自然和谐发展的现代化建设新格局。

“从时间表倒排最急迫事项改起，从老百姓最期盼的领域改起，从制约经济社会发展最突出的问题改起，从社会各界能够达成共识的环节改起”……

改革元年，以习近平同志为总书记的党中央既大胆探索、勇于开拓，又稳妥审慎、三思后行，全面深化改革的336项举措逐项推出，全面深化改革领导小组确定的80个重点改革任务基本完成，改革在重要领域和关键环节向纵深推进。

推进公车改革、中央管理企业负责人薪酬制度改革……以前想都不敢想的改革方案真刀真枪推进了，具有标志性、关键性、引领性作用的重大改革举措推出了，一场深刻变革正在中华大地孕育迸发。

奉法者强，则国强；奉法者弱，则国弱。

2014年深秋，世界目光再次聚焦北京。

党的十八届四中全会以“全面推进依法治国”的鲜明标签写进了历史坐标中，为实现全面建成小康社会目标提供制度保障。

12月4日，西安市民在宪法日宣传活动现场观看依法治国宣传展板。

李一博　摄（新华）

从“依法赋予设区的市地方立法权”到“建立行政机关内部重大决策合法性审查机制”；从“最高人民法院设立巡回法庭”到“把法治建设成效作为衡量各级领导班子和领导干部工作实绩重要内容，纳入政绩考核指标体系”……

180多项重大举措向世人展示了党中央认认真真讲法治、扎扎实实抓法治的决心和魄力。

刘汉刘维特大涉黑案法槌落定，葛兰素史克中国公司商业贿赂案开出巨额罚单，上海、广东等六省市司法体制改革先行试点渐次推开，首次修改行政诉讼法、进一步拓宽“民告官”法律渠道……回首2014年，法治的足音铿锵有力。

法国《欧洲时报》评价，“依法治国”将成为当今中国的主流趋势，具有深刻的改革气魄。

“姊妹篇”，习近平总书记用这样的比喻形容全面深化改革决定、全面推进依法治国决定二者之间的关系。

“这二者可以概括为‘一破一立’。”在孙业礼看来，以习近平同志为总书记的党中央治国理政方略是一整套顶层设计方案，有着紧密的内在逻辑。

一张是全面深化改革路线图，一张是全面推进依法治国路线图，两张路线图相互交织、交相呼应，并与全面建成小康社会的路径吻合一致，在一个时间轴上徐徐展开。

全面建成小康社会强大而根本的保证是什么？“全面从严治党”！习近平总书记鲜明回答。

“当时就让我看到了希望。”回想起一年多前西柏坡九月会议旧址里习近平总书记“这里是立规矩的地方”这句话，西柏坡村老党员闫青海记忆犹新。

办好中国的事情，关键在党。

“全面从严治党是推进党的建设新的伟大工程的必然要求”“从严治党是全党的共同任务，需要大气候，也需要小气候”……

从中央政治局八项规定，到党的群众路线教育实践活动，从坚持“老虎”“苍蝇”一起打，到用人不唯票、不唯分、不唯 GDP、不唯年龄……

两年多来，以习近平同志为总书记的党中央全面从严治党，无死角、全覆盖、不放松，世界上最大执政党的创造力、战斗力、凝聚力不断增强……

“习近平执政两周年，你最大的感受是什么？”岁末，新华网发展论坛上，网民纷纷就此留言——

“站得高，看得远，想得透，抓得准，有战略思维”；

“七百个日夜，新常态治国，八规治贪腐，十八般用全”……

知难而进，蹄疾步稳。

“以习近平同志为总书记的党中央治国理政实践，彰显了中国的大战略、大布局、大手笔。”清华大学国情研究院院长胡鞍钢说。

“要以踏石留印、抓铁有痕的劲头抓下去，善始善终、善做善成，防止虎头蛇尾”

——党的十八大以来，以习近平同志为总书记的党中央自信从容、务实担当，彰显出坚定而鲜明的执政风格

“他仅用了两年时间就在中国拥有这样的影响力，这给所有人都留下了深刻印象。”

访华 20 多天后，美国总统奥巴马在华盛顿一个商业圆桌会议上，这样评价自己眼中的习近平。

而在习近平看来，“两年时间可不短”。在同奥巴马瀛台会面时，他用轻松的话语，传递出只争朝夕的使命感。

实现中华民族伟大复兴的中国梦，责任重于泰山，事业任重道远。

正是用这两年时间，以习近平同志为总书记的新一届中央领导集体成功地开新局、树新风，将中国的影响力推向世界；

正是用这两年时间，崇尚实干、埋头苦干，中国领导人以强烈的责任感和紧迫感，解答着时代赋予的全新命题。

出访 11 次、到访 31 国，同 100 多位来华访问的外国元首和政府首脑举行会谈会见，在国内考察 20 多次、足迹遍布 20 多个省区市、特别行政区和高等院校、部委……履职两年多来，习近平的脚步从未停歇。

境外媒体评价说，执政的历程类似长跑，但习近平却是以短跑速度开局。

新一届中央领导集体以时不我待、舍我其谁的担当意识，催动着一股激荡奔涌的执政新风席卷神州大地，鲜明的执政风格日益彰显。

踏石留印、抓铁有痕，求真务实的执政风格改变着整个国家的精神面貌，向世界展现出一个复兴大国的蓬勃气象——

一分部署，九分落实。再宏伟的蓝图，没有落实都只能是纸上谈兵。

8月4日，黑龙江垦区大西江农场职工驾驶收割机在收获小麦。

陆艳红　摄（新华）

从治理“舌尖上的浪费”，到整治一张贺卡、一盒月饼背后的奢靡之风，一件件小事有始有终，以徙木立信之效让人们看到了中央真抓实干、刚性执行的信心和决心。

身先士卒，以上率下。攻坚克难的路上，需要坚强指挥、上下同欲。

从坚持两年不松懈的八项规定，到开展两轮、收尾不收场的教育实践活动，一次次动真格、做实事，展现出中央善始善终、善做善成的能力和魄力。

“钉钉子往往不是一锤子就能钉好的，而是要一锤一锤接着敲，直到把钉子钉实钉牢。”

正是本着这样一种“钉钉子”精神，两年多来，中央领导集体言必信，行必果，招招指要害，件件有落实。

义无反顾、勇往直前，雷霆万钧的背后是一种越是艰险越要向前，敢于担当的勇者之风——

2014年，不断深入的反腐败斗争震撼人心。随着周永康、徐才厚、令计划、苏荣等人落马，人们看到了猛药去疴、重典治乱的决心，体会到了刮骨疗毒、壮士断腕的勇气。

“不是没有掂量过。但我们认准了党的宗旨使命，认准了人民的期待。”习近平斩钉截铁地说。

向固化的利益藩篱宣战，对党内盘根错节的问题进行梳理。自我批判、自我开刀、自我革命，由此带来的压力、风险和挑战，只有勇敢者才能顶得住、扛得动。

“有理想、有担当，国家就有前途，民族就有希望。”

信念坚定、从容不迫，战略定力的背后彰显出新一届中央领导集体有底气、有自信的精神状态——

回忆起两年多前习近平总书记在参观《复兴之路》展览时那段振奋人心的讲话，国家博物馆副馆长黄振春至今依旧激动不已。

“习近平总书记连说了 3 个‘一定能实现’，当他最后说出‘中华民族伟大复兴的梦想一定能实现’时，语气平和，但充满自信，话音一落现场就响起雷鸣般的掌声。”

“自信人生二百年，会当水击三千里。”在习近平总书记系列重要讲话中，这是引用频率很高的一句诗。

上任伊始，“自信”就成为新一届中央领导集体最鲜明的精神特质。

这份自信，体现在坚持走中国道路的坚定信念：“中国特色社会主义是社会主义而不是其他什么主义，科学社会主义基本原则不能丢，丢了就不是社会主义。”

这份自信，体现在面对经济新常态的从容淡定：“以目前确定的战略和所拥有的政策储备，我们有信心、有能力应对各种可能出现的风险。”

这份自信，体现在应对外部挑战时的战略定力：“我们要坚持走和平发展道路，但决不能放弃我们的正当权益，决不能牺牲国家核心利益。”

治大国如烹小鲜。自信是一种行事风格，更成为一种执政境界。

“务实、担当、自信，新一届中央领导集体的执政风格鲜明地体现在治国理政的行动上，体现在其所从事的经济、政治、文化、社会、生态文明、军事和外交、党的建设等所有活动领域。”中央党校副教育长韩庆祥说。

“我们人民共和国的航船正在破浪前进，我们比历史上任何时期都更接近中华民族伟大复兴的目标”

——党的十八大以来，以习近平同志为总书记的党中央治国理政成就斐然，回应了群众期待，赢得了世界赞赏，中华民族的发展前景无比光明

“中国经济以拔得头筹之势进入 2015 年，并很可能长时间执此牛耳……中国回到了它在人类历史上大多数时间里所占据的地位。”

美国《名利场》杂志 2015 年 1 月号刊登了诺贝尔经济学奖得主约瑟夫·施蒂格利茨的文章《中国世纪》。

峥嵘岁月何惧风流。

两年回望，为了实现中华民族伟大复兴的中国梦，以习近平同志为总书记的党中央殚精竭虑、励精图治，交出了一张张亮眼的成绩单：

一曲曲恢宏的“改革乐章”奏响新篇——

新设立市场主体出现“井喷式”增长，经济结构更优化、动力更充沛，展现出良好的韧性、充足的潜力、较大的回旋空间……改革正冲开一切阻碍发展、束缚活力的藩篱，让一切财富的源泉涌流，让一切创新的能力迸发。

9月29日，航拍上海自贸区洋山港集装箱码头。

凡军　摄（新华）

两年来，中国经济保持着平稳发展态势，货物贸易总额跃居世界第一，经济总量在多年位居世界第二的基础上持续稳步增长，每年国内生产总值增量相当于贡献了一个中等发达国家的经济规模。

一阵阵久违的“清新之风”横扫积弊——

党的十八大以来，数十名省部级以上腐败分子被查处，全国纪检监察机关立案结案数量、给予党纪政纪处分和移送司法机关处理人数等，均达到纪委恢复组建以来最高值；约10万人因违反中央八项规定精神受到处理，700多起典型案件被通报曝光……兑现了新一届中央领导集体“打虎无禁区、拍蝇无死角”的承诺。

历时一年多的党的群众路线教育实践活动，对作风之弊、行为之垢进行了一次大排查、大检修、大扫除，解决了一些多年想解决没有解决的问题，刹住了许多人认为“不可能刹住”的歪风，党风政风为之一新。

一幅幅亮丽的“民生画卷”徐徐展开——

国民个人财富和财产性收入持续增长，企业退休职工养老金“十连涨”，基本养老和基本医疗保险制度实现城乡居民全覆盖，临时救助制度全面建立，“农”与“非农”界限逐渐打破，“一考定终身”宿弊正在革除，“单独两孩”政策全面落地……

中国梦正化为百姓身边一个个实实在在的“就业梦”“上学梦”“住房梦”“宜居梦”“医保梦”“小康梦”，果实累累，触手可及。

一股股强大的“正能量”喷薄而出——

向全社会公开发布“最美志愿者”“全国孝老爱亲最美家庭”先进事迹，举行“核心价值观百场讲坛”，大力推动县级文明城市创建活动，每月发布“中国好人榜”……坚持从小抓起，从活动切入，24 字的社会主义核心价值观日益深入人心，让我们的国家、民族、人民在思想和精神上强起来。

从国家领导人亲自倡导优秀传统文化，到设立国家宪法日、公祭日；从“最美中国人”群体不断涌现，到“道德失范”现象初步遏制，中国社会洋溢着一派昂扬向上的文化自信心和民族向心力。

一串串精彩的“外交舞步”闪亮国际舞台——

建设“一带一路”，建立亚洲基础设施投资银行，宣布出资 400 亿美元成立丝路基金；倡议成立金砖国家开发银行，建立金砖国家应急储备安排；实质性结束同韩国、澳大利亚两大经济体的自由贸易谈判，启动亚太自由贸易区进程……

10 月 24 日，包括中国、印度、新加坡等在内 21 个首批意向创始成员国的财长和授权代表在北京人民大会堂签约，共同决定成立亚洲基础设施投资银行。

李鑫　摄（新华）

短短两年间，新一届中央领导集体积极作为，更多地参与到国际规则的制定中，发出中国声音、提出中国方案、展现中国智慧，引领国际合作方向。俄罗斯《独立报》感叹：“国际舞台上出现了一位新的地缘政治大师。”

一道道坚固的“铜墙铁壁”巍然屹立——

从远海大洋的立体攻防到塞外草原的实兵对抗，从兵种部队跨区基地化训练到跨国联合军演，两年来，通过组织各类演习演训，全军实战化水平大幅提高，进一步提高了中国人民解放军能打仗、打胜仗的能力。

作风建设铸就军魂。2014 年 10 月古田全军政治工作会议的召开，正推动一支听党指挥、讲政治的军队再上历史新台阶。

9 月 19 日，武警福建总队龙岩支队新兵在福建龙岩古田会议会址前宣誓。

新华社发

巴西国际问题专家罗尼·林斯指出，中国共产党正以一种循序渐进但坚定有力的方式打造中国腾飞的基础，用一个个必要的具体措施去实现中国梦。

站在新一届中央领导集体执政两年的历史节点上，人们对未来中国发展前景充满期待——

“过去访贫问苦，看看，走走形式。现在不分节不节的，说来就来。”讲起一年来当地干部作风的变化，河南兰考县东老君营村村民赵振文说，“裤腿卷起来了，身上土气重了，焦书记当年的好作风又回来了。”

展望未来，一个正风肃纪、涤陈布新的中国，必将更好地凝聚起全国各族人民圆梦图强的最大信心。

不久前，内蒙古高级人民法院一纸无罪判决书，还了呼格吉勒图以清白，更给为儿子洗冤奔走 18 年的父母以欣慰。

展望未来，一个更加公平正义的中国，必将为经济社会持续健康发展奠定坚实基础。

埃博拉疫情暴发后，中国第一时间向非洲兄弟伸出援手，派出了上千名医疗人员，提供了总计 7.5 亿元的援助。几内亚比绍公共卫生部长瓦伦蒂娜·门德斯说，中国政府及时驰援，“如同一股清泉流淌在非洲大地”。

展望未来，一个负责任的发展中大国，必将更好地与世界携手同行、互利共赢。

“中国回来了。”

美国《外交》双月刊网站 11 月底刊载《中国得分》一文感叹：“几十年来，都没有出现另外一个大国这么有能力，这么自信了。”

是的，这个曾经无比强大的古老国家，正不可阻挡地行进在民族复兴的道路上，开创实现中国梦的新时代！

第四编　专题国情

十八届四中全会

开创法治中国新天地
——以习近平同志为总书记的党中央全面推进依法治国述评

党的十八大以来，以习近平同志为总书记的党中央从实现“两个一百年”奋斗目标、实现中华民族伟大复兴中国梦的战略高度，紧紧围绕“全面推进依法治国”这一全党作出的战略抉择，高扬法治精神、发展法治理论、运用法治思维、创新法治方式，在完善和发展中国特色社会主义制度，推进国家治理体系和治理能力现代化的道路上迈出了坚实步伐。

2014 年 10 月 20 日至 23 日召开的十八届四中全会，既是对我们党法治思想、法治实践的总结，更将掀开“全面推进依法治国”的崭新一页。

依法治国，中国共产党人的时代命题

“全面建成小康社会、实现中华民族伟大复兴的中国梦，全面深化改革、完善和发展中国特色社会主义制度，提高党的执政能力和执政水平，必须全面推进依法治国。”

法治，中华民族发展进步的艰辛探索。

法治，实现国家长治久安的必由之路。

历史的演进为中国全面推进依法治国开启了时间窗口——党的十八大作出全面推进依法治国战略部署，强调依法治国是党领导人民治理国家的基本方略，法治是治国理政的基本方式。

站在新的历史起点上，以习近平同志为总书记的党中央担当起时代赋予的使命，从“坚持国家一切权力属于人民的宪法理念”到“提高立法科学化、民主化水平”，从“法律要随着实践发展而发展”到“凡属重大改革都要于法有据”，从“让人民群众在每一个司法案件中都感受到公平正义”到“把权力关进制度的笼子里”……一系列重大思想重要论断，一系列关键部署核

12月12日，福建周宁县人民法院许洁（右）在该县诉讼服务中心指导居民张敏填写申请执行书。

林善传　摄（新华）

心举措，为全面推进依法治国指明了方向，为党治国理政提供了根本遵循。

此时的中国，全面建成小康社会的“时间表”已进入倒计时，而经济社会发展则面临许多新形势、新课题——

经过30多年改革开放，中国经济进入“新常态”，从粗放发展阶段转向科学发展阶段，必须通过法治克服短期化、功利化倾向；改革进入“深水区”，必须通过法治形成更加规范有序推进改革的方式；社会进入“转型期”，必须通过法治化解当下社会问题复杂性与应对方式简单化之间的矛盾……

“时代已经给出命题，用法治思维和法治方式迈过前进道路上的沟沟坎坎，考验着新一届党中央的智慧和魄力。”中国社会科学院学部委员、法学所所长李林说。

党的十八大之后不久，2012年12月，习近平总书记出席首都各界纪念现行宪法公布施行三十周年大会并发表重要讲话。讲话从坚定不移走中国特色社会主义政治发展道路、不断推进社会主义政治制度自我完善和发展的高度，鲜明提出坚持依法治国、依法执政、依法行政共同推进，坚持法治国家、法治政府、法治社会一体建设的重要思想。

“依法治国是党领导人民治理国家的基本方略，依法执政是党在新的历史条件下执政的基本方式，依法行政是各级政府的基本准则；法治国家是主体，法治政府是重点，法治社会是基础。”国务院法制办副主任袁曙宏指出，总书记提出的“两个坚持”是建设法治中国的总布局。

在这一总布局的架构下，党的十八大以来，以习近平同志为总书记的党中央作出一系列理论阐述，不断丰富和完善全面推进依法治国的重要思想——

“坚持中国特色社会主义政治发展道路，关键是要坚持党的领导、人民当家做主、依法治国有机统一。”

“宪法是国家的根本法，坚持依法治国首先要坚持依宪治国，坚持依法执政首先要坚持依宪执政。”

“坚持和完善人民代表大会制度，必须全面推进依法治国。发展人民民主必须坚持依法治国、维护宪法法律权威，使民主制度化、法律化，使这种制度和法律不因领导人的改变而改变，不因领导人的看法和注意力的改变而改变。”

“坚持依法治国和以德治国相结合，把法治建设和道德建设紧密结合起来，把他律和自律紧密结合起来，做到法治和德治相辅相成、相互促进。”

……

这些重要论述，既有对多年来党的治国理政思想的一脉相承，又有应对新形势、新挑战、新任务的创新发展，为新时期全面推进依法治国指明了前进方向。

“我国经济社会已经发展到了一个新的阶段，人民群众的民主意识、法治意识和权利意识日益增强，再像过去那样运用权力思维、行政思维甚至人治思维来管理国家和社会已经不行了。”袁曙宏说。

时代呼唤依法治国，群众期盼依法治国。

以习近平同志为总书记的党中央直面经济社会发展的热点、焦点、难点问题，积极回应群众呼声，对全面推进依法治国作出全面部署——

在十八届中央政治局第四次集体学习时，习近平总书记强调：“要完善立法规划，突出立法重点，坚持立改废并举，提高立法科学化、民主化水平，提高法律的针对性、及时性、系统性。”

在庆祝全国人民代表大会成立60周年大会上，习近平总书记强调：“坚决纠正有法不依、执法不严、违法不究现象，坚决整治以权谋私、以权压法、徇私枉法问题，严禁侵犯群众合法权益。”

在首都各界纪念现行宪法公布施行三十周年大会上，习近平总书记指出：“要依法公正对待人民群众的诉求，努力让人民群众在每一个司法案件中都能感受到公平正义，决不能让不公正的审判伤害人民群众感情、损害人民群众权益。”

在中央政法工作会议上，习近平总书记强调：“我们党的政策和国家法律都是人民根本意志的反映，在本质上是一致的。党的政策是国家法律的先导和指引，是立法的依据和执法司法的重要指导。”

在中央政治局第五次集体学习时，习近平总书记指出：“要更加科学有效地防治腐败，全面推进惩治和预防腐败体系建设，提高反腐败法律制度执行力，让法律制度刚性运行。”

……

专家指出，以习近平同志为总书记的党中央，在全面推进依法治国进程中，既有理论层面的深邃思考，又有立法、执法、司法、守法等方面的具体部署，展现出系统推进、重点突破的态势。

依法治国，中华大地上的生动实践

“全面推进科学立法、严格执法、公正司法、全民守法，坚持依法治国、依法执政、依法行政共同推进，坚持法治国家、法治政府、法治社会一体建设，不断开创依法治国新局面。”

党的十八大以来，在全面推进依法治国的战略指引下，经济建设、政治建设、文化建设、社会建设、生态文明建设和党的建设等各个领域，在前所未有的广度和深度上，向着制度化、法律化不断推进，法治国家、法治政府、法治社会建设向纵深发展。我们党运用法治思维和法治方式深化改革、推动发展、化解矛盾的能力不断提高，良好的法治环境正在形成。

党的十八届三中全会吹响了全面深化改革的号角。如何处理深化改革所必需的“破”与法律规定上“立”之间的关系，成为检验执政者依法执政、依法治国的一个风向标。

2014 年 2 月 28 日，习近平总书记在中央全面深化改革领导小组第二次会议上强调，凡属重大改革都要于法有据。在整个改革过程中，都要高度重视运用法治思维和法治方式，发挥法治的引领和推动作用，加强对相关立法工作的协调，确保在法治轨道上推进改革。

6 月 6 日，中央全面深化改革领导小组第三次会议审议通过了《上海市司法改革试点工作方案》。7 月 11 日，上海召开全市司法改革先行试点部署会。图为上海市人民检察院第二分院。

丁汀　摄（新华）

海外媒体评价说，法治是一个国家走向现代文明的标志，也是改革成功与否的界限，正如习近平所言，凡重大改革都要于法有据，确保在法治轨道上推进。

中国特色社会主义法律体系形成以

后，国家和社会生活的各个方面总体上已经有法可依。“全面深化改革，首先要求坚持依法办事，运用法治思维和法治方式推进各项改革举措。”全国人大常委会法工委副主任阚珂说。

根据党中央的统一部署，立法机关集中开展对法律的“立改废”工作，既释放了依法治国的强烈信号，也为全面深化改革能够按照“施工图”蹄疾步稳地向前推进提供了法律保障。

“在全面深化改革的今天，我们党要实现改革意图，尤其需要运用法治思维和法治方法来指导立法工作，将党内通过的改革举措，通过国家制度的形式科学地固定下来，在程序化的环节中予以落实。”中国人民大学法学院教授陈卫东说。

法治是安邦固本的基石。让权力在法治的框架内运行，严格依法行政，营造透明有序、公平正义的市场环境，是执政党必须完成的一项重要任务。

党的十八大以来，党中央坚持积极稳妥、循序渐进、成熟先行，抓住主要矛盾和重点问题，把政府职能转变放在更加突出的位置，深入推进行政体制改革。

“政府职能转变到哪一步，法治建设就要跟进到哪一步。”在党的十八届二中全会上，习近平总书记发表的重要论断，表明了中国共产党依法执政的决心和意志。

从一批批行政审批事项取消和下放，到工商登记制度改革的全面铺开；从一份份“权力清单”的公布，到行政事业性收费的减少，在党中央的统一部署下，简政放权不断向纵深推进。

“这背后是市场主体‘法无禁止即可为’，政府‘法无授权不可为’理念的强大支撑。”中国行政体制改革研究会副秘书长张占斌说。

当前，我国正面临复杂多变的外部环境，发展中不平衡、不协调、不可持续的问题依然突出，影响社会稳定的因素大量存在。广大人民群众政治参与意识不断增

2010年5月13日，河南省高级人民法院宣传处处长袁荷刚（左二）向媒体通报赵作海获赔情况。

赵鹏　摄（新华）

强，对促进社会公平正义、保障自身合法权益的要求日益提高。

近年来，佘祥林、赵作海等冤错案的曝光，使公正司法问题再次进入人们的视野，加快推进司法体制改革，提上了党和政府的议事日程。

“一个国家实行什么样的司法制度，归根到底是由这个国家的国情决定的。评价一个国家的司法制度，关键看是否符合国情、能否解决本国实际问题。”陈卫东说，党的十八届三中全会对司法体制改革作出重大部署，表明了中央对司法体制改革的高度重视。

延续半个世纪的劳教制度退出历史舞台，密集出台防范冤假错案制度规定，建立涉法涉诉信访依法终结制度，全面推进审判流程公开、裁判文书公开、执行信息公开三大平台建设，严格规范减刑、假释、保外就医程序，健全错案防止、纠正、责任追究机制，司法人员分类管理、司法责任制、省以下地方法院检察院人财物统一管理……党的十八大特别是十八届三中全会以来，一系列司法体制机制改革举措相继推出，着眼全局谋划、注重顶层设计、解决现实问题。

坚持党的领导、人民当家做主、依法治国有机统一，这是全面推进依法治国的重要指针。

习近平总书记明确指出，要坚持党总揽全局、协调各方的领导核心作用，坚持依法治国基本方略和依法执政基本方式，善于使党的主张通过法定程序成为国家意志。

治国必先治党，治党务必从严，这是执政党的自觉担当，更是依法治国的必然要求。

善于运用法治思维和法治方式反对腐败，这是以习近平同志为总书记的党中央加强党的建设、推进依法治国的一个重要思想。加强党内法规制度建设，扎紧制度的笼子，是党要管党、从严治党的重要体现。

党的十八大后，党中央集中清理党内法规，1978 年以来制定的党内法规和规范性文件，近四成被废止或宣布失效。2013 年 5 月，两部党内的“立法法”《中国共产党党内法规制定条例》及《中国共产党党内法规和规范性文件备案规定》公布。

党必须和善于通过法律来治国理政，以确保国家政权运行的制度化、规范化、有序化。

中央党校党建部教授任铁缨说，集中清理之后，适应世情国情党情的发展变化，在党内法规和规范性文件中吸纳这些年党建创新的成果，党的法规制度将更加具有生命力，将为管党治党、执政治国提供更好的制度保障。

依法治国，实现中国梦的康庄大道

“我们必须坚持把依法治国作为党领导人民治理国家的基本方略、把法治作为治国理政的基本方式，不断把法治中国建设推向前进。”

一年前，党的十八届三中全会作出全面深化改革的战略决策，提出完善中国特色社会主义制度，推进国家治理体系和治理能力现代化的改革总目标。

今天，党的中央全会研究全面推进依法治国的重大问题，以法治促进国家治理体系和治理能力现代化的方向已然清晰，中国特色社会主义法治道路的前景呈现眼前。

——坚持中国特色社会主义制度，贯彻中国特色社会主义法治理论，这是法治中国的根本遵循；

——形成完备的法律规范体系、高效的法治实施体系、严密的法治监督体系、有力的法治保障体系，形成完善的党内法规体系，这是法治中国的制度基石；

——坚持依法治国、依法执政、依法行政共同推进，坚持法治国家、法治政府、法治社会一体建设，实现科学立法、严格执法、公正司法、全民守法，这是法治中国的实现路径。

全面推进依法治国，必须高扬宪法精神、维护宪法权威，加快建设社会主义法治国家——

宪法是国家的根本大法，是治国安邦的总章程。中国特色社会主义政治发展道路的核心思想、主体内容、基本要求，都在宪法中得到确认和体现。

依法治国首先是依宪治国，依法执政关键是依宪执政。

党的十八大报告提出：党领导人民制定宪法和法律，党必须在宪法和法律范围内活动。任何组织或者个人都不得有超越宪法和法律的特权，绝不允许以言代

12月4日，沈阳一位市民（左）在中国首个国家宪法日法制宣传日活动现场咨询法律知识。

李钢　摄（新华）

法、以权压法、徇私枉法。

宪法的生命在于实施，宪法的权威也在于实施。

习近平总书记明确要求，全国人大及其常委会和国家有关监督机关要担负起宪法和法律监督职责，加强对宪法和法律实施情况的监督检查，健全监督机制和程序，坚决纠正违宪违法行为。

“宪法权威就是宪法得到全社会普遍的认同、自觉遵守、有效维护的一种理念、文化与力量，表现为宪法至上，所有的公权力、国家活动都要受宪法的约束。”中国人民大学法学院院长韩大元说。

全面推进依法治国，必须运用法治思维、创新法治方式，积极探索实践、拿出真招实招——

科学立法、严格执法、公正司法、全民守法，是复杂庞大的系统工程。依法治国需要在每一个具体目标的落实中得到检验。

党的十八届三中全会决定提出：“建立科学的法治建设指标体系和考核标准。”

中南财经政法大学法治发展与司法改革研究中心主任徐汉明认为，建立这样的体系和标准，可以使国家法治化进程得到“方向标”的引领和“观察仪”“监测器”的评价，可以适时防止、预警、纠正破坏法治现象的发生，使法治成为国家治理体系和治理能力现代化必不可少的“助推器”。

全面推进依法治国，必须学习借鉴、发展继承法治理论，走出一条中国特色社会主义法治道路——

中国的今天是从中国的昨天和前天发展而来的。

习近平总书记在中央政治局第十八次集体学习时强调了“礼法合治，德主刑辅”这一中国古代治国理政的精髓要旨。

“这是执政党治国理政认识的重大提升，为科学汲取古人治国理政智慧提供了镜鉴。”专家指出，“数千年来，‘礼’与‘德’伴随中华民族走过一条不同于其他国家和民族的文明发展道路，也必将在依法治国的进程中发挥巨大的推动作用。”

法国思想家卢梭曾说：“一切法律中最重要的法律，既不是刻在大理石上，也不是刻在铜表上，而是铭刻在公民的内心里。”

对一个国家而言，治理体系和治理能力与这个国家的历史传承和文化传统密切相关。解决中国的问题只能在中国大地上探寻适合自己的道路和办法。

对国家的公民而言，对于法、礼、德等规则的遵守，就是要把富强民主、文明和谐，自由平等、公正法治，爱国敬业、诚信友善的社会主义核心价值观，内化于心、外化于行。

“法律和道德都是社会行为规范，而最高境界的守法是恪守社会公德、职业道德和家庭美德，最低限度的守法是做到法律的底线不能逾越、道德的红线不能触碰，法律的义务不能弃、道德的责任不能丢。”李林指出。

依法治国，贵在树立法治理念，追求法律至上、公平正义、尊重程序、保障人权的法治精神；培育法治精神，重在让人们对法治形成信仰，使法治变成人们的生活方式。

一切难题，只有在改革中才能破解；一切愿景，只有在实干中才能实现。

建设法治中国，是中国特色社会主义的内在要求，是实现中华民族伟大复兴中国梦的康庄大道。以党的十八届四中全会召开为新起点，以习近平同志为总书记的党中央，必将带领全党全军全国各族人民，开创法治中国更加光明的前景。

党的十八届四中全会公报关键词

10 月 23 日，党的十八届四中全会闭幕，明确提出了全面推进依法治国的总目标、重大任务。全会提出，全面推进依法治国，总目标是建设中国特色社会主义法治体系，建设社会主义法治国家。全会公报中，“法治”一词出现了 50 余次，“依法治国”也是高频词。

专家普遍认为，在“依法治国”方略提出 17 年之后，党的全会首次以“依法治国”为主题，无疑为未来中国建设法治国家描绘出新的路线图。中国走向法治国家的脚步越来越清晰，进程也必将加快。

推进　　新华社发 徐骏 作

关键词：党的领导

【全会指出】党的领导是中国特色社会主义最本质的特征，是社会主义法治最根本的保证。把党的领导贯彻到依法治国全过程和各方面，是我国社会主义法治建设的一条基本经验。

【专家解读】中国政法大学副校长马怀德认为，我国在宪法中确立了中国共产党的领导地位，坚持党的领导是推进依法治国的题中应有之义。全会把党的领导和依法治国的关系阐述得非常清楚，应该明确的是，推进依法治国将加强党的领导，不是削弱党的领导。

马怀德说，共产党作为执政党，在推进法治建设进程中，必须发挥带头作用，依据宪法法律治国理政。

关键词：依宪治国

【全会指出】坚持依法治国首先要坚持依宪治国，坚持依法执政首先要坚持依宪执政。

【专家解读】中国人民大学公共管理学院副院长许光建认为，“依宪治国”“依宪执政”是法治建设的重要推进，是依法治国更深入、更透彻的体现。宪法是我国的根本大法，遵守宪法不仅是公民的义务，更被融入为执政党的执政理念，这是此次全会的亮点之一。

关键词：党内法规

【全会指出】加强党内法规制度建设，完善党内法规制定体制机制，形成配套完备的党内法规制度体系，运用党内法规把党要管党、从严治党落到实处。

【专家解读】北京大学法学教授姜明安：“这次四中全会公报不仅强调了加强党内法规制度建设，还首次提出了将党内法规体系纳入法治体系建设，这是党践行法治理念、坚持依法执政、实现党的执政方式领导方式法治化现代化的重大抉择，也是党推进国家治理体系和治理能力现代化的重大实践。”

“十八大后，党中央集中清理了党内法规，在党的历史上首次发布了党内法规制定工作五年规划，公布了两部党内‘立法法’，可以看出党正在积极进行党内法规系统化建设。相信今后，党内法规体系将更加健全，配套党内法规将更加完备，与各项国家法律也将更为协调统一。”姜明安说。

关键词：法治政府

【全会指出】加快建设职能科学、权责法定、执法严明、公开公正、廉洁高效、守法诚信的法治政府。

【专家解读】“国家行政机关直接和群众打交道，大部分的法律、法规都是由行政机关来执行，用法治精神来建设现代政府尤为关键。”姜明安说。

姜明安认为，进一步推进依法行政，还需要完善行政组织法，行政程序法、行政责任法。以制定政府职权清单与负面清单保障公民权利为核心，加快转变政府职能，推进行政职权配置法治化；建立健全行政决策程序，增强政府执行力；深化行政执法体制改革，确保严格公正文明规范执法；推进政务公开，提高政府透明度和公信力；建立健全严密规范的行政责任制、过错追究制，才能提高行政监察效能，增强政府公信力。

11 月 6 日，国务院新闻办公室在北京召开新闻发布会，国务院法制办副主任袁曙宏介绍我国推进依法行政，加快建设法治政府的有关情况。

何俊昌　摄（新华）

关键词：重大改革于法有据

【全会指出】实现立法和改革决策相衔接，做到重大改革于法有据、立法主动适应改革和经济社会发展需要。

【专家解读】中国人民大学法学院教授陈卫东表示，建设中国特色社会主义法治体系，必须坚持立法先行，充分发挥立法的引领和推动作用。体制机制的改革，本质上是法律的改革，只有改革与法律同步才能避免冲突。改革要有所突破，必须先进行法律的修改，不能先破后立。

关键词：法治体系

【全会指出】全面推进依法治国，总目标是建设中国特色社会主义法治体系，建设社会主义法治国家。

【专家解读】中南财经政法大学法治发展与司法改革研究中心主任徐汉明认为，全会首次提出建设社会主义法治体系的目标，要求形成完备的法律规范体系、高效的法治实施体系、严密的法治监督体系、有力的法治保障体系、完善的党内法规体系五个体系，这对于加快法治中国建设具有划时代意义。

“我们的法治，不仅是按照什么样的道路走，还要有实现怎样的目标。”徐汉明指出，社会主义法治体系，不同于社会主义法律体系，它意味着法律不仅要制定出来，还要遵守和落实。从法律体系向法治体系的迈进，一字之差，标志着党治国理政理念的重大飞跃和治国理政方式的重大转型，也是国家治理现代化的重大跨越。

关键词：司法公正

【全会指出】公正是法治的生命线。司法公正对社会公正具有重要引领作用，司法不公对社会公正具有致命破坏作用。

杜绝　　新华社发 徐骏 作

【专家解读】马怀德说，“公报提出建立领导干部干预司法活动、插手具体案件处理的记录、通报和责任追究制度，在党的文件中还是第一次，这一制度应该得到很好的贯彻执行。”

“现在社会各界都非常关注法院、检察院依法独立行使审判权、检察权的问题，只有保证司法机关独立地开展工作，不办关系案、人情案、金钱案，才能让群众在司法过程中感到公平正义。”他说。

关键词：反对腐败

【全会指出】基本完成党的群众路线教育实践活动，坚定不移反对腐败。全会确认了中央政治局之前作出的给予李东生、蒋洁敏、杨金山、王永春、李春城、万庆良开除党籍的处分。

【专家解读】“这次全会的召开将使得治理腐败步入法治化的‘新常态’，‘打老虎’与‘拍苍蝇’将在各个领域纵深推进，监督制约体制机制也将进一步建立健全。”马怀德说。

马怀德说，全面推进依法治国，还应加强反腐立法建设，加快权力公开、党务公开等相关方面立法进程，从源头立法，约束“一把手”的权力。

法治中国指南

为政篇：从决定看领导干部的“底线”“红线”

10月28日公布的《中共中央关于全面推进依法治国若干重大问题的决定》围绕深入推进依法行政、加快建设法治政府、加强和改进党对全面推进依法治国的领导等提出了一系列新观点、新举措，为领导干部划出了一道道为官从政的“底线”和“红线”。

法治观念淡薄？官员要丢“乌纱帽”

“我是市政府的，我就是王法”“谁耽误发展一阵子，就让他难受一辈子”……近年来，被媒体曝光的“官员雷人语录”，暴露出一些机关工作人员特别是领导干部头脑中根深蒂固的“人治思维”“特权观念”。

针对一些领导干部依法办事观念不强、能力不足，知法犯法、以言代法、以权压法、徇私枉法等问题，《决定》明确提出——在相同条件下，优先提拔使用法治素养好、依法办事能力强的干部。对特权思想严重、法治观念淡薄的干部要批评教育，不改正的要调离领导岗位。

除了运用考核这根“指挥棒”外，从根本上解决法治观念淡薄的问题，还是要在领导干部心里真正树立起对法的敬畏。《决定》提出——建立宪法宣誓制度，凡经人大及其常委会选举或者决定任命的国家工作人员正式就职时公开向宪法宣誓。

中国政法大学副校长马怀德指出，要求领导干部用“法治思维”处理改革、发展、稳定的问题，这是执政治理理念的升华。

“拍脑袋”作决策？出了问题终身追责

长期以来，一些领导干部决策短视、随意性大，导致出现决策只注重短期效益等问题。虽然我国早已建立追责制度，但往往只是官员在位时追究，而一旦离任或者退休，一般不再追究。

为保障决策的科学性，《决定》提出——把公众参与、专家论证、风险评估、合法性审查、集体讨论决定确定为重大行政决策法定程序。建立行政机关内部重大决策合法性审查机制，未经合法性审查或经审查不合法的，不得提交讨论。积极推行政府法律顾问制度……保证法律顾问在制定重大行政决策、

此招失灵　　新华社发 蒋跃新 作

推进依法行政中发挥积极作用。

那么，“拍脑袋”决策出了问题怎么办？《决定》提出——建立重大决策终身责任追究制度及责任倒查机制，对决策严重失误或者依法应该及时作出决策但久拖不决造成重大损失、恶劣影响的，严格追究行政首长、负有责任的其他领导人员和相关责任人员的法律责任。

不作为、乱作为？纠错问责，直至罢免

不作为、乱作为、懒政、怠政、职权滥用……一段时间以来，行政执法过程中表现出来的种种乱象一直被社会各界所诟病。

依法治官　　新华社发　大巢 作

为此，《决定》明确提出——行政机关要坚持法定职责必须为、法无授权不可为，勇于负责、敢于担当，坚决纠正不作为、乱作为，坚决克服懒政、怠政，坚决惩处失职、渎职。

《决定》还要求——行政机关不得法外设定权力，没有法律法规依据不得作出减损公民、法人和其他组织合法权益或者增加其义务的决定。

“依法行政是确保国家政权运行制度化、规范化、有序化的重要环节。”国家行政学院教授杨小军认为，法律和制度的执行说到底还是要靠人，这就给领导干部提出了更加具体的行为准则，乱作为不行，不作为也不行。

不作为、乱作为怎么办？《决定》提出——完善纠错问责机制，健全责令公开道歉、停职检查、引咎辞职、责令辞职、罢免等问责方式和程序。

政务不公开？只能是例外，不能是常态

面对公众公开信息的要求，要么当“鸵鸟”、躲猫猫，要么以“秘密”“不属于公开范围”为由敷衍了事。一些领导干部“捂盖子”的做法，让政府公信力大打折扣。

社会的公平公正，离不开权力运行的公开透明。

围绕政务公开，《决定》提出——坚持以公开为常态、不公开为例外原

则，推进决策公开、执行公开、管理公开、服务公开、结果公开。各级政府及其工作部门依据权力清单，向社会全面公开政府职能、法律依据、实施主体、职责权限、管理流程、监督方式等事项。重点推进财政预算、公共资源配置、重大建设项目批准和实施、社会公益事业建设等领域的政府信息公开。涉及公民、法人或其他组织权利和义务的规范性文件，按照政府信息公开要求和程序予以公布。

专家认为，全面推进政务公开，是推动党政领导干部行政行为法治化、规范化的重要举措。

司法“讲人情”？干预司法将被记录通报追责

公正是法治的生命线，司法不公对社会公正具有致命破坏作用。然而，在一些司法案件中，一只“隐形”之手，让法律的天平倾斜，制造出令人诟病的人情案、关系案、金钱案。

随着新制度的建立，习惯用打个电话、写张条子干预案件的官员们得掂量掂量了。这种“权大于法”的做法，将让无视司法公正的官员付出代价。

《决定》明确提出——建立领导干部干预司法活动、插手具体案件处理的记录、通报和责任追究制度。对干预司法机关办案的，给予党纪政纪处分；造成冤假错案或者其他严重后果的，依法追究刑事责任。

“这样一来，领导干部就不敢乱来，司法的公正也有了更大保障。”国家行政学院政府法治咨询研究中心主任杨伟东说。

遏制不收敛不收手？反腐将呈法治化

当前，党风廉政建设和反腐败斗争形势依然严峻复杂，在惩治腐败的高压态势下，仍有一些党员干部不收敛不收手，甚至变本加厉，群众对此反映强烈。

针对这一问题，《决定》态度鲜明——对任何腐败行为和腐败分子，必须依纪依法予以坚决惩处，决不手软；惩治执法腐败现象；对司法领域的腐败零容忍，坚决清除害群之马；加大海外追赃追逃、遣返引渡力度……

“对腐败问题‘零容忍’，体现了中央的决心和恒心。”中国社科院中国廉政研究中心副秘书长高波认为，反腐将走向法治化、常态化，腐败是领导干部永远不可触碰的红线。

《决定》提出要“把贿赂犯罪对象由财物扩大为财物和其他财产性利益”，引起普遍关注。专家认为，这为领导干部廉洁自律又加了道“硬杠杠”，进一步织密了制度之笼。

百姓篇：四中全会后，您的生活将有哪些改变？

良法善治，民之福祉。作为法治中国的“施工图”，长达1万7千字的《中共中央关于全面推进依法治国若干重大问题的决定》，将如何影响我们每个人的生活？

更严密充分的保护

【《决定》看点】

——财富得到更好保护

“健全以公平为核心原则的产权保护制度，加强对各种所有制经济组织和自然人财产权的保护。”

——蓝天碧水有望回归

“用严格的法律制度保护生态环境，加快建立有效约束开发行为和促进绿色发展、循环发展、低碳发展的生态文明法律制度，强化生产者环境保护的法律责任，大幅度提高违法成本。”

——公权力与私权利边界更清晰

“行政机关不得法外设定权力，没有法律法规依据不得作出减损公民、法人和其他组织合法权益或者增加其义务的决定。”

——保证司法公正

“改革法院案件受理制度，变立案审查制为立案登记制，对人民法院依法应该受理的案件，做到有案必立、有诉必理，保障当事人诉权。”

“加快建立失信被执行人信用监督、威慑和惩戒法律制度。依法保障胜诉当事人及时实现权益。”

——健全依法维权和化解纠纷机制

“建立健全社会矛盾预警机制、利益表达机制、协商沟通机制、救济救助机制，畅通群众利益协调、权益保障法律渠道。”

“健全社会矛盾纠纷预防化解机制，完善调解、仲裁、行政裁决、行政复议、诉讼等有机衔接、相互协调的多元化纠纷解决机制。”

——让平安就在身边

“完善立体化社会治安防控体系。”

“依法严厉打击暴力恐怖、涉黑犯罪、邪教和黄赌毒等违法犯罪活动。”

“依法强化危害食品药品安全、影响安全生产、损害生态环境、破坏网络安全等重点问题治理。”

11 月 5 日，福建省古田县纪委、县司法局组织下辖乡镇的相关部门开展“贯彻四中全会精神 全面推进依法治国”法制宣传进乡村活动，增强农民的遵纪守法观念和依法维权意识。图为工作人员在解答农民李茶妹的相关咨询。

魏培全　摄（新华）

【专家点评】中国人民大学诉讼制度与司法改革研究中心副主任程雷

“法治，为社会注入安定之力。自身的合法权利得到保护和落实，是每一个公民最基本的需求。在社会主义法治国家中，人民群众希望人身权、财产权、基本政治权利等各项权利不受侵犯，盼望经济、文化、社会等各方面的权利得到尊重，公权与私权在各自的法定范围内行使。从全会《决定》具体的措施可以看到，党和国家依法保障公民权利，加快完善体现权利公平、机会公平、规则公平的法律制度的坚定决心。国家机关及其工作人员尊重和保障人权意识将会进一步增强，公民权利救济渠道将更加畅通。”

更完备便利的服务

【《决定》看点】

——加强和规范公共服务

“制定公共文化服务保障法，促进基本公共文化服务标准化、均等化。”

“完善教育、就业、收入分配、社会保障、医疗卫生、食品安全、扶贫、慈善、社会救助和妇女儿童、老年人、残疾人合法权益保护等方面的法律法规。”

——提供完备的法律服务

“对不服司法机关生效裁判、决定的申诉，逐步实行由律师代理制度。对聘不起律师的申诉人，纳入法律援助范围。”

“推进覆盖城乡居民的公共法律服务体系建设，加强民生领域法律服务。完善法律援助制度，扩大援助范围，健全司法救助体系，保证人民群众在遇到法律问题或者权利受到侵害时获得及时有效法律帮助。”

“发展律师、公证等法律服务业，统筹城乡、区域法律服务资源，发展涉外法律服务业。”

11月20日，河北省邢台市桥西区鸿溪社区居民田莲焕向社区法律顾问方岚咨询法律问题。

朱旭东　摄（新华）

"支持行业协会商会类社会组织发挥行业自律和专业服务功能。"

——全面推进政务公开

涉及公民、法人或其他组织权利和义务的规范性文件，按照政府信息公开要求和程序予以公布。推行行政执法公示制度。推进政务公开信息化，加强互联网政务信息数据服务平台和便民服务平台建设。

【专家点评】清华大学公共管理学院教授于安

"全会《决定》把加强和规范公共服务提到很高的位置，是为了最大程度实现社会公正，创造良好的社会环境。比如提出'坚持以公开为常态、不公开为例外原则'，将使政务公开的内容和范围都得到极大扩大。这是以法治提升政府公共服务的具体体现，也是党中央以极大的政治勇气，直面重大矛盾和问题作出的重要决策。推进法律服务体系建设，将为社会法治的实现创造一个基本条件，避免法律资源分布的不均衡，使每个人得到的法律服务更加充分。"

更广泛深入的参与

【《决定》看点】

——参与立法

"加强和改进政府立法制度建设，完善行政法规、规章制定程序，完善公众参与政府立法机制。"

"健全立法机关主导、社会各方有序参与立法的途径和方式。"

"拓宽公民有序参与立法途径，健全法律法规规章草案公开征求意见和公众意见采纳情况反馈机制，广泛凝聚社会共识。"

——参与政府重大决策

"健全依法决策机制。把公众参与、专家论证、风险评估、合法性审查、集体讨论决定确定为重大行政决策法定程序，确保决策制度科学、程序正当、过程公开、责任明确。"

——参与司法

“在司法调解、司法听证、涉诉信访等司法活动中保障人民群众参与。完善人民陪审员制度，保障公民陪审权利，扩大参审范围，完善随机抽选方式，提高人民陪审制度公信度。逐步实行人民陪审员不再审理法律适用问题，只参与审理事实认定问题。”

“完善人民监督员制度，重点监督检察机关查办职务犯罪的立案、羁押、扣押冻结财物、起诉等环节的执法活动。”

——参与社会治理

“发挥市民公约、乡规民约、行业规章、团体章程等社会规范在社会治理中的积极作用。”

“建立健全社会组织参与社会事务、维护公共利益、救助困难群众、帮教特殊人群、预防违法犯罪的机制和制度化渠道。”

【专家点评】中国人民大学法学院教授黄京平

“全会《决定》使百姓参与可以更加深化和细化，这更加符合司法规律，符合依法治国的基本原则。让公众更多地参与到立法中，可以让其过程更加透明，使公众意志更好地上升为法律，这也是体现人民主体地位的表现。公共政策制定就是不同利益群体协商的过程，跟老百姓生活息息相关，让大家进行充分的讨论，可以使公共事务决策和政府行为更加合理合法，这也是法治精神培养的重要过程。”

更明确的义务和责任

【《决定》看点】

——时时处处要遵法守法

“任何组织和个人都必须尊重宪法法律权威，都必须在宪法法律范围内活动，都必须依照宪法法律行使权力或权利、履行职责或义务，都不得有超越宪法法律的特权。”

“完善惩戒妨碍司法机关依法行使职权、拒不执行生效裁判和决定、藐视法庭权威等违法犯罪行为的法律规定。”

“加大对虚假诉讼、恶意诉讼、无理缠诉行为的惩治力度。”

——从小要学法懂法

“把法治教育纳入国民教育体系，从青少年抓起，在中小学设立法治知识课程。”

——诚信受奖失信受罚

“加强社会诚信建设，健全公民和组织守法信用记录，完善守法诚信褒奖机制和违法失信行为惩戒机制。”

【专家点评】北京观道律师事务所主任程斌

“法律的权威源自人民的内心拥护和真诚信仰。人民权益要靠法律保障，法律权威要靠人民维护。人民群众在实际生活中不但要用好法律维护自身权益，同时也要用法律约束好自身的行为，把法律融入日常生活当中。我们每个人都要弘扬法治精神，增强厉行法治的积极性和主动性，形成守法光荣、违法可耻的社会氛围，使自己成为社会主义法治的忠实崇尚者、自觉遵守者、坚定捍卫者。”

蓝图篇：树立起民族复兴的法治航标

党的十八届四中全会通过的《中共中央关于全面推进依法治国若干重大问题的决定》不仅是为中国梦的实现树起的法治航标，也是一份有着具体实现路径、具体执行举措的法治中国“施工蓝图”。

诞生于历史节点的宏伟蓝图

党的十八届四中全会上，习近平总书记在就《决定》作说明时指出，法律是治国之重器，法治是国家治理体系和治理能力的重要依托。

随着我国法治建设不断推进，党的十八大不仅提出两个“一百年”的奋斗目标，也为法治建设明确了具体的“时间表”：到2020年，依法治国基本方略全面落实，法治政府基本建成。

中南财经政法大学法治发展与司法改革研究中心教授徐汉明说，建设富强民主文明和谐的美丽中国是13亿中国人梦寐以求的愿景，而“法治梦”是编织“中国梦”的经纬。

担负实现既定目标的历史重任，基于对党和国家事业发展中一系列现实问题、长远谋划、统筹部署的考虑，中共中央政治局在2014年1月决定，党的十八届四中全会重点研究全面推进依法治国问题并作出决定。

中央成立了由习近平总书记任组长，张德江同志、王岐山同志任副组长，相关部门负责同志、两位省里的领导同志参加的文件起草组，在中央政治局常委会领导下进行文件起草工作。

2014年2月12日，文件起草组召开第一次全体会议，至党的十八届四中全会开幕，文件起草工作历经8个多月。其间，中央政治局常委会召开3次会议、中央政治局召开2次会议分别审议全会决定。

1月27日，党中央发出《关于对党的十八届四中全会研究全面推进依法治国问题征求意见的通知》。8月初，《决定》（征求意见稿）下发党内一定范围征求意见，包括征求党内老同志意见，还专门听取了各民主党派中央、全国工商联负责人和无党派人士意见。2月18日至25日，文件起草组组成8个调研组分赴14个省（区、市）进行调研。

整个文件起草过程既是发扬民主、科学决策、民主决策的过程，也是各方面智慧不断凝聚的过程。

构建法治中国的总体部署

《决定》明确了全面推进依法治国必须坚持的正确道路、重要原则、重大任务和有力保障。

【一条红线】“坚持走中国特色社会主义法治道路”是《决定》贯穿全篇的主线。

围绕这条主线，全文近17000字，3大板块、7个部分的《决定》形成一个有机整体，分别为总论，对科学立法、严格执法、公正司法、全民守法的论述和部署，以及加强法治工作队伍建设和加强和改进党对全面推进依法治国的领导两方面有力保障。

【一个目标】建设中国特色社会主义法治体系，建设社会主义法治国家，这是全面推进依法治国的总目标。

徐汉明表示，总目标既明确了全面推进依法治国的性质和方向，又突出了全面推进依法治国的工作重点和总抓手，这是对中国法治建设成功经验的深刻总结，是对未来中国法治建设的科学定位，也是新时期“法治国家”的“升级版”。

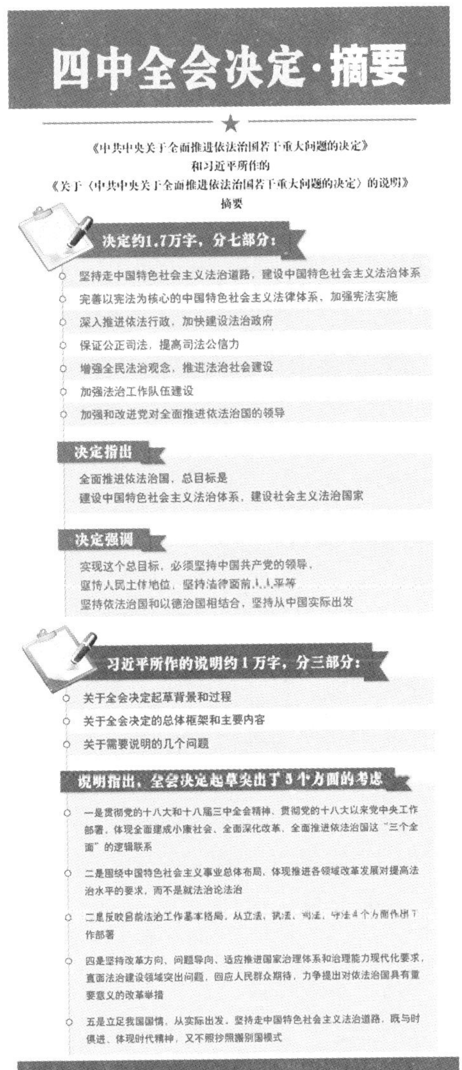

【五个体系】针对中国特色社会主义法治体系这一全新命题，《决定》明确提出要形成完备的法律规范体系、高效的法治实施体系、严密的法治监督体系、有力的法治保障体系，形成完善的党内法规体系。其中，党内法规体系首次被列入法治建设体系之内。

国家行政学院政府法治咨询研究中心主任杨伟东表示，以前我们对立法、执法、司法、守法等都有表述，但这次用法治体系这个概念，是一个重要的新精神，也就是说，未来依法治国不是靠某个人、某部法律，而是靠一个整体的体系。

【五大原则】《决定》同时提出了实现总目标必须做到的“五大原则”：坚持中国共产党的领导、坚持人民主体地位、坚持法律面前人人平等、坚持依法治国和以德治国相结合、坚持从中国实际出发。

中央文献研究室研究员杨光表示，党的领导是社会主义法治的根本要求；坚持人民主体地位才能做到法治建设为了人民、依靠人民、造福人民、保护人民；平等是社会主义法律的基本属性；一手抓法治、一手抓德治，才能以法治体现道德理念，以道德滋养法治精神；而坚持从中国实际出发，才能既学习借鉴国外法治建设的有益做法和成功经验，又做到以我为主、为我所用。

实现法治中国的根本保证

针对党的领导和依法治国的关系这一法治建设的核心问题，《决定》进行了深刻阐述，释放出全面推进依法治国必须加强党的领导这一明确信号。

围绕加强和改进党对全面依法治国的领导全会《决定》提出，必须坚持党领导立法、保证执法、支持司法、带头守法，同时提出了具体要求——

【三个“统一”】把依法治国基本方略同依法执政基本方式统一起来；把党总揽全局、协调各方同人大、政府、政协、审判机关、检察机关依法依章程履行职能、开展工作统一起来；把党领导人民制定和实施宪法法律同党坚持在宪法法律范围内活动统一起来。

【四个“善于”】善于使党的主张通过法定程序成为国家意志；善于使党组织推荐的人选通过法定程序成为国家政权机关的领导人员；善于通过国家政权机关实施党对国家和社会的领导；善于运用民主集中制原则维护中央权威、维护全党全国团结统一。

《决定》提出，党的领导是中国特色社会主义最本质的特征，是社会主义法治最根本的保证，并用具体的要求和举措为“党的领导和社会主义法治是一致的”这一论断提供了有力支撑——

凡立法涉及重大体制和重大政策调整的，必须报党中央讨论决定；

党中央向全国人大提出宪法修改建议，依照宪法规定的程序进行宪法修改；

法律制定和修改的重大问题由全国人大常委会党组向党中央报告；

各级党政机关和领导干部要支持法院、检察院依法独立公正行使职权；

把宪法法律列入党委（党组）中心组学习内容，列为党校、行政学院、干部学院、社会主义学院必修课；

党政主要负责人要履行推进法治建设第一责任人职责；

政法委员会是党委领导政法工作的组织形式，必须长期坚持……

“通观《决定》全文，加强党的领导体现在立法、执法、司法、守法、队伍建设等各个层面，与推进法治建设相辅相成、相得益彰。”杨光说。

执业篇：大有作为天地宽

《中共中央关于全面推进依法治国若干重大问题的决定》为从事立法、司法、法学研究等工作的法律执业者开辟了广阔发展前景，让我们来听一听专家们对《决定》中一系列新思想、新举措的解读。

立法者，要防止部门利益和地方保护主义法律化

【看点】

——人大增加有法治实践经验的专职常委比例

——争议较大重要立法事项引入第三方评估

——法律草案重要条款可单独表决

——推进立法精细化

【原文】建立由全国人大相关专门委员会、全国人大常委会法制工作委员会组织有关部门参与起草综合性、全局性、基础性等重要法律草案制度。增加有法治实践经验的专职常委比例。明确立法权力边界，从体制机制和工作程序上有效防止部门利益和地方保护主义法律化。对部门间争议较大的重要立法事项，由决策机关引入第三方评估，充分听取各方意见，协调决定，不能久拖不决。明确地方立法权限和范围，依法赋予设区的市地方立法权。完善法律草案表决程序，对重要条款可以单独表决。

【点评】中国人民大学教授陈卫东认为，《决定》对立法问题提到了前所未有的高度，充分表明了党对立法在依法治国中重要地位的深刻认识。法律是治国之重器，良法是善治之前提。纵观我国立法现状，社会主义法律体系已经建立起来，但随着社会形势的发展，一些法律还需要及时修改和制定。

"立法工作不但涉及到全国人大立法，还有行政部门的规章，有立法权的地方立法，条块结合，利益交叉。中央推进全面依法治国，提出立法先行是非常重要也是非常及时的。"陈卫东说。

法官：审好案子负好责

【看点】

——最高人民法院设立巡回法庭

——探索设立跨行政区划的法院检察院

——推动法院审判权和执行权分离

——推进以审判为中心的诉讼制度改革

——建立逐级遴选制度

——完善办案责任制

【原文】最高人民法院设立巡回法庭，审理跨行政区域重大行政和民商事案件。探索设立跨行政区划的人民法院和人民检察院，办理跨地区案件。完善司法体制，推动实行审判权和执行权相分离的体制改革试点。推进以审判为中心的诉讼制度改革，确保侦查、审查起诉的案件事实证据经得起法律的检验。建立法官、检察官逐级遴选制度。初任法官、检察官由高级人民法院、省级人民检察院统一招录，一律在基层法院、检察院任职。完善主审法官、合议庭、主任检察官、主办侦查员办案责任制，落实谁办案谁负责。

【点评】中国人民大学诉讼制度与司法改革研究中心副主任程雷说，《决定》围绕司法改革的总目标，从法院机构的改革到个体法官的选拔，都细化为具体的改革举措，这些改革措施将会对法院和法官产生重大影响。

12月28日，全国首个跨行政区划人民法院和人民检察院——上海市第三中级人民法院、上海知识产权法院和上海市人民检察院第三分院正式成立。

裴鑫　摄（新华）

最高人民法院设立巡回法庭、设立跨行政区划的法院、检察院，旨在保障司法机关依法独立公正行使审判权、检察权，保障国家法律的统一适用，破解地方对法院审判的干扰，同时便于群众诉讼，符合中国的实际情况。

建立逐级遴选制度让年轻法官在基层更好锻炼、历练人生，阅历丰富后，再向更高层级的法院发展，自下而上的过程符合司法实践规律。随着法院机构人员的一系列改革推进，将使法官更好地行使宪法法律赋予的审判权。

检察官：擦亮眼睛加强法律监督

【看点】

——完善检察机关行使监督权的法律制度

——探索建立检察机关提起公益诉讼制度

——建立司法人员履行法定职责保护机制

【原文】完善检察机关行使监督权的法律制度，加强对刑事诉讼、民事诉讼、行政诉讼的法律监督。检察机关在履行职责中发现行政机关违法行使职权或者不行使职权的行为，应该督促其纠正。探索建立检察机关提起公益诉讼制度。建立健全司法人员履行法定职责保护机制。非因法定事由，非经法定程序，不得将法官、检察官调离、辞退或者作出免职、降级等处分。

【点评】中南财经政法大学法治发展与司法改革研究中心主任徐汉明说，全会《决定》中的改革措施打破了原有的体制束缚、突破了机制性障碍，将使检察事业发展向前大大推进，人民检察官将大有可为。

检察机关提起公益诉讼制度是对现有检察机关职权范围的扩大，这是《决定》的一大亮点。检察机关提起公益诉讼可以使检察机关对行政机关及工作人员的违法行为及时提出建议并督促其纠正。同时，建立健全司法人员履行法定职责保护机制，保护司法人员免受打击报复。

律师，不是“法外之众”

【看点】

——吊销执照律师终身禁止从事法律职业

——构建社会律师、公职律师、公司律师队伍

建立律师、法学专家中招录立法工作者、法官、检察官制度

【原文】对因违法违纪被开除公职的司法人员、吊销执业证书的律师和公证员，终身禁止从事法律职业，构成犯罪的要依法追究刑事责任。构建社会律师、公职律师、公司律师等优势互补、结构合理的律师队伍。强化准入、退出管理，严格执行违法违规执业惩戒制度。明确公职律师、公司律师法律地位及权利义务，理顺公职律师、公司律师管理体制机制。

【点评】北京李晓斌律师事务所主任李晓斌说，《决定》的出台对律师队伍建设意义重大，规定得也比较全面，既保障律师权益，扩大了律师服务的

范围，同时又从“不得”的角度划定了边界。把律师队伍的发展、业务的拓展和作用的提高，以及同时要承担的法律义务、法律责任很好地结合起来。

“律师不是‘法外之众’，不能想怎么做就怎么做。”李晓斌表示，《决定》强调了律师应遵循的职责，广大律师就应该按照《决定》的要求，严格遵守法律规范和职业道德，推动律师队伍健康发展。

法律人才，打造高水平专家团队

【看点】

——推动法律服务志愿者队伍建设

——法律服务人才跨区域流动

——政法部门和法学院校双向交流

【原文】发展公证员、基层法律服务工作者、人民调解员队伍。推动法律服务志愿者队伍建设。建立激励法律服务人才跨区域流动机制，逐步解决基层和欠发达地区法律服务资源不足和高端人才匮乏问题。健全政法部门和法学院校、法学研究机构人员双向交流机制，实施高校和法治工作部门人员互聘计划，重点打造一支政治立场坚定、理论功底深厚、熟悉中国国情的高水平法学家和专家团队，建设高素质学术带头人、骨干教师、专兼职教师队伍。

11月27日，在合肥市铜陵路街道的“流动普法课堂”上，“普法志愿服务队”队员为社区居民提供免费法律咨询及援助。

杜宇　摄（新华）

【点评】北京交通大学法学院教授高晓莹说，《决定》对于法律服务与法学研究领域未来发展提出的指导思路，非常具有针对性，抓住了问题的关键。法治建设离不开高素质的法律实务人才和高水平的法学研究人才。但是，法律实务界和法学研究界的人才交流壁垒一直存在，交流面窄、交流人数少等问题妨碍了人才队伍建设。《决定》的出台，必将推动交流的制度化、常态化、广泛化，更大程度做到两个领域的优势互补，这也必将成为高水平、高素质法律人才队伍建设中关键且卓有成效的一步。

北京 APEC 会议

通向亚太伙伴关系的里程碑

11 月 10 日至 11 日，亚太经合组织（APEC）第二十二次领导人非正式会议在北京召开，世界的目光再次聚焦亚太，聚焦中国，聚焦北京。中国国家主席习近平与其他 APEC 成员的领导人和代表一道，在雁栖湖畔共商 APEC 未来前景，规划亚太发展大计。会议和谐顺利，成果丰硕，展现了各方推进亚太合作的信心、雄心和决心，展现了中国领导人运筹多双边外交的卓越能力，展现了中国参与国际地区事务的积极姿态和负责任的大国作用。国际社会好评如潮，认为北京会议是一次继往开来的历史性盛会，印象美好，印记深刻。

APEC 对世界和亚太至关重要，世界对北京 APEC 会议充满期待

2014 年是 APEC 成立 25 周年。25 年前，亚太地区的 12 个国家创立这一新的多边机制，联通太平洋沿岸国家，对接新兴与发达经济体，让“亚太”从地理概念演变为一个全球举足轻重的经济合作体。2013 年，APEC 成员人口合计占全球的 40%，GDP 和贸易额分别占全球的 57% 和 46%。全球前 20 大经济体，APEC 占据 9 席。亚太是最具增长活力和发展潜力的地缘经

银杏泛黄，丹枫飘红。深秋五彩斑斓的雁栖湖，聚焦世界共享繁荣的期待目光。

李万利　摄（新华）

济板块，也是公认的世界经济增长引擎。

APEC 翻开了全球区域经济合作的新篇章。25 年来，APEC 成员扩大到 21 个，从部长级升格为领导人级，成为本地区覆盖面最广、代表性最强、级别最高的合作机制。《茂物宣言》发表以来 20 年中，亚太地区平均关税水平降低 12 个百分点，区域总贸易额提升 7 倍，贸易和投资自由化、便利化进一步显著。APEC 每年在 30 个领域开展近 200 项务实合作项目，为促进区域经济合作发挥了重要作用，也帮助发展中成员加强了能力建设。

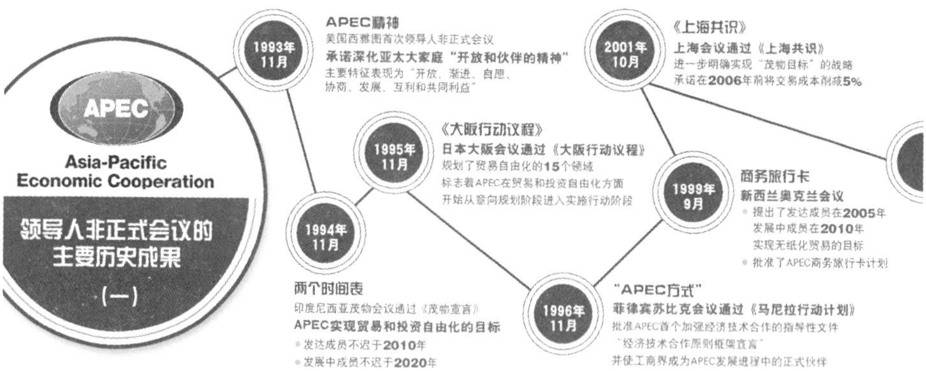

新华社发（大巢制图）

APEC 秉持自主自愿、协商一致的合作原则，培育亚太大家庭精神和命运共同体意识，坚持贸易投资自由化和经济技术合作"两轮驱动"，倡导亚太互联互通、全球价值链和供应链合作，引领世界经济的一些前沿课题，为区域一体化提供新鲜思路。APEC 成立后的 25 年中，一批地区合作机制雨后春笋般发展起来，与 APEC 共同组成活力四射、共生互补的区域合作网络。

当今世界正经历新一轮动荡，热点问题此起彼伏，经济复苏任重道远。亚太形势总体稳定，经济充满活力，是世界稳定和繁荣之基。但亚太也面临挑战和风险，不少经济体经济转型升级和结构调整任务艰巨，增长内生动力不足，有的还面临中等收入陷阱风险。APEC 见证了亚太发展的历史成就，亚太发展也期待 APEC 承担新的历史使命。亚太各方亟须以互信、包容、合作、共赢的精神，紧紧抓住发展机遇，妥善应对挑战分歧，推动亚太区域合作再上新台阶。

APEC 需要中国，中国也需要 APEC

APEC 开启了中国与亚太关系的新时代。1991 年中国加入 APEC，成为中国对外开放和 APEC 发展进程中的一件大事。自那时起中国加快融入亚太，并于 2001 年成功举办上海 APEC 会议。2013 年，中国 10 大贸易伙伴中有 8

个是 APEC 成员，中国与 APEC 成员的贸易额占对外贸易总额的 60%。中国实际利用外资的 83% 和对外投资的 69% 是与 APEC 成员之间进行的。

与此同时，亚太和 APEC 也日益倚重中国。APEC 成立时的 1989 年，中国 GDP 和对外贸易额占世界的比重分别只有 2.4% 和 1.6%，2013 年跃升为 12.7% 和 10%。中国已成为许多 APEC 成员最大的贸易伙伴、吸引直接投资和游客的主要来源地。据国际货币基金组织测算，中国对亚洲经济增长的贡献率已超过 50%，中国经济每增长 1 个百分点，就将拉动亚洲经济增长 0.3 个百分点。中国与亚太已经结成同舟共济的命运共同体。

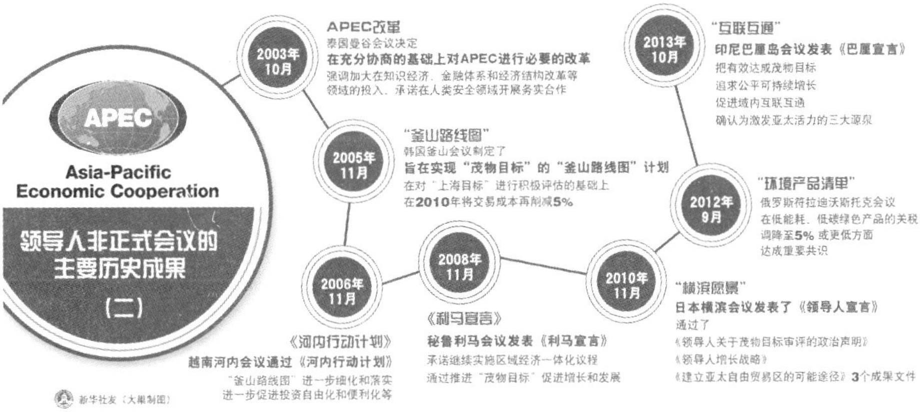

过去一年来，中国与 APEC 各成员密切沟通，对北京会议的主题、议题、成果等作出精心设计，积极发出中国声音，提出中国方案，贡献中国智慧。在北京 APEC 会议 100 多项新合作倡议中，半数以上为中国提出。中国在民主透明、充分协商的基础上，将“共建面向未来的亚太伙伴关系”定为会议主题，将“推动区域经济一体化”“促进经济创新发展、改革与增长”“加强全方位基础设施与互联互通建设”定为三大重点议题。这些设计顺应了亚太及世界经济发展的潮流，契合了亚太各国的共同需求，得到了 APEC 成员的欢迎和支持。

北京 APEC 会议实现了共同构建面向未来的亚太伙伴关系、共同打造开放型亚太经济格局、共同规划 APEC 未来发展方向三大目标

会议发表了《APEC 第二十二次领导人非正式会议宣言——北京纲领：构建融合、创新、互联的亚太》和《APEC 成立 25 周年声明——共建面向未来的亚太伙伴关系》等一系列重要合作倡议。具体成果有：

一是启动亚太自贸区进程，引领后茂物时代亚太合作新方向。实现亚太自贸区是 APEC 领导人早已确立的共识和愿景，有利于进一步整合本地区各种双多边合作机制，尽可能减少各类自贸安排可能带来的重叠化、碎片化风险。经过中方与 APEC 成员的协调，北京会议通过了《APEC 推动实现亚太自贸区路线图》，就启动亚太自贸区进程达成重要共识，发出提升区域一体化水平的明确信号，为 2020 年茂物目标实现后亚太经济合作指明了方向。

二是制定经济创新发展、改革与增长共识，为亚太发展挖掘新动力。转方式、调结构、稳增长、促改革是 APEC 成员的共同任务。北京会议深入讨论了经济改革、新经济、创新增长、包容性支持、城镇化五大支柱，深化了跨越中等收入陷阱、互联网经济、城镇化、蓝色经济等前沿领域的合作。会议制定并通过《APEC 经济创新发展、改革与增长共识》和《APEC 促进全球价值链发展合作战略蓝图》，引领了时代潮流，拓展了合作领域，将对亚太未来发展思维和发展模式产生深远影响。《北京反腐败宣言》是第一份由中方倡导、起草并获通过的国际反腐败文件，成功建立 APEC 反腐败执法合作网络，推动国际追逃追赃合作，为亚太经济增长提供保障。

三是着力联动发展，构建全方位、多层次复合型亚太互联互通新格局。着眼于打造发展创新、增长联动、利益融合的开放型亚太经济格局，北京会议通过了《APEC 互联互通蓝图》，为亚太长远发展提供了有力保障，增强了亚太全球增长引擎作用。这是国际上第一份中国倡导、起草并获通过的互联互通蓝图，确立了 2025 年前在 APEC 内实现硬件、软件和人员交流互联互通的远景目标。

APEC 会议前，中国举办了“加强互联互通伙伴关系对话会”，邀请非 APEC 成员的周边友好邻国领导人和一些国际组织负责人与会。习近平主席全面阐述了中国对推进互联互通和“一带一路”建设的主张，宣布将成立丝路基金，得到与会各方热情响应，会议发表了《联合新闻公报》。这是中国作为 APEC 会议东道主的自选动作，立意高远，定位准确，操作得当，体现了中国对亚洲互联互通和“一带一路”的引领作用，既是对 APEC 会议的支持、铺垫和补充，也践行了中国“亲、诚、惠、容”的周边外交理念。

北京 APEC 会议是中国特色大国外交的重要实践，将进一步促进中国的改革开放

作为亚太大家庭的重要一员，中国历来把促进亚太繁荣稳定视为己任，致力于在地区事务中发挥建设性作用。以习近平为总书记的党中央，在继承新中国外交大政方针和优良传统基础上，更加积极主动地把中国机遇和世界机遇相互转化，更加积极进取地在国际和地区事务中发挥负责任大国作用。

这是新形势下中国外交的鲜明特点，也是亚太外交政策的基本取向。

中国致力于建设和平稳定的新亚太。中国身处亚太，亚太地区的和平稳定与中国国家利益息息相关。为了维护亚太地区的和平稳定，我们提出构建中美新型大国关系，探索不同类型大国间不冲突不对抗、相互尊重、合作共赢的交往模式。我们倡导共同、综合、合作、可持续的亚洲安全观，期望构建符合本地区需要，为各国普遍接受，同时具有开放、稳定特征的安全合作架构。我们积极倡导多边主义，践行国际法治，推动热点问题和平解决，例如近期主办阿富汗问题伊斯坦布尔进程第四次外长会，发表了《北京宣言》。

中国致力于建设合作繁荣的新亚太。中国的发展得益于亚太地区的繁荣稳定，我们也愿意使中国的发展成果更多惠及地区国家。为此我们不断深化同亚太国家的互利合作，一道编织更加紧密的共同利益网络。我们将国内发展与对外开放结合起来，将自身利益与亚太成员共同利益结合起来。多年来，无论是 10 +1、10 +3 还是东亚峰会、大湄公河次区域合作等机制，中国都是重要参与者和积极贡献方。

中国致力于建设开放包容的新亚太。中国共产党十八届三中全会提出构建开放型经济新体制，扩大同各国各地区利益的汇合点，以周边为基础加快实施自贸区战略。中国致力于自身进一步开放，维护和发展开放型的世界经济和亚太经济，也希望亚太各方坚持开放的区域主义。我们支持东盟在地区合作中发挥主导作用，欢迎域外国家在本地区发挥建设性作用。2013 年以来，习近平主席代表中方提出建设丝绸之路经济带和 21 世纪海上丝绸之路、筹建亚洲基础设施投资银行和丝路基金等一系列重大对外合作构想，首要合作伙伴就是周边和亚太各国，首要受益对象也是周边和亚太各国。这些构想完全是开放的，与包括 APEC 在内的一切现有合作机制决非相互竞争，而是相辅相成、相互补充，必将为进一步完善亚太区域合作网络，为亚太持续繁荣与发展注入新的动力。

2014 年是中国全面深化改革元年，北京 APEC 会议是中国改革开放的全方位展示，实现了中国与国际社会在改革、开放、创新、增长等方面的积极互动。中国新一轮改革开放的决心、力度和成果，是中国主办 APEC 会议并提出相关倡议的坚实基础，这是将日益增长的经济力转化为对外影响力和制度塑造力的成功实践。同时，APEC 在创新、改革和增长领域的讨论和未来合作规划，以及中国对 APEC 进程的深度参与，也在为中国进一步深化改革开放提供支持和助力。中国将与 APEC 共同成长，共同进步！

会议五大特色八大成果

7月13日，国家主席习近平在北京主持了亚太经合组织（APEC）第二十二次领导人非正式会议、东道国伙伴对话会并举行相关国事活动。APEC会议周结束之际，外交部部长王毅介绍了相关情况和成果。

王毅说，北京APEC会议是中国2014年最重要、最繁重的主场外交，世界的目光聚焦亚太、聚焦中国、聚焦北京。在习近平主席的主持和中国政府的努力下，APEC会议及相关活动取得丰硕成果，实现了预期目标，各方感到满意，舆论广为赞誉。这是一次开创性的历史盛会，书写了难忘的历史新篇，留下了深刻的历史印记。

王毅指出，北京APEC会议在中国全面深化改革的元年举行，正值亚太经济和APEC发展的关键阶段，同时也是在中国与主要大国和周边国家关系调整深化、"一带一路"建设进入务实合作阶段的大背景下举行的。北京APEC会议的高潮是北京怀柔雁栖湖的领导人非正式会议，同时也是领导人会议、配套活动的大组合，是多边和双边外交、国内与国际事务的大统筹，是中国和其他亚太经济体以及国内方方面面的大协作。会议周期间，习近平主席共开展约80场双边和多边活动，同22位国家元首和政府首脑会谈会见，签署和见证签署70多个双边合作协议。李克强总理、其他领导人也开展了20多场相关外交活动。这一系统工程的圆满完成，得益于中央的坚强领导，主管部门的精心筹划和各方面的群策群力。

图为美丽的雁栖湖畔。

李万利　摄（新华）

五大特色

第一个特色是着力破解亚太国际关系和APEC发展的难题。在众多领域取得了一系列重量级成果，实现了APEC会议史上少有的场内场外"双丰收"。

第二个特色是培育伙伴精神，建设伙伴关

系。各方在一些重大敏感问题上相互尊重和体谅，着眼大局，聚同化异，办成了一次旋律优美流畅、没有杂音噪音的盛会。

第三个特色是内容丰富，形式多样。多边和双边活动、领导人活动和夫人活动、正式会议和文艺活动、APEC 框架内活动和会议周相关活动无缝衔接，相得益彰。中国特色服装典雅大方，会议设施恢宏大气，文艺演出精彩纷呈。美国总统奥巴马讲，水立方的文艺演出和焰火表演是他看过的最精彩的，完美拉开了会议序幕，“千手观音”节目令人难忘。马来西亚总理纳吉布讲，演出完美展示了古代中国的魅力和现代中国的活力。

第四个特色是中方发挥了引领作用。作为东道主，中方秉持战略视野和创新精神办会，突出务实管用。一年来，中方在 20 多个城市举办了 300 多场 APEC 相关会议，中方一家的倡议就占了北京 APEC 上百项成果倡议的一半以上。中方宣布建立丝路基金，捐款支持 APEC 机制和能力建设，为周边国家和 APEC 发展中成员提供大量培训名额。中方既做好做实东道主的“规定动作”，又设计了伙伴对话会、残疾人主题活动这样的“自选动作”，完成得都很出色。中方还主动设置和推进议题议程，多方听取意见建议，广泛凝聚各方共识，妥善处理每个敏感问题，驾驭了各种复杂局面。东道主的投入和贡献之大，鲜有前例。两岸四地为北京 APEC 共襄盛举，史无前例。通过北京 APEC，中国发挥了负责任的大国作用，展示了礼仪之邦和文明古国的形象，发挥了中国领导人的政治智慧和外交艺术，同时也检验了中国外交的综合推进能力。

第五个特色是北京 APEC 贴近民众，服务民众。会议议程议题以及双边外交成果不少都是民众普遍关注和支持的。例如反腐败、签证便利、埃博拉防疫、粮食安全、妇女权益、残疾人事业、跨境教育、商务旅行卡、跨境旅游等。“喜迎 APEC、精彩北京人”，北京和周边地区的人民也为 APEC 会议做出了宝贵贡献和无私奉献。习主席对与会嘉宾们讲，感谢这次会议，让我们下了更大决心来保护生态环境。希望经过不懈努力，北京乃至全中国都能够蓝天常在、青山常在、绿水常在。习主席说出了北京和全国人民的心声，道出了外交为民的本质要求。

八大成果

第一大成果是明确了未来亚太合作的方向与目标。会议发表的北京纲领和 APEC 成立 25 周年声明提出，本着互信、包容、合作、共赢精神，构建面向未来的亚太伙伴关系；着力打造发展创新、增长联动、利益融合的开放型亚太经济格局；推动实现共同发展、繁荣和进步的亚太梦想。习近平主席指出，“亚太发展前景取决于今天的决断和行动”，“我们有责任为本地区人民创造和实现亚太梦想”。亚太伙伴关系和亚太梦想的确立，是亚太区域合作和亚太地区处理国家关系理念的重大进步，也为亚太地区长远发展和共同繁荣勾画了新愿景，指引了新方向，注入了新动力。

第二大成果是作出了启动亚太自贸区进程的重大决定。会议批准了《APEC 推动实现亚太自由贸易区路线图》，申明通过实施路线图，在完成现有路径基础上建成亚太自贸区。为此，会议决定开展亚太自贸区联合战略研究，建立亚太地区自贸信息交流机制，制定自贸区能力建设行动计划，致力于加速将亚太自贸区从愿景变为现实，这标志着亚太自贸区进程正式启动，是 APEC 所有成员的庄严承诺，成为载入史册的重大抉择。有关研究报告显示，如果建成亚太自贸区，其带来的经济收益将远远超过任何一个现有的区域自由贸易安排。亚太自贸区的愿景早已有之，但何时启动几经磨合，来之不易，这是中国人的融合思维、和谐文化在外交难题上的成功运用，体现了 APEC 推进区域经济一体化的信心和决心，将“打破亚太内部的封闭之门，敞开面向世界的开放之门”，整合融通现有自贸安排，降低各种自贸协定重叠化、碎片化风险，必将把亚太区域经济一体化提升到新的更高水平。会议期间，许多经济体领导人高度评价启动亚太自贸区的战略意义，赞赏中方的引领作用和不懈努力，强调区域全面经济伙伴关系协定和跨太平洋战略经济伙伴关系协定都是建立亚太自贸区的重要路径。

第三大成果是勾画了建设亚太互联互通网络的新蓝图。习近平主席说：“亚洲各国就像一盏盏明灯，只有串联并联起来，才能让亚洲的夜空灯火辉煌”。本次会议批准了《亚太经合组织互联互通蓝图》这一里程碑式的文件，各方决心在 2025 年前实现硬件、软件和人员交流互联互通的远景目标和具体指标，构建全方位、多层次、复合型的亚太互联互通网络。会议决定拓展基础设施投融资领域务实合作，推广公私合作伙伴关系模式，帮助本地区破解资金瓶颈。会议还决定实施全球价值链、供应链等领域合作倡议，帮助各成员特别是发展中成员更好融入区域经济一体化进程。会议就加强互联互通建设做出的决定，将为亚太长远发展夯实基础，使亚太能够在全球竞争中抢得先机，赢得主动。

第四大成果是找到了支撑亚太经济发展的五大新支柱。会议一致认为，世界经济已经进入后国际金融危机时期的深度调整阶段，亚太发展取决于创新和改革。会议通过了《APEC 经济创新发展、改革与增长共识》，决心以经济改革、新经济、创新增长、包容性支持、城镇化为五大支柱，加强宏观政策协调，推进务实合作、经验分享和能力建设，进一步巩固亚太的全球经济引擎地位。会议把跨越“中等收入陷阱”、互联网经济、城镇化等新兴课题纳入视野，启发了深入讨论，产生了积极影响。与会经济体还决心探索适合自身实际的发展道路和发展模式，加强交流互鉴，这将丰富亚太发展的新理念新思路，形成多元发展、齐头并进的良好局面。

第五大成果是开辟了一系列全球性问题的合作新领域。在当前反恐、气候变化、大规模流行性疾病、自然灾害等问题日益突出背景下，本次会议就此进行了有益讨论，形成了广泛和重要共识，决心通过合作来共同应对这些全球性挑战。会议专门将帮助非洲国家应对和防控埃博拉疫情写入《宣言》。会议鼓励各成员在减灾防灾、灾害应对和恢复等领域深化合作，重申共同努力推进《亚太经合组织反恐和贸易安全战略》的落实。

王毅强调，尤其引人注目的是，会议支持中方起草并通过的《北京反腐败宣言》，欢迎制定《APEC 预防贿赂和反贿赂法律执行准则》。各方决心携手打击腐败行为，拒绝成为腐败分子及其非法资产的避风港。同意充分利用反腐败合作机制与平台，加强在遣返或引渡腐败官员、没收和返还腐败资产等领域的合作与协调。美国、加拿大和新加坡等还在双边层面同意与中方开展追逃追赃合作，共同构成了对贪腐分子的震慑。

第六大成果是举办了亚太经合组织东道主伙伴对话会。在本次 APEC 领导人非正式会议之前，习近平主席主持“加强互联互通伙伴关系”东道主伙伴对话会，邀请了中国周边 7 个国家的领导人及 2 个国际和地区组织的负责人出席。这是一次有益的尝试，为 APEC 领导人非正式会议烘托了气氛，做好了铺垫，收到了相互支持，彼此促进的良好效果。对话会上，习主席宣布设立丝路基金，提速“一带一路”建设。东道主伙伴对话会的成功，亚投行和丝路基金“姊妹篇”的面世，大大提升了“一带一路”的国际关注度和认同度，“一带一路”是合作之路、友好之路、共赢之路的认识正不断深入人心。对话会通过的联合新闻公报是第一份明确支持“一带一路”的多边文件，具有重要的示范和引领作用。相信随着下一步中方规划的成形和出台，以及中国与各国对接合作的展开，“一带一路”有望加速推进，早日造福亚太各国。

第七大成果是促进了中国与亚太主要国家双边关系的新发展。APEC 是多边舞台，一些重要的双边活动借台唱戏，集中亮相，格外引人关注。

会议期间，美国总统奥巴马任内第二次对华进行国事访问，习近平主席与奥巴马总统以会谈、会见、散步、茶叙等方式进行了长达 10 个多小时的交流，双方在 2013 年安纳伯格庄园确定共建中美新型大国关系目标基础上，就推进这一目标的重点方向进行了有益探讨。习近平主席提出 6 点建议，得到美方的积极响应。双方还就两国各领域务实合作达成一系列重要共识，中方为此发表了涵盖27项重要成果的清单，主要包括：双方就气候变化问题发表联合声明，宣布2020年后两国各自应对气候变化的行动目标，得到国际社会的广泛关注和赞赏。双方就加快双边投资协定谈判形成共识，并就《信息技术协定》扩围谈判达成一致，展现了两国致力于加强双多边经济关系的共同决心和意愿。双方就建立重大军事行动相互通报机制和海空相遇安全行为准则签署谅解备忘录，这是两国军事领域信任措施的重要进展，推进了中美新型军事关系的建设，也有利于维护亚太地区的和平稳定。双方达成商务、旅游、留学人员签证等互惠安排，使两国各界人员往来更加便利，为两国民众带来实实在在的利益。这些都是中美构建新型大国关系的早期收获，将有力促进中美关系的健康和持续发展。

他说，习近平主席与俄罗斯总统普京实现了2014年以来第5次会见，双方回顾总结了中俄关系，一致认为中俄友好合作的常青树正收获丰厚成果，新形势下中俄务实合作领域更广、更紧密，两国国内支持中俄全面战略协作伙伴关系的呼声越来越高。两国元首同意如期推进东线天然气管道建设，尽快启动西线天然气项目，不断加强在高铁、高技术、航天、金融等领域互利合作。两国还共同见证了17项重要合作文件的签署，保持了中俄战略协作伙伴关系的高水平运行。

王毅说，习近平主席与朴瑾惠总统共同见证签署关于结束两国自贸协定谈判的会议纪要，中韩自贸协定将成为中国与重要发达经济体达成的首个自贸协定，有利两国，惠及地区，具有带动各方的示范效应。两国元首还一致同意推动中韩战略合作伙伴关系不断取得新成果。

习近平主席在APEC会议期间应约会见了日本首相安倍晋三，两国关系朝着改善方向迈出重要一步。习主席全面阐述了中方原则立场，对日方提出了明确要求。安倍首相表示，中国的和平发展对日本、对世界是重要机遇，日本决心继续走和平发展道路，本届政府将坚持历届政府在历史问题上的认识。中日领导人会见受到国际舆论的关注和欢迎，同时认为中日关系能否恢复健康发展取决于日方能否信守承诺，切实按照四点原则共识妥善处理有关问题，对日本还要听其言观其行。

习主席和印度尼西亚、泰国新任领导人建立起良好工作关系，实现了双边关系平稳过渡，就推进战略合作和大项目合作增进了共识。习主席与越南国家主席张晋创会见，巩固了双边关系转圜的势头。习主席还同菲律宾总统阿基诺简短交谈，希望菲方回到过去共识，与中方相向而行，处理好当前双边关系面临的困难，阿基诺表示愿同中方解决有关问题，希望两国关系得到改善发展。习近平主席、李克强总理还与其他经济体领导人进行了富有成效的会见或交流，确定了一批新的合作领域与合作项目。各经济体领导人高度评价中国的周边和亚太政策，认为中国平等、真诚对待亚太国家，重情义，讲原则，言行一致地帮助邻国发展，坚定不移地推进务实合作。北京 APEC 的广阔舞台与合作气氛，调动了 APEC 成员发展双边关系的热情；双边合作的累累果实，又为 APEC 会议增加了光彩。

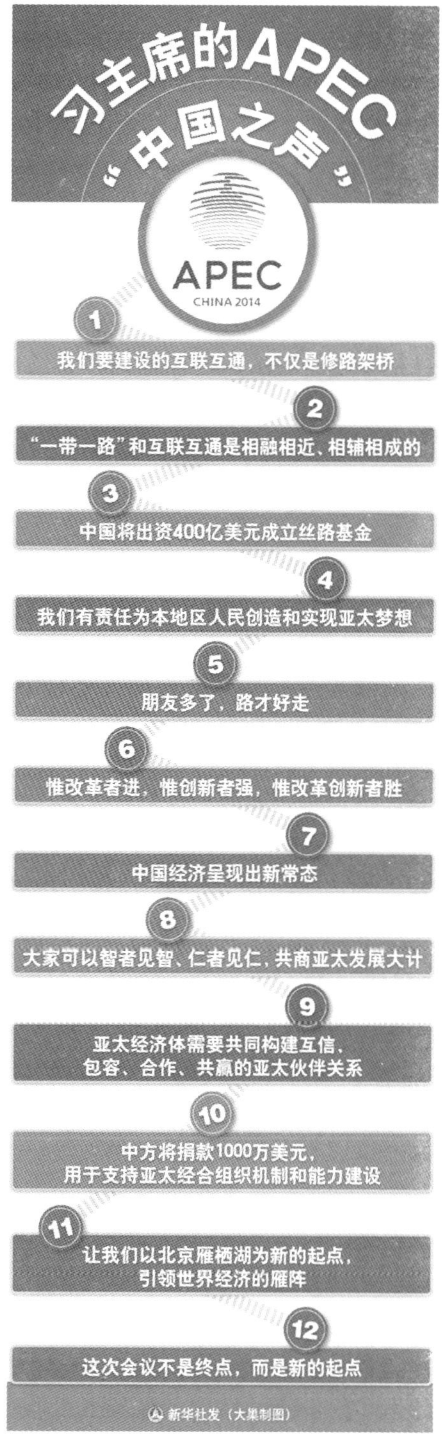

第八大成果是广泛宣示中国内外政策，赢得更多国际理解和支持。习近平主席和中国领导人同各方交流治国理政理念和经验，着重介绍中国全面深化改革和全面推进依法治国的战略部署。针对外界对中国经济发展前景的关切，系统阐述了中国经济新常态的特点和前景，强调中国经济增长更趋平稳，增长动力更为多元。中国发展给亚太和世界带来的商机是持久和无限的。随着综合国力上升，中国有能力、有意愿向亚太和全球提供更多公共产品。与会各方和国际舆论给予积极评论，认为习主席的讲话增强了国际社会对中国经济前景的信心，中国政府不回避问题，有坚定决心和明确思路；敢啃硬骨头，在全方位开放中推进深化改革，中国的经验值得他方学习借鉴。

会场内外，其他经济体领导人纷纷赞赏中方卓越的领导力和务实精神，珍惜中方为 APEC 发展留下的历史性记忆。这些话应该讲是由衷和实在的，是对中国的充分肯定。

北京 APEC 会议不是终点，而是新的起点。正如习主席所说，当我们回顾雁栖湖会议这段历史时，可以自豪地说，我们做了应该做的事。中国是区域合作受益者，更是积极倡导者和推进者。中国将集中精力做好自己的事情，也要努力使自身发展更好惠及亚太和世界，向亚太和全球提供更多公共产品。

北京 APEC 是中国特色大国外交的成功实践，意义重大，影响深远。"我们将学习、落实习近平主席重要讲话精神，总结推广雁栖湖会议的成功经验，进一步发出中国声音，提出中国方案，贡献中国智慧，努力将中国的机遇转化为世界的机遇，将世界的机遇转化为中国的机遇，实现中华民族伟大复兴的中国梦。"

百姓享受和关注的会议"红利"

购买海外商品更方便、更便宜

如果你在海外网店买到一瓶产自智利的干露葡萄酒，这瓶葡萄酒要经历怎样的"奇幻漂流"才会到达你的手上?

以前，你在网店成功下单后，这瓶属于你的红酒就从异国他乡开始了它的"漫长"旅程。海外物流公司或转运公司负责"护送"它越过大洋到达中国境内，然后交税、清关，接着"坐上"飞机到达你所在的地方，由快递员交到你手上。整个过程大概需要半个月。

北京 APEC 会议决定启动亚太自贸区进程，批准了《亚太经合组织推动实现亚太自由贸易区路线图》。自贸区意味着更便捷的通关、更快速的物流，将使得海外网购更方便、更便宜，种类也会更丰富。

推动贸易和投资自由化、便利化历来是 APEC 的"两个轮子"之一。过去 25 年，APEC 成员经济体平均实施关税降低超过 10 个百分点，推动区域内贸易额和区域总贸易额提升 7 倍。

本次会议重申到 2015 年实现亚太地区供应链绩效提高 10% 的承诺，削减交易时间、成本和不确定性，还将推进示范电子口岸计划，分享信息通信技术基础设施发展和便利化措施的最佳范例。此外，会议还欢迎各成员营造有利的政策环境，推动新兴电子商务技术创新，以驱动贸易和经济增长，并实现良好社会效益。

可以预见，随着亚太自贸区进程不断向前推动，中国百姓将越来越多地享受到来自亚太各地的商品。

APEC 会议期间，中韩双方确认中韩自贸区结束实质性谈判。观察人士指出，中韩自贸协定将成为中国与重要发达经济体达成的首个自贸协定，能产生带动各方的示范效应。

“APEC 蓝”将有强大依托

APEC 会议期间，北京持续蓝天，被称为“APEC 蓝”。这与北京及周边地区采取限产、休假和停驶等措施不无关系。后 APEC 时代，“APEC 蓝”能否继续保持下去？

可再生能源、新能源汽车、绿色经济、节能减排……会议作出的一些倡议，给“APEC 蓝”提供了强大支持。

支持推动传统经济转型升级，挖掘绿色经济、蓝色经济、互联网经济等发展前景良好的新经济形态，走绿色、循环、低碳和高效发展之路。

欢迎在中国建立亚太经合组织可持续能源中心。

通过能源部长会关于到 2030 年亚太经合组织地区可再生能源及其发电量在地区能源结构中的比重比 2010 年翻一番的雄心目标。承诺规范并逐步取消低效、鼓励浪费的化石燃料补贴。

鼓励创新、竞争与合作，推动亚太可再生能源行业健康、可持续发展，确保能源安全、经济增长、消除贫困及有效应对气候变化。

支持各成员深化电动汽车创新和以环境友好型汽车技术促进绿色增长等领域的合作。

这是怀柔雁栖湖畔的日出东方凯宾斯基酒店。

邢广利　摄（新华）

此外，据 12 日发表的《中美气候变化联合声明》，中国计划 2030 年左右二氧化碳排放达到峰值且将努力早日达峰，并计划到 2030 年非化石能源占一次能源消费比重提高到 20% 左右。这意味着中国在未来几年将大力遏制温室气体排放，发展清洁能源，为了“美丽中国”

的目标努力前进。

除了国家行动，北京市也以举办 APEC 会议为契机，加大环保力度。北京市已经在制定将保障空气质量纳入到对政府的考核，并将祭出一些“狠办法”。

看来留住“APEC 蓝”不会只是梦想。只要共同努力，全中国都能够蓝天常在、青山常在、绿水常在。

“说走就走的跨国旅行”惠及更多普通人

11 月 13 日开始，已有不少中国人拿到了新的赴美长期多次签证，成为最新中美签证互惠安排的首批受惠者。

“两国数百万公民在办妥一次签证之后的 5 年或 10 年之内，只要拿着护照、买张机票就可以顺畅、便捷地往来于太平洋两岸，无须再为签证费时费钱费力，实现想走就走的美国之旅、中国之旅。”外交部领事司司长黄屏 14 日如此描绘新安排的好处。

据中美达成的共识，双方互为两国商务、旅游人员颁发 10 年多次有效签证，互为两国留学人员颁发 5 年多次有效签证。11 月 11 日起执行。

黄屏说，若干年后，受益人群将达到上千万，甚至数千万。美国长期多次签证还将给中国公民带来前往其他国家的签证便利，比如，持有美国长期多次签证可享受墨西哥等国的免签入境待遇，可享受韩国等国的免签过境待遇。

不仅中美签证出现重大利好，此次北京 APEC 会议期间还传来不少人员跨境流动便利化的好消息：

在 2020 年前实现亚太经合组织范围内跨境学生交流每年 100 万人的目标，并增加赴发展中经济体留学的学生数量。

努力在2025年前实现亚太经合组织地区接待游客人数达到8亿人次的目标。

已原则同意将商务旅行卡有效期从3年延长至5年。

持有APEC商务旅行卡，相当于拥有APEC地区16个经济体3年有效多次签证。截至2014年10月，中国公民有效持卡量超过3万3千张，居区域内各经济体第一位。

目前，中国人出境旅游、学习、经商不少目的地都是APEC成员，包括美国、加拿大、香港、新加坡、马来西亚、澳大利亚、新西兰等。APEC今后将致力于便利人员跨境流动和创新理念交流，相信未来商旅、留学、旅游会越来越方便。

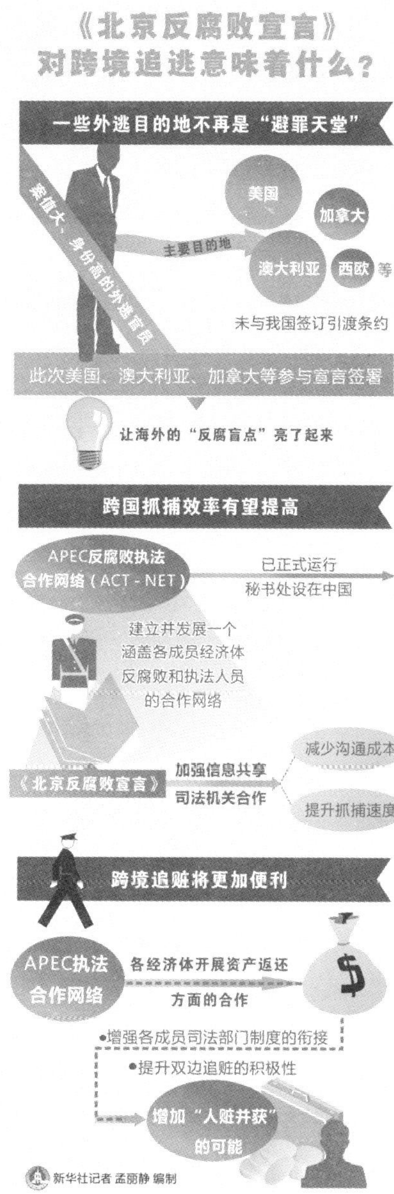

百姓痛恨的贪官“海外避风港”将越来越少

美国、加拿大、澳大利亚等亚太国家，一度是中国贪腐官员外逃的主要目的地。由于这些国家尚未与中国签订引渡条约，因此往往被视为贪官的“海外避风港”。

本次APEC会议有一个引人关注的成果：通过《北京反腐败宣言》。会议欢迎制定《APEC预防贿赂和反贿赂法律执行准则》。各方决心携手打击腐败行为，拒绝成为腐败分子及其非法资产的避风港。同意充分利用反腐败合作机制与平台，加强在遣返或引渡腐败官员、没收和返还腐败资产等领域的合作与协调。

此外，会议期间，美国、加拿大和新加坡等还在双边层面同意与中方开展追逃追赃合作。

观察人士指出，这是中国在国内

保持“老虎苍蝇一起打”的反腐高压态势的同时，在国际反腐战线上亮出的一把利剑。

目前中国已与93个国家签署检务合作协议或谅解备忘录，与189个国家建立警务合作关系，并与美国、加拿大等建立了司法与执法合作机制。2014年以来，中国还发起了声势浩大的全球追逃追赃“猎狐行动”，截至10月10日，已抓获在逃境外犯罪嫌疑人128人。

这都凸显了在中国重拳反腐的过程中，加强国际合作的重要性和紧迫性。APEC反腐败执法合作网络已经正式运行，秘书处设在中国，并由中国担任2014年的轮值主席。APEC的反腐宣言，绝不是说说而已。

澳门回归15周年

濠江映莲花 丽日别样红
——澳门回归15周年纪实

“实现国家统一是民族的愿望，一百年不统一，一千年也要统一的。怎么解决这个问题，我看只有实行‘一个国家，两种制度’。”1984年6月，邓小平在会见香港人士时如是说。

一个铿锵有力的声音，一项史无前例的创举，开启了澳门结束屈辱的殖民历史、大步回归祖国怀抱的历程。1999年12月20日，澳门终于回家了！

15年过去，这座中国南方小城如重获新生般焕发着生机，“一国两制”的种子在这里生根、发芽、抽枝，绽放出绚丽的花朵。昔日澳门荷影稀疏，如今正在成为名副其实的“莲花宝地”，一派繁荣、进步、和谐的景象展现于世：民主政制稳步发展，经济在跨越式发展基础上开始向适度多元转身，民生福利得到有力保障，社会治安稳定有序，历史文化保护有成……

“根本就在于‘一国两制’方针的正确性、科学性和强大生命力。”澳门特区现任行政长官崔世安说，澳门回归近15年来，得益于中央政府和内地的支持、基本法的保障、广大市民的团结耕耘，“一国两制”的实践不断向前推进。

濠江激荡，澳门正青春。

盛世莲开，丽日别样红。

“一国两制”成功实践

澳门，一座被时光雕刻下深深印迹的南海古城，岁月的沧桑散落在街头巷尾。欧洲中世纪风格的市政厅广场前，熙来攘往的游人不时举起相机，留下“穿梭时空”的影像记录。

12 月 20 日清晨，矗立于澳门金莲花广场的“盛世莲花”雕塑。

吕小炜　摄（新华）

这个地标投射在历史的时间轴上，映照出澳门的前世与今生。站在这里，人们不会忘记母子离散的往事悲歌，更不会忘记 15 年前那个新旧时代的历史转折。

1999 年 12 月 20 日零时，鲜艳的五星红旗在澳门土地上升起，象征中国政府恢复对澳门行使主权。在这中华民族历史上又一个庄严神圣的时刻，市政厅广场前的人群一片欢腾，《歌唱祖国》的激昂歌声响彻夜空。

回归带给澳门的不仅仅是喜悦和自豪，更有“一国两制”这把开启未来荣景的金钥匙。

15 年，在历史长河中只是短暂一瞬，但对于回归后的澳门，却是书写沧海变桑田的浓重一笔：本地生产总值年均增长 16%，财政收入增长超过 9 倍，失业率逐年下降至 1.7%，居民人均月薪提涨超过 1 万澳门元……

“能够在 30 多平方公里土地上，实现如此惊人的跨越式发展，离不开全面准确理解和贯彻‘一国两制’方针。”崔世安说，澳门的发展成就是“一国两制”制度优势得到充分发挥的结果，是正确处理“一国”和“两制”关系、积极将自身发展纳入国家整体战略规划的结果。

抚今追昔，20 世纪 80 年代初，邓小平创造性地提出“一个国家，两种制度”的伟大构想，领导制定对香港、澳门的一系列基本方针政策，开辟了解决历史遗留的香港、澳门问题的切实可行道路。以江泽民为核心的党的第三代中央领导集体，妥善应对复杂矛盾与挑战，确保香港、澳门顺利回归和平稳过渡，使“一国两制”从科学构想变为生动现实。以胡锦涛为总书记的党中央，继往开来，与时俱进，把保持香港、澳门长期繁荣稳定作为新形势下治国理政的重大课题，丰富和发展了“一国两制”的理论和实践。

党的十八大以来，以习近平为总书记的新一届中央领导集体心系港澳同胞，将“一国两制”实践有机融入实现中华民族伟大复兴中国梦的宏图伟业中，并在全面推进依法治国的总目标中强调依法保障“一国两制”实践。

习近平担任国家副主席期间，曾于2009年1月间赴澳门考察访问，看望澳门同胞，为澳门应对国际金融危机鼓劲加油。担任国家主席以来，习近平多次会见澳门特区行政长官崔世安。“澳门的命运始终与祖国内地紧密相连。在祖国内地发展进程中，澳门将继续与祖国内地同进步、共发展。”习近平饱含诚挚情感的话语，深深感动了澳门同胞，激励着澳门社会不断奋进。

15年来，中央政府坚定不移贯彻“一国两制”、“澳人治澳”、高度自治的方针，严格按照基本法办事，始终把保持澳门长期繁荣稳定作为处理涉澳事务的出发点和落脚点，不干预特别行政区自治范围内的事务，全力支持特区行政长官和特区政府依法施政，全力支持澳门发展经济、改善民生、推进民主、保持和谐。

15年来，澳门同胞深切感受到国家无微不至的关怀。从保障粮油、蔬菜、禽肉及饮用水等民生物资供给，到帮助特区应对非典疫情、抵御国际金融危机，从《内地与澳门关于建立更紧密经贸关系的安排》（CEPA）及其补充协议的实施，到“十二五”规划将港澳发展单独成章，提出支持澳门建设世界旅游休闲中心和中国与葡语国家商贸合作服务平台……一项项“力挺澳门”的举措温暖人心，更鼓舞信心。

为支持特区教育事业，全国人大常委会于2009年接纳澳门大学在横琴岛建设新校园的建议，授权澳门特区实施管辖。这是“一国两制”下的重要创新，体现了“一国两制”的生命力和灵活性。

殖民统治的历史画上句点，回归祖国使澳门人有了主人翁的地位。《澳门日报》的一篇文章中写道：“中国政府对澳门恢复行使主权，设立澳门特别行政区，并根据宪法和澳门基本法，授权澳门特区实行高度自治。这是澳门历史的一次深刻转变，也是澳门民主发展的一次伟大实践。”

澳门基本法规定，特区行政机关和立法机关由澳门永久性居民组成。15年来，澳门先后选举产生了四届行政长官和五届立法会议员。首任行政长官由200人组成的推选委员会选举产生，第二任开始由人数更多、更具广泛代表性的选举委员会选举产生。同时，立法会议员人数由23人增加到33人，其中直选议员名额增加最多。

“回归那天起，澳门同胞就既是澳门特别行政区的主人，也是国家的主人。”澳门理工学院一国两制研究中心副主任冷铁勋说，澳门特区严格按照基本法和法律规定的权限行使行政管理权、立法权、独立的司法权和终审权，充分保障澳门居民依法享有广泛的权利和自由，开创了“澳人治澳”新局面。

检验制度正确性与科学性的标准，最终在于是否造福于民。15年来，二

统计显示 ＊单位:澳门元

	1999年	2013年	增长
生产总值	502.7亿*	4134.7亿*	16.2%(年均)
财政收入	169.4亿*	1759.5亿*	18.2%(年均)
人均GDP	1.5万美元	8.7万美元	4.8倍
据世界银行经济体排名位列亚洲第二、世界第四			

	回归初期	目前	
居民失业率	6.3%	1.7%	连续7年低于4%
居民人均月收入	4920*	15000*	
居民预期寿命	80.7岁	约85岁	居世界经济体第二位

次分配使广大澳门居民切实共享特区发展成果，澳门的民生福利水平大幅提升。

据统计，澳门的社会保障支出在1999年至2013年间增长超过13倍，其中养老金由每月1150元澳门元调升至3180元澳门元。社会救济和社会福利体系日益健全，其中仅现金福利政策就包括现金分享、社会保障津贴、医疗券、住房电费补贴、学生津贴、豁免房屋税等。

回归没有改变澳门多元文化的特色，反而增添了她的吸引力。不仅部分葡萄牙人选择安心留下，一些“新移民”也陆续来到这座别致的东方小城。

63岁的建筑师若热·费雷拉在澳门已经生活了30年，在他眼里，澳门虽不是他出生和成长的城市，却是接纳他和他选择的地方，“澳门是我的家，我属于这里”。在大学任教的安娜·科雷亚则说：“现在在澳门生活的葡萄牙人更能融入当地社会，希望在这里创造未来，而不再只做一个过客。这些年，有不少葡萄牙青年大学毕业后来到澳门发展，他们觉得这里机会多且适合生活。”

15年过去了，“一国两制”伟大构想的创造性实践使这颗“南海宝石”更加闪亮迷人。诚如国务院港澳办原主任鲁平所说，澳门回归以来，经济繁荣、社会稳定，是“一国两制”成功落实的“范本”，说明“一国两制”的政策是正确的。

背靠祖国活力绽放

霞光还未完全褪去，拱北－关闸口岸准时打开，往来络绎的人潮在这条连接澳门与内地的“莲花古径”上川流不息。

澳门回归15周年前夕，国务院批准珠澳口岸实行新的通关安排。12月18日起，拱北口岸通关时间早晚各延长1小时，莲花横琴口岸24小时通关，珠澳跨境工业区口岸零时至7时对内地劳务人员、学生和澳门居民开放。这一新规定将进一步便利澳门居民在内地置业，降低生活成本，拓展澳门民生发展空间。

对澳门这样的城市而言，由口岸通关量就可见其经济发展的大体情况。回归后，尤其是国家开放内地居民赴港澳“个人游”后，澳门各口岸通关总量持续增长，2007 年首次突破全年 1 亿人次大关。

15 年来，澳门旅游、会展、餐饮、酒店、交通及零售业欣欣向荣。1999 年访澳旅客不足 800 万人次，2013 年创下 2932 万人次的历史新高，全年旅客总消费高达 595 亿澳门元，较 2012 年增长 14%。

这仅是回归后澳门保持繁荣发展的一个缩影。澳门媒体日前刊文指出，澳门是典型的微型经济体，但“小舞台上演大剧码”，实现了跨越式成长。全国政协委员、澳门妇女联合总会会长贺定一则说，回归前，澳门连续 4 年经济负增长，澳门人对回归后的发展充满期待，但做梦也没想到现实的荣景大大超乎预期。

商人对时代变化往往是最敏感的。“回归后，治安好了，游客多了，生意好做了。”食品业者凌万义在澳门的产品售卖点超过了百个，他更借着 CEPA 的春风打开了内地市场，还成为首批在 CEPA 框架下到内地经商的澳门个体工商户，在珠海的店铺经营得红红火火。

2006 年起，符合 CEPA 原产地标准的澳门产品进入内地全部实施零关税。截至 2014 年 6 月底，澳门 CEPA 受惠商品货值达 5.3 亿澳门元，关税优惠 4316 万澳门元。在服务贸易方面，内地对澳门在 40 多个领域采取了 383 项开放措施。

“合作最为紧密、范围最广、力度最大的，莫过于粤澳合作。在中央的关心和支持下，本着平等共赢、互惠互利的原则，深化粤澳合作已成为推动澳门经济适度多元发展的重要支撑。”中央政府驻澳门特区联络办公室主任李刚说。

地域狭小是制约澳门发展的“老大难”问题。2009 年，国务院批复同意澳门特区政府填海造地 361.65 公顷，用以建设新城区。

也是 2009 年，国务院批复实施《横琴总体发展规划》，提出把与澳门一水之隔的横琴建设成为“一国两制”下探索粤港澳合作新模式的示范区。如今，横琴新区开发如火如荼，注册登记澳资企业已达 213 家，投资总额达 1842 亿澳门元；横琴粤澳合作产业园 5 平方公里用地已达成协议，特区政府推荐 33 个项目进驻，已签约和供地 17 个项目，总投资超过 560 亿元人民币。

粤澳合作步伐加快，还体现在基础设施建设互联互通方面。众所瞩目的港珠澳大桥在不久的将来建成通车后，将使澳门与香港的公路交通缩短至半小时。

展望未来，澳门经济学会理事长柳智毅认为，粤澳经济合作将愈加畅通，两地整合向纵深发展，将有利于澳珠携手建设亚太地区最具活力和国际竞争力的城市群，共同打造世界级新经济区域。

“回归以来，中央十分重视在制度层面推进澳门经济社会较快发展，通过规划明确澳门在国家总体发展格局中的定位，帮助澳门摆脱结构性难题，实现经济适度多元化发展的宏伟目标。”李刚说。

很长一段时间里，澳门经济以博彩业“独大”，结构单一意味着巨大的经济风险。建设世界旅游休闲中心，是中央充分考虑澳门历史现实情况后提出的极富前瞻性的方针。

有了明确的定位和国家的支持，澳门特区政府积极研究探索，制定出中、长期计划和落实措施，《城市规划法》与《文化遗产保护法》等一系列旨在为发展与保护难题扫清障碍的法律也获得通过。

2005 年，“澳门历史城区”被列入《世界遗产名录》。今天，造访澳门的游客踩着石子小路，穿过古旧拱廊，欣赏东西方古老建筑“比邻而居”，沐浴在小城风情独具的历史文化氛围里。西方媒体这样评论说：“人们来到今天的澳门，不再只是玩把扑克牌就走。”

回归以来，澳门还注重发挥独特优势，在国家支持下建设中国与葡语国家商贸合作服务平台。中央政府决定在澳门建立中国—葡语国家论坛，支持澳门承办“中国—葡语国家经贸合作论坛部长级会议”，迄今已举办四届。由中国政府倡议，国家开发银行和澳门工商业发展基金共同发起成立的“中国与葡语国家合作发展基金”，总规模达 10 亿美元。

“国家好，澳门就好”，这句话已成为澳门社会的流行语。崔世安对此有更具体的解说：“澳门是国家的一分子，要努力将澳门与国家连在一起，才能真正发展好。”

爱国爱澳薪火相传

澳门莲峰古庙内，一尊林则徐石雕像巍然屹立。1839 年，这位一身正气的民族英雄来到澳门视察禁烟，曾在这里对葡萄牙官员重申中国对澳门的主权。无奈的是，48 年后，腐朽的清政府被迫签订《中葡北京条约》，葡萄牙从此可以“一体均沾”地享受西方列强通过一系列不平等条约在中国攫取的所有侵略权利。

然而，长期孤悬海外的澳门，从未因殖民统治而割断与祖国的联系。这里的一砖一石、一花一木，无不记载着爱国志士仁人奋斗的足迹。在中国追求独立富强的征途中，澳门从未缺席。

在已有140多年历史的澳门镜湖医院，有一尊孙中山先生雕像。1892年，孙中山应邀来到这家医院，出任西医局首任义务医师。正是在澳门，孙中山开始了其医生兼革命家的生涯。史料记载，澳门同胞对孙中山的革命事业给予了大力支持，辛亥革命前后多次捐款，善款均由镜湖医院转交。

20世纪三四十年代，在中华民族内忧外患、面临生死存亡的关键时刻，澳门进步华人与社团积极参与抗日救亡运动，慷慨筹款捐输，组织宣传活动，唤醒民众齐心救国。广州、香港陷落后，澳门张开双臂接纳25万难民，开办了140多所学校为祖国培养人才。一批澳门热血青年奔赴抗日战场，用青春和生命谱写了可歌可泣的爱国主义篇章。

在氹仔的孝思墓园，长眠着著名爱国人士马万祺先生。这位备受澳门人尊敬的长者，青年时代就投身抗日事业，捐出5万大洋结婚筵金用以抚育抗日遗孤。

新中国成立后，尤其是改革开放以来，马万祺团结港澳各界人士，积极参与祖国内地建设。邓小平提出“一国两制”伟大构想，他坚决拥护，先后出任澳门基本法起草委员会副主任委员、澳门特区筹备委员会副主任委员，频繁奔走于澳门与北京之间，为实现澳门平稳过渡、顺利回归呕心沥血。

澳门同胞对五星红旗怀有非常特殊的感情。澳门特区全国人大代表李沛霖回忆说，葡澳管治时期，为了能升起一面祖国的国旗，他在百货公司当职员的父亲曾与同事一道，想方设法，甚至不惜冒着风险。“父亲对我的影响非常深刻。”他说，澳门同胞爱国爱澳的传统如此坚实，与前辈们言传身教是分不开的。

最令澳门同胞激动而难忘的时刻，还是1999年的那个回归之夜。在全世界的瞩目之下，中华人民共和国国旗高高升起，从此永远飘扬在澳门的土地上，多少人眼含热泪，壮怀激越。

带着这份无比珍贵的民族记忆，澳门迈入了春意盎然的新纪元。回归15年来，“一国两制”成功实践，澳门经济社会在国家的关怀与支持下持续发展进步，融化在澳门同胞血液中的爱国爱澳传统，凝聚升华为整个社会的核心价值，薪火相传，生生不息。

从每天早晨金莲花广场的升国旗仪式，到航天员、奥运冠军来访时受到的热烈欢迎，再到特区政府和民间举办的丰富多彩的国民教育体验活动……“澳门人将自己的心与国家紧紧连在了一起。”崔世安说。

回归以来，广大澳门同胞尤其是青少年的国家认同和民族归属感不断增强。越来越多的澳门同胞来到内地，在文化母体中接受滋养，亲身感受民族复兴所带来的自豪与荣耀。

暨南大学是一所招收澳门学生较多的高等学府。学校经常组织澳生踏访革命圣地、重走丝绸之路、探访晋商文化……一次又一次的亲身体验中，民族情感与国家意识深深渗入年轻的心灵。

澳门理工学院一国两制研究中心持续多年的民调显示，“一国两制”和“爱国爱澳”稳居澳门社会核心价值观的前三位；超过八成受访者为自己是中国公民而自豪。冷铁勋分析说：“这说明，澳门不仅实现了法理上的回归，更实现了人心的回归。”

按照中华人民共和国宪法和澳门基本法，2009 年澳门特区制定并高票通过《维护国家安全法》，以贯彻落实基本法第 23 条的宪制责任。法案公开咨询期间，澳门民间团体所作调查显示，逾九成受访者认同澳门特区有责任维护国家安全。时任特区行政长官何厚铧表示，这充分体现了澳门人的爱国精神和对国家安全的责任感。

责任源于认同，源于主人翁的意识，源于与祖国同呼吸、共命运的深沉情感。

当一次次灾害降临，澳门同胞都感同身受，及时援手，慷慨捐助。2008 年汶川特大地震发生后，澳门特区政府第一时间向灾区提供救灾物资，并迅速派出医疗队伍深入灾区，总计援助金额达 55 亿澳门元。目前，澳门援助的 103 个重建项目都已顺利完成。

澳门红十字会中央委员会主席黄如楷回忆说，那场惊天大地震发生后，澳门各界踊跃捐助，充分体现了血浓于水的同胞情谊。那是澳门红十字会成立以来接收捐赠款物数额最多、规模最大、捐赠人数最多的一次。

不久前，一幅长 10 米、宽 1.5 米的巨幅艺术品被安放在中葡职业技术学校，吸引了许多青年学生争相观看。这幅名为“喜迎回归十五载，筑梦飞翔建未来”的“大照片”，由 1999 名生于 1999 年的学生的笑脸组成，用以表达对祖国的热爱和对澳门的祝福。

15 岁的年华，青春火红。回归祖国 15 年的澳门，英姿勃发，生机无限。

面向未来，澳门有着无限的憧憬和坚定的自信。这憧憬和自信源于对正确道路的坚定选择，源于对“一国两制”的深切认同，源于对民族伟大复兴中国梦的执着追求。

“澳门成功实践‘一国两制’，社会面貌发生了举世瞩目的变化，向世人展示了‘一国两制’的强大生命力。”全国人大代表、澳门中国和平统一促进会会长刘艺良说，国家统一、民族团结是中华民族追求的目标，澳门同胞将与全体中华儿女勠力同心，共圆中国梦。

辉煌15年

政治篇："一国两制"成功的澳门经验

"你可知MACAU不是我真姓，我离开你太久了母亲……"1999年12月20日，一曲《七子之歌》伴随热烈喜悦的回归庆典，成为那一年国人关于澳门最深刻的视听记忆。时光荏苒，当人们再次唱起它，心情已然不同。不再是遭受殖民统治的屈辱和愤懑，不再是祈望回归的渴求和急切，而是抚今追昔，更觉对澳门特别行政区飞速发展的自豪和对"一国两制"成功实践的骄傲。

回归15年，澳门一改民生凋敝、治安混乱的旧模样，呈现出欣欣向荣的昌盛景象。民主政制稳步发展、经济实力持续增强、社会福利不断提升、民众幸福感居世界前列……这里的官员、专家、市民都说，澳门能创造奇迹源于走上了一条符合自身实际情况、与祖国内地优势互补、共同发展的宽广道路。指引这条道路的明灯就是"一国两制"伟大方针。

"一个国家、两种制度"作为一项开创性事业，对中央来说是治国理政的重大课题，对实施这一制度的特区来说是重大历史转折。15年来发生在澳门的变化和成就证明，"一国两制"具有强大生命力，并得到不断丰富和发展。站在岁月的门槛上，澳门经验值得总结也发人深省。

12月19日，庆祝澳门回归祖国15周年文艺晚会在澳门举行。图为演员在表演。

秦晴　摄（新华）

（一）将维护国家主权、安全、发展利益与保持澳门长期繁荣稳定有机结合，坚定不移贯彻落实"一国两制"方针和基本法

2009年2月25日，一部万众瞩目的法案在澳门特区立法会获得通过，广受各

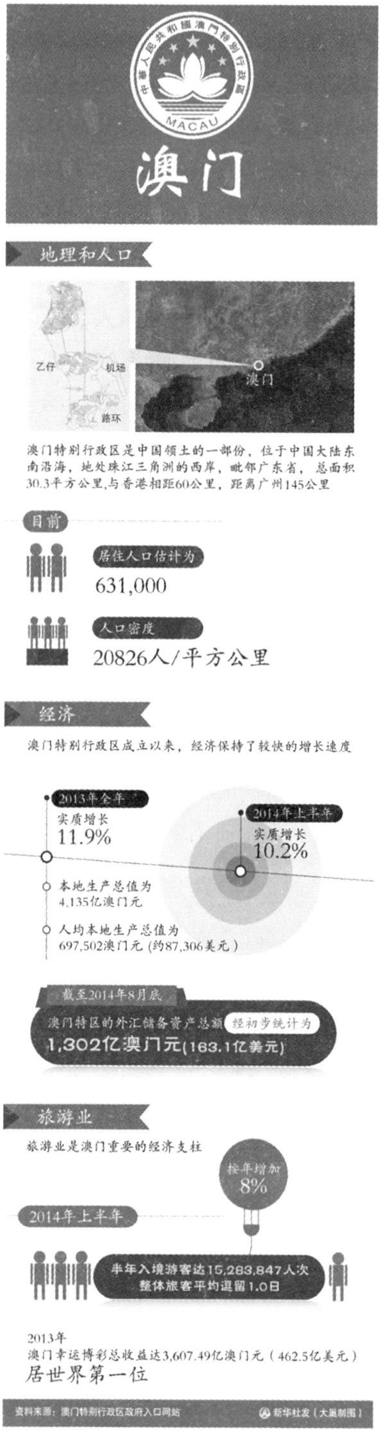

界赞誉。这就是根据《中华人民共和国澳门特别行政区基本法》第二十三条制定的《维护国家安全法》。

在澳门，审议法案时必须逐条表决。当天的表决结果是：大部分条文获全票通过，所有条文均获高票通过。而在法案公开咨询期间，特区政府共收到784份意见，近九成赞成立法。“这充分体现了澳人的爱国精神和对国家安全的责任感。”时任行政长官的全国政协副主席何厚铧评价说。

诚如斯言，澳门特别行政区自成立开始，就将维护国家主权、安全、发展利益和保持特区长期繁荣稳定有机结合起来，作为贯彻落实“一国两制”方针和基本法的核心工作。

澳门理工学院“一国两制”研究中心副主任冷铁勋认为，这首先体现在尊重并维护中央依据基本法享有的权力。“15年来，凡涉及中央管理的事务和中央与特别行政区关系的事务，特区政府都一一依法向中央报告，需要中央批准的都及时报批，需要向中央备案的都及时报送备案。”他举例说，按照基本法规定，全国人大常委会拥有基本法的解释权，并对澳门政制发展拥有决定权。澳门特区第三届政府就职以后，经认真听取和收集社会各界的意见建议，为进一步明确修改基本法附件一和附件二的具体程序，行政长官崔世安于2011年11月17日致函全国人大常委会，提请酌定是否需要对基本法附件一第七条和附件二第三条的规定做出解释。这不仅反映出了行政长官对基本法的深刻理解和对处理澳门政制发展问题的严谨认真态度，更体现出行政长官对全国人大常委会就特别行政区所享有的宪制性权力的充分尊重。

“其次，积极协助中央驻澳单位履行职责。”冷铁勋举例说，按照基本法规定，中央人民政府负责管理澳门特别行政区的防务。为协助澳门驻军履行防务，特区在2004年制定了军事设施保护的法律以及对军事设施的行政违法行为进行处罚的行政法规。2005年及2009年，特区又先后制定了驻澳部队协助维护社会治安和救助灾害、因履行防务职责而享有的权利和豁免的法律，为驻军履行防务职责、协助维护社会治安和救助灾害等事宜提供了法律保障。

“澳门还将自身发展纳入国家整体战略规划，十分珍惜并充分利用国家深化改革给澳门带来的发展机遇。”行政长官崔世安说。这位已经履职5年并即将开启第二个任期的澳门“掌舵人”告诉新华社记者，国家“十二五”规划纲要首次加入港澳专章，提出支持澳门建设一个中心（世界旅游休闲中心）和一个平台（中国与葡语国家商贸合作服务平台），给予澳门全新的目标和动力。如今，特区政府政策研究室正广泛咨询并收集相关意见，以供编制“十三五”规划参考。“澳门是国家的一分子，要努力将澳门与国家连在一起，才能真正发展好。”他坚定地说。

（二）充分利用基本法所授予的高度自治权，开创“澳人治澳”崭新局面，全力保障社会稳定、经济发展

香港、澳门的相继回归，让“一国两制”从科学构想变成生动现实，其直观表现就是通过基本法确立了特别行政区制度。在这一制度下，中央依法行使全面管治权，并授权特别行政区依法实行高度自治。根据基本法规定，澳门特别行政区享有行政管理权、立法权、独立的司法权和终审权。

“这在澳葡时期是完全无法想象的！”从回归伊始就在特区政府任职的崔世安回忆说，彼时澳门问题丛生，年轻的特区政府却面临整体施政经验几近于无的窘境——行政长官和五位司长中只有一位在澳葡时期担任过相当于特区局长的职务，司长以下官员绝大多数是临近回归澳葡政府推行公务员本地化时才仓促任命的。“当时我们都是凭着一股当家做主的热情来挑这副担子的。”他说，没想到一年后，第一份施政报告就得到了大多数市民和专家的首肯，“正是当家做主的自豪感鞭策我们做到最好。”

而今，“澳人治澳”、高度自治已经得到充分保障和完全体现。包括行政长官在内的整个管治团队全部由澳门居民中的中国公民组成，行政长官除第一任由特别行政区第一届政府推选委员会选举产生外，从第二任开始由一个具有广泛代表性的选举委员会依法选举产生，并报中央人民政府任命。立法会全部由澳门永久性居民组成，且多数议员由选举产生。

澳门特别行政区成立以来，除第一任行政长官和第一届立法会依全国人

大的相关决定产生外，已顺利进行了三任行政长官选举和四届立法会选举。根据全国人大关于澳门特别行政区 2013 年立法会产生办法和 2014 年行政长官产生办法有关问题的决定，从第四任行政长官开始，选举委员会人数由 300 人增加至 400 人；从第五届立法会起，议员由 29 人增加至 33 人，其中，直接选举的议员和间接选举的议员各增加 2 人。

在实现“澳人治澳”的过程中，特区形成了以行政长官为核心的行政主导体制。在行政长官统领下，行政、司法、立法机关分工负责，行政、立法机关既互相制衡又互相配合，司法机关独立行使审判权。这一政治体制既不同于澳葡时期总督大权独揽的殖民统治体制，也不同于西方国家的政治体制，促进了澳门特区政治体制良好运作，促进了社会和谐。

特区立法会主席贺一诚坦言：“行政与立法产生矛盾，在任何一个国家和地区都存在。因为行政机关以效率优先，天然不喜欢受到监督；立法机关则必须以平衡各方利益为目标，强调合法性。这种矛盾在澳门却不是问题，因为在‘一国两制’和基本法框架下，双方能够做到顾全大局。”

（三）“爱国爱澳”优良传统深入人心、薪火相传，成为正确处理好“一国”与“两制”关系的重要基石

从空中俯望，澳门半岛宛如一朵莲花，伸展在珠江口的万顷碧波之上。因此，人们喜欢将澳门昵称为“莲城”，并在特别行政区成立时将洁白无瑕的莲花印上了区旗和区徽。周敦颐的《爱莲说》吟颂莲花“出淤泥而不染”，

姿态高洁、品格素净。这恰是澳门的真实写照：哪怕深陷于殖民统治的泥淖，依然坚守对祖国的眷恋和热忱，丝毫不曾动摇身为中国人的信念与责任。

如果将澳门社会比喻成一枝莲花，那么流淌在茎叶之间代代相承、永不停息的基因，就叫“爱国爱澳”。

抗日战争时期，面对大批涌入的内地和香港难民，澳门同胞伸出援手，或义卖、义演劝募征集钱物，或收容难民施粥派衣。他们还节衣缩食，援助前线战士，为苦难祖国分担重负。一个叫“四界救灾会”的社团两年募集捐款数十万“国币”，约合今天的澳门币数千万元。新中国成立后，澳门民众欣喜自豪。为表达对祖国的祝福，新马路上的百货公司、濠江中学……纷纷排除万难，升起五星红旗。

回归后，这份爱国热情有增无减，已凝聚成澳门社会的核心价值。从每天清晨8时金莲花广场上庄严的升旗仪式，到航天员、奥运冠军访问澳门时受到的热烈欢迎；从数年连续举办的“红色之旅”青少年爱国主义实践教育，到一次次全民投入的基本法推广宣传活动，研讨会、培训班、知识竞赛、图片展甚至园艺会，还有一次次内地省区受灾时澳门同胞的慷慨捐助……“澳门人将自己的心与国家紧紧连在了一起。”崔世安说。

他认为，“爱国爱澳”优良传统是澳门能够正确处理好“一国”与“两制”关系的主要原因。坚持以爱国者为主体的“澳人治澳”，坚持在爱国爱澳旗帜下的最广泛团结，以强烈的使命感和责任感参与管理澳门各项事务；坚信社会主义祖国是澳门的坚强后盾，积极参与祖国改革开放和现代化建设。“澳门民众普遍认识到澳门是处于国家的完全主权下的、具有高度自治权的特区，只有国家利益得到维护，特区利益才能获得根本保障。”崔世安说，这正是澳门社会得以凝聚、团结发展的向心力所在。

回归以来，澳门理工学院一国两制研究中心持续进行社会核心价值观民意调查。结果显示，“一国两制”和“爱国爱澳”始终稳居前三位；在被问及自己作为中国公民是否自豪时，回答有自豪感的居民一直保持80%以上的高比例。“这说明澳门不仅实现了法理上的回归，还实现了人心的回归。”冷铁勋说。

（四）不断增强对“一国两制”方针的制度自信、理论自信、道路自信，为实现中华民族伟大复兴的中国梦而不懈奋斗

位于澳门半岛南麓的西望洋山是市民游客登高望远的好去处。站在山顶的憩园里凭栏远眺，这边是接二连三拔地而起的高楼大厦，那边是风貌古朴的渔港和老城区，远一些有连接澳门与离岛的三座跨海大桥……新与旧鲜明对比又和谐交融，展现出回归以来澳门既飞速发展又重视保育的精彩画卷。

“如果还留在殖民者手里，澳门根本不可能发展得这么好。”丰诚顾问服务公司董事总经理冯钰颖说。15 年前，她在培正中学念初二，是回归庆祝活动上一名光荣的护旗手；而今，在特区政府“青年创业援助计划”的帮助下，她顺利实现“自己当老板”的梦想。“作为回归后成长起来的年轻人，我非常认同‘一国两制’是对于澳门最好的制度安排。”

冯钰颖的话得到了冷铁勋的认同。这位长年跟踪研究澳门社会发展情况的资深学者告诉记者：“事实已经并将继续证明，‘一国两制’制度是符合我国国情和澳门实际的，经得起实践和历史的检验。15 年来丰富生动的实践也为不断完善发展‘一国两制’理论贡献良多。毫不夸张地说，在澳门几乎没有人会质疑这条 15 年前选择的道路，社会各界对更进一步贯彻落实‘一国两制’充满信心。”

检视澳门现状，成就斐然也存在进一步改善的空间。为了解决博彩业一业独大的结构性难题，特区政府在中央的关心支持下推动经济适度多元化发展。眼下，文化创意产业、会展业和包括酒店、服务、美食、购物、零售、文化遗产等在内的综合旅游业已蓬勃起步。如何抓紧抓实并反哺民生，连同人才培养和向上流动、完善行政体制等，成为摆在崔世安和他的团队面前的系列课题。

对于澳门发展遇到的各种问题，中央政府始终放在心上并不断出台基于顶层设计的政策措施。支持澳门建设一个中心、一个平台，签署实施 CEPA 及 10 个补充协议，出台内地居民“个人游”，批准对澳门开放人民币业务……15 年里，这份关心和支持从未停歇且一一落到实处。

对于澳门发展的大政方针，国家领导人始终保持高瞻远瞩的眼光和清醒认知。2013 年 3 月 18 日，国家主席习近平在会见前来列席全国人民代表大会的崔世安时说：“当前澳门正处于历史上比较好的时期，但未来发展也面临一些挑战。希望澳门特别行政区政府和社会各界增强忧患意识，利用有利时机和条件，研究解决制约发展的突出问题，为澳门长远发展夯实基础。”2014 年 9 月 22 日，习近平会见当选并获任命的崔世安，再次强调：“当前澳门的内外环境发生了很大变化，这对行政长官和新一届特区政府提出了更高的要求。”

习主席的谆谆嘱托寄托了国家和中央政府对澳门的殷切期望，也饱含着对“澳人治澳”、高度自治的充分信任。在实现中华民族伟大复兴的中国梦里，不断丰富和发展“一国两制”在澳门实践，保持特区长期繁荣稳定是重要组成部分。“我深知肩上的责任重于泰山，承担的事业任重道远。”崔世安说，“但我也深信，在‘一国两制’的安排和指引下，澳门定能充分发挥制度优势，取得更好的发展。”

经济篇：跨越发展推动经济适度多元

带着对“新澳门”的种种憧憬，338 米高的澳门旅游塔在回归前夕破土兴建。如今，旅游塔已成为媲美大三巴的澳门新地标，见证了这块莲花宝地愈发姿态妖娆的过程。

旅游塔腹中既有购物美食，也有展览场，娱乐休闲一应俱全。透过旅游塔“这个点”，人们看到了澳门经济多元化的崭新风貌。从回归前世人眼中的“博彩之都”，到现在知名的旅游休闲城市，正在变身中的澳门让世界惊叹。

15 年来，澳门同祖国内地的经济交流全方位扩展，同时在中葡商贸合作过程中扮演重要角色，开放与合作为澳门带来巨大活力，经济实现跨越式发展，彰显了“一国两制”的强大生命力和巨大优越性。

（一）跨越发展：澳门经济连年高速增长

“回归十五年，是澳门历史上经济发展最快的时期，这一速度在世界上也是名列前茅的。”澳门理工学院“一国两制”研究中心副主任冷铁勋说，判断“一国两制”方针在澳门的实践是否成功，最直观的标准是经济的变化。

从 1999 年到 2013 年，澳门本地生产总值由 502.7 亿澳门元增长至 4134.7 亿澳门元，年均增长 16.2%；人均 GDP 由 1.5 万美元增至 8.7 万美元，增长 4.8 倍，据世界银行经济体排名位列亚洲第二、世界第四。

随着经济的高速增长和外来投资不断增加，澳门财政收入迅速攀升，由 1999 年的 169.4 亿澳

门元增至2013年的1759.5亿澳门元，年均增长18.2%；失业率大幅下降，由回归初的6.3%下降至1.7%，连续7年低于4%。

"能够在30多平方公里的'弹丸之地'上实现如此惊人的跨越式发展，离不开全面准确理解并贯彻'一国两制'方针，离不开中央与澳门始终保持健康发展的良性态势。"澳门特区行政长官崔世安说。

回归后，澳门继续保持原有的资本主义制度不变，中央允许特区根据本地整体利益制定旅游娱乐业政策，保持了澳门经济发展特色。中央陆续出台一系列支持澳门、促进澳门与内地共同发展的政策措施，在国家发展的大背景下，特区自身优势得到发挥，经济持续快速发展。

从《内地与澳门关于建立更紧密经贸关系的安排》及其补充协议的实施，到"十二五"规划将港澳发展单独成章；从开放内地居民"个人游"、批准澳门银行机构开办人民币业务，到《粤澳合作框架协议》签署、《横琴总体发展规划》实施……15年来内地对澳门的支持措施不胜枚举。"祖国内地永远是澳门的坚强后盾，我相信这种支持还将不断延续下去。"崔世安说。

对于在内地支持下澳门未来的经济发展前景，国外舆论也普遍看好。英国《金融时报》网站报道指出，得益于高铁和其他交通方式，未来会有更多中国内地游客到澳门旅游，澳门经济将继续强劲增长，而预计不久后将通车的世界最长跨海大桥（港珠澳大桥）也将对澳门经济起到促进作用。

（二）华丽转身：从"一业独大"到"适度多元"

对于澳门旅游业的快速发展，老字号小吃店"黄枝记"的老板黄天感慨良多。1997年黄天接手该店时，老城区生意冷清。2000年，他不顾亲友反对，维持老店营业同时，还在澳门店铺租金最高的议事亭前地租下一栋楼开新店。

"当时很多人都觉得在这个地方包下整栋楼去做云吞面，是不是疯了！"黄天回忆说，当初之所以做这个决定，就是因为看好回归后澳门的旅游业发展前景。"越是中心的旅游地点，越能够给生意带来客流。"

黄天成功了。如今的黄枝记议事亭前地店，总是游客爆满。2003年7月，内地多个城市陆续实施居民赴澳门"个人游"，截至今年9月底，内地赴澳"个人游"超过6828万人次。2013年，澳门入境旅客达2932万人次，约为当前本地人口的47倍，较回归之初翻了两番。

回归15年，澳门游览观光、文化娱乐、购物美食、会议展览、文化创意等产业也在飞速发展。打造世界旅游休闲中心、加快经济适度多元发展，澳门经济正在努力告别博彩业"一业独大"，积极实现"华丽转身"。

"博彩业一业独大不利于澳门整体经济的均衡、健康发展，也不利于人才的成长，只有经济适度多元，才能拓宽澳门的就业渠道，为人才向上流动提供更多的机会。”崔世安说，因此特区政府积极寻求良方，制订出最适合澳门现实情况的发展路径。

据统计，2013 年澳门批发及零售业、酒店业、饮食业、建筑业、金融业等行业的收入超过 1600 亿澳门元，较 2009 年增加一倍。

澳门会展业近年发展迅猛，会展规模、专业化程度不断提升。有关研究报告分析，2012 年会展业创造价值达 35.32 亿澳门元。2013 年，共有 1030 项会议展览在澳门举行，为酒店、零售、餐饮、物流等服务性行业带来商机。

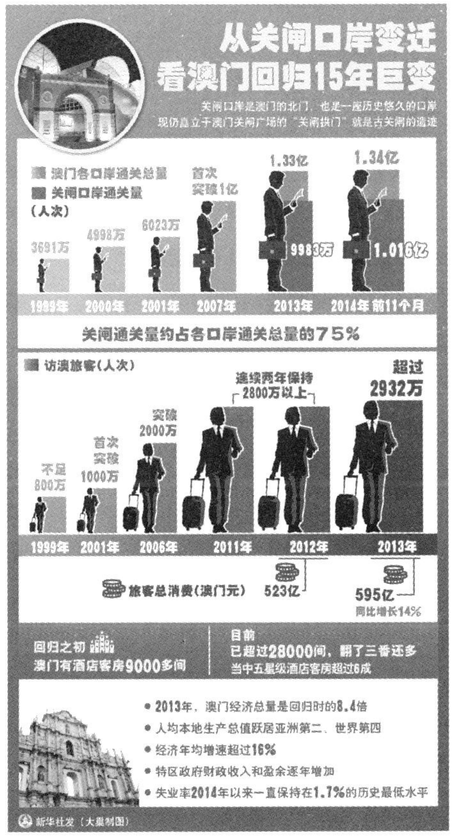

分析人士表示，中央出台的一系列支持澳门发展的政策，如 CEPA、“个人游”、横琴开发政策创新、口岸通关便利等，大大方便了人流、物流、资金流和信息流等在区域的流动，带动了澳门多元产业的发展。

（三）两地合作：澳门与内地联系更趋紧密

“今年是澳门回归 15 周年，我们希望继续加强在珠三角的投资力度。”作为一名在内地投资 10 年之久的澳门商人，十月初五饼家（澳门）有限公司董事长刘艺良说，“十月初五”的成功离不开两地合作，“这是澳门的品牌，也可以说是广东江门的品牌。”

澳门回归后，与内地经济合作不断加强。“中央非常重视推动澳门与内地展开全方位、多层次合作，这是值得大书特书的一笔。”中央人民政府驻澳门特别行政区联络办公室主任李刚介绍说。

自 2003 年 10 月以来 CEPA 及 10 个补充协议相继签署实施，从方方面面有力促进澳门发展。货物贸易方面，自 2006 年起所有澳门原产的货物，经制定原产地标准后，全面实施零关税。服务贸易方面，内地对澳门在 40 多个领域采取了 383 项开放措施。贸易投资便利化方面，内地与澳门加强了贸易投资促进、通关便利化、知识产权保护等 10 个领域的合作。

“合作最为紧密、范围最广、力度最大的，莫过于粤澳合作。本着平等共赢、互惠互利的原则，深化粤澳合作已经成为推动澳门经济适度多元发展的重要支撑。”李刚表示，目前粤澳两地合作机制运作顺畅，横琴合作开发呈现崭新局面，中山翠亨新区、广州南沙新区、江门大广海湾区合作建设积极推进，粤澳跨境基础设施建设进展顺利。此外，两地还将通过 CEPA 的安排，率先基本实现服务贸易自由化。

2009 年 8 月，国务院批复实施《横琴总体发展规划》，提出逐步把横琴建设成为“一国两制”下探索粤港澳合作新模式的示范区。经过粤澳共同努力，已取得初步成果：新区目前注册登记澳门投资企业 213 家，投资总额 1842 亿澳门元；横琴粤澳合作产业园占地 5 平方公里，特区政府推荐 33 个项目进入产业园，已签约和供地 17 个项目，总投资超过 560 亿元人民币。

在基础设施建设互联互通方面，一批重要工程建设取得实质性进展。世界上最长的跨海大桥——港珠澳大桥目前正在紧张施工中。工程完成后，从香港到珠海的车程只需半小时，粤港澳三地将更加紧密地连接在一起。

此外，拱北口岸改扩建工程完成，澳门轻轨横琴延伸线项目的准备工作也已启动。粤澳新通道项目去年 11 月获国务院批复同意兴建，并将实施新的通关模式。粤澳双方还积极推进珠澳机场合作、口岸建设及通关便利化。12 月 18 日，珠澳口岸将实行新的通关安排，实现 24 小时通关。

“澳门土地狭窄，发展空间有限。发展经济必须‘走出去’，通过加强与内地合作打造一个‘澳门之外的澳门’，这对于保持繁荣稳定局面很有帮助。”李刚说。

（四）拥抱世界：在大舞台上扮演重要角色

对于与葡语国家有着传统紧密联系的澳门来说，建设中国与葡语国家商贸合作服务平台，有助于发挥其独特优势。这个首先由澳门特区政府提出的构想从 2003 年起付诸实施，在“十二五”规划的推动下不断发展壮大。

2003 年 10 月，由中国政府发起并主办，安哥拉、巴西、佛得角、几内亚比绍、莫桑比克、葡萄牙和东帝汶等 7 个葡语国家共同参与，由澳门特区政府承办的中国－葡语国家经贸合作论坛在澳门创立，并在澳门设立常设秘书处。在澳门特区政府支持和配合下，中葡论坛部长级会议迄今已举办四届。

2013 年 6 月，由中国政府倡议，国家开发银行和澳门工商业发展基金共同发起成立“中国与葡语国家合作发展基金”，总规模为 10 亿美元。基金专注于包括澳门在内的中国和葡语国家企业的投融资需求，以加强中国与葡语国家经贸合作，鼓励和扩大双向投资。

近十余年来，中国与葡语国家的贸易规模不断扩大，从最初的贸易额刚过100亿美元，到2013年的逾1300亿美元。澳门在促进中国与葡语国家经贸合作方面发挥了不可替代的作用。分析人士表示，中葡基金的成立与运作，将为中国与葡语国家以及澳门与葡语国家的经贸合作开拓更广阔的发展空间。

2014年9月，第八届亚太经合组织（APEC）旅游部长会议在澳门召开，会议对扩大和提升中国旅游业在国际上的影响力，促进亚太区域旅游经济发展等有着重要意义。澳门成功举办会议，向国际社会展示了“一国两制”实践的丰硕成果，提升了国际知名度和影响力。

美国传统基金会发布的2014年度“全球经济自由度指数”报告中，澳门被评为亚太地区第7位，在全球170多个经济体中排名第29位。评论指出，这反映回归后澳门对外经济交往越来越紧密，透明度越来越高，国际地位不断提升，逐渐受到国际社会的认同。

据统计，至2013年底，澳门外来直接投资累计总额达1894亿澳门元，其中，2013年新增的外来直接投资361亿澳门元，按年上升16%，主要是外资企业把盈利作再投资所致。

澳门回归15年，高速发展的奇迹让世人惊叹。如今，澳门正处在历史发展的新时期，美好前景令人鼓舞。“国家正处于一个波澜壮阔的发展时代，澳门居民也分享了祖国日渐强盛的尊严和喜悦。”崔世安对澳门的未来充满信心：国家好、澳门就好。澳门是国家的一分子，要努力将澳门与国家连在一起，才能真正发展好。

社会文化篇：幸福的追逐与分享

幸福的滋味是什么？一百个澳门人或有一百种答案。

15岁的少年说，世界好大，我就要出发；白发老人说，有福利、有养老金，晚年的日子不用愁；土生葡人少年舞者说，我是两种文化对接的桥梁；年轻的漫画家说，能给我一次出版的机会吗？新入职的大学生说，升职早点来吧，公屋快点到吧……

回归15年，澳门发展为朝气蓬勃的繁华都市。在这块“莲花宝地”，爱国爱澳、守望相助、和衷共济的情怀始终如一，对幸福生活的追逐永不停歇。

（一）身份证背后的辛酸与骄傲

那些上了年纪的澳门人，都有一个关于身份证的辛酸回忆。

在澳葡管治时期，澳门的华人领身份证，要用葡文填写证明资料。可是大多数华人不会写葡文，请葡萄牙的工作人员代写还要额外花钱。“那时候华

12 月 19 日，游客在澳门街头店铺购买手信。

吕小炜　摄（新华）

人过得苦，花不起钱的人就只好不领身份证了，成为没有身份的人。”一位长者这样告诉记者。

如今，在澳门半岛中华广场大厦的身份证明局服务大厅里，等待为新生儿办理身份证的年轻母亲，安心地与怀里的婴儿呢喃细语，志愿者全程为他们服务。

这些小公民领取的不仅是印有金莲花的新澳门身份证，更是特区政府与社会赠予的幸福保障——出生津贴、15 年免费义务教育、医疗补贴、现金分享，以及今后相对容易地就业、优厚的创业资助……

澳门回归后，在中央政府支持下，澳门经济高速发展。统计显示，特区政府的财政储备由回归时的 130 亿元（澳门元，下同），增长到如今的近 5000 亿元。

政府的“钱袋子”鼓了，决定把经济发展的成果转化为社会福利让全体市民分享。一个又一个利好消息接连传来，让澳门人感到了幸福的保障、体会到幸福的滋味。

特区政府于 2008 年提出由“社会保障基金”和“社会援助”组成的双层式社会保障制度，前者涵盖养老金、残疾抚恤金、疾病津贴、失业津贴等，后者包括经济援助、紧急援助金、灾难性援助金等弱势家庭特别援助。目前，这一保障体系已初步建成。

澳门回归 15 年间，澳门居民养老金由每月 1150 元数度调升至目前的 3180 元。今年 10 月，特区政府宣布，每年向年满 65 岁的澳门永久性居民发放敬老金，本年度为每人 7000 元。

2008 年起，澳门特区政府开始实施向澳门居民一次性发放现金计划。这个被澳门居民称作“政府派钱”的计划，2014 年度涉及财政开支将近 57 亿元，比上一年度增加约 10 亿元。

65 岁的退休职员黄福初说，小时候“世界”的概念是一个地球仪，澳门小到看不见。而现在，“世界”对他来说，是一张又一张的飞机票、一本又一本的旅行日记。“现在生活有保障了，澳门特区护照在大多数国家都是免签或落地签的，我实现了周游世界的梦想。”

同样觉得自己与世界距离拉近的，还有 15 岁的菜农子弟学校女生杨家怡。这位与特区同龄的劳工子女尽管家境一般，今年却获得了去英国剑桥学习的机会。“我的学费和游学的费用都是特区政府负担，我喜欢剑桥的学习气氛，今后申请到剑桥大学，还可以向特区申请费用资助。”说起未来，这个小女生一脸自信。

“澳门医疗制度的宗旨，是保证每个澳门居民不会因为穷而得不到医疗的机会。”澳门特区政府卫生局局长李展润对记者说。

现在的澳门，每 5 平方公里就有一个卫生站，市民在卫生站看病和取药全部免费。2013 年澳门特区居民预期寿命为男女平均 82. 3 岁，较 1999 年澳门回归时大幅增长，居世界前列。

（二）活力四射的美丽“小世界”

63 岁的李琼是一位家庭清洁员，十几年来，她走街串巷，“用两只手挣一份生活”。不过这位按照小时收费的女工，却从不接周六、周日的单。

“我周末两天要去街总做义工，这个是不能耽误的！”李琼说，这样的习惯已经保持二十多年了。

李琼所说的义工，是去澳门本地的敬老院，为老人们提供打扫卫生、聊天、陪伴或擦洗的服务。用李琼的话说，“老人服务老人，来得方便。”

李琼所说的“街总”，是澳门 6000 多个社团组织中最大的一个——街坊总会。这个在澳葡时期由华人自发组织起来的互助社团组织，回归后的功能逐渐转型。

12 月 18 日，游客在澳门议事亭前地的庆祝澳门回归 15 周年装饰前留影。

秦晴　摄（新华）

“街总是目前澳门社团中参与公益服务最多的组织，我们的服务包括长者服务、小区服务、青少年服务等多个领域，从婴幼儿到百岁老人都是我们服务的对象。”澳门街坊总会理事长吴小丽说。数据显示，澳门街总下辖坊会和服务中心，拥有会员逾3万人，义工近2000人，每年参与活动和服务达到100多万人次。

根据《澳门经济社会发展报告2013—2014》公布的数据，截至2013年9月，澳门提供社会服务的机构共有214个，其中189个是民间非营利机构，占总数的88.3%。

对于李琼的这份坚持，吴小丽说："很多义工都是这样的，他们觉得自己居住的街坊就是自己的家，做义工就是为家里做事。而在你遇到困难的时候，你又会发现，有很多双手可以给你拉。这是澳门人朴素的生活逻辑。"

澳门土生葡人是特殊的历史环境孕育的特殊族群。每到天气好的周末，土生葡人的土风舞舞蹈团"伴"，便会来到历史文化街区的亚婆井前地，伴随着欢快的葡萄牙民乐翩然起舞，引来居民和游客驻足观看。

"经常有人问我，你是中国人还是葡萄牙人？我总是说'是澳门人'。"舞蹈团的发起人、澳门理工学院本科生丹尼奥说，"我觉得自己有一份传承文化的使命感，一边是中国文化，一边是葡国文化，我希望能当上'中间人'。"

中西合璧、族群共融的特质，塑造了一个活色生香的澳门。在这里，大三巴与哪吒庙比邻而建，圣母与观音相安无事，妈阁庙与贾梅士雕像也各拥膜拜者。

"澳门历史城区"成为世界遗产后，这个城市13%的土地面积成为遗产保护区。此后，澳门市民和特区政府严守底线，原汁原味地护卫着澳门的历史风貌。

12月14日，澳门一年一度的盛大狂欢"澳门拉丁城区幻彩大巡游"热闹上演。来自法国的空中飞人、来自西班牙的大型气球和风筝、来自葡萄牙的民族风情热舞……澳门这个东方小城洋溢着一片拉丁风情。

"举办大巡游的目的不止是让大家开开心心过完一天，更重要的是，要通过澳门拉近中国与拉丁语系国家的关系。"澳门特区政府文化局局长吴卫鸣说。

澳门博物馆馆长陈迎宪说："澳门这么小的城市带给世界一个启示，那就是不同种族、文化的人们可以和平共处，这也是澳门为中华民族文化作出的一点贡献。"

《澳门经济社会发展报告2013—2014》指出，目前澳门正处于历史发展的最好时期。而作出这一判断的支撑点，正是"尽管经历了经济快速增长与社会初步转型的冲击，但主流核心价值依然未变，那就是爱国爱澳、求同存异、和衷共济与守望相助"。

（三）幸福是永不停歇的追逐

25 岁的澳门姑娘陈蔚蓝，是个快乐而有才气的漫画家，她以漫画的方式，记录着自己的成长趣事。最近，蓝姑娘在澳门活化历史遗产“疯堂创意园区”，举办了自己的第一个画展。作品中，温馨的家庭、儿时的玩伴、老街上的小卖店、台风来临前的傍晚……点点幸福回忆跃然纸上。

不过，说起当下的幸福感受，陈蔚蓝的感觉是“似乎还差一点点”。“我希望有一间工作室专心画画，但是我现在租不起；还希望能有出版的机会，但是澳门的市场好小，出了书卖不出去怎么办?”她说。

在澳门，像陈蔚蓝这样为梦想打拼，却在现实面前徘徊的青年为数不少。长期以来，产业单一、地域狭小等因素，成为限制青年发展以及向社会上层流动的制约因素，也成为这个城市发展的最大困惑。

近年来，旅游造成的城市承载压力过重、不断上升的房价和通货膨胀系数、拥挤的公共交通，成为这个年轻特区发展的新问题。由澳门理工学院与澳门经济学会联合发布的民调显示，受访者对交通、物价、居住环境的满意度最低。

这样一份民意调查，与崔世安在今年行政长官竞选活动中收到的 12 万份意见书的内容不谋而合。根据这些意见，特区政府决策办公室梳理出，“公交优先”、“居有其所，安居乐业”、“妥善医疗，预防优先”、“经济适度多元发展”等是社会大众关心的议题。

沉甸甸的民意背后，是澳门民众对崔世安的信任，也是对第四届特区政府的殷殷期许。对此，崔世安表示，将以务实进取的态度、持之以恒的改革决心，回应广大居民的期待和诉求。

其实，一些可喜的变化已经发生。31 岁的女白领冯钰颖，在 2014 年夏天辞去了公司主管的职务，通过特区政府“青年创业扶助政策”申请了 30 万元的创业基金。半年过去了，她的咨询公司已经做得风生水起。迄今为止，已有 344 个项目申请到该项基金，特区政府期待这些勇敢创业的案例，为

12 月 18 日，澳门新葡京和葡京酒店灯光璀璨。

张金加　摄（新华）

澳门经济多元化引入活水。

52岁的郭永忠，是三千多户搬入石排湾乐群楼公屋的户主之一，他对记者说，现在的感受是“再也不用担心房租涨价了，再也不用急着找房子搬家了”。

现在，特区政府正在对中央政府批复的350公顷填海造地规划进行咨询，其中公屋建设从1万多套增至3万多套，回应了眼下最为紧迫的民生问题，受到社会一致好评。

“多年的社会服务和公共行政工作经验令我明白，经济全球化、一体化的进程，澳门经济社会的发展，将使更多问题复杂化，社会诉求更加多元。”崔世安对澳门当前社会问题看得客观而清醒。

新一届政府即将就职，崔世安向市民郑重承诺，将致力于建立一个更加开放进取、变革创新、竞争有序、稳定和谐的社会，切实提升澳门的综合竞争力。让全体居民能够实实在在、公平公正地共同分享经济发展和社会繁荣的成果，谱写澳门历史发展的新篇章。

回眸15年

1999年：澳门回归祖国

1999年12月20日，葡萄牙结束对澳门的统治，政权移交中华人民共和国。国家主席江泽民出席澳门特区首任行政长官何厚铧宣誓就职仪式。在“一国两制”的政策下，澳门享有“澳人治澳”、高度自治的权利。

2000年：澳门回归后庆祝首个国庆日

2000年，特区政府与全澳市民同庆回归祖国后首个国庆节。10月1日清晨，特区行政长官何厚铧、全国政协副主席马万祺、特区主要官员和中联办、外交部驻澳特派员公署、澳门驻军的主要负责人与众多澳门市民齐集在中央人民政府赠送给澳门特区的金莲花下，参与了盛况空前的升旗盛会。

2001年：澳门通过“博彩法”

2001年，澳门立法会正式通过了《娱乐场幸运博彩经营法律制度》（俗称“博彩法”），为澳门的“开放赌权”提供了法律依据，其基本精神是：引入竞争机制，提高博彩业的竞争力，增加市场的吸引力和公共收入。

2002 年：特区政府首次举行勋章、奖章及奖状颁授典礼

2002 年，特区政府首次举行勋章、奖章及奖状颁授典礼。行政长官何厚铧颁授各项勋章、奖章及奖状予三十九位在个人成就、社会贡献或服务澳门特别行政区方面有杰出表现的个人或实体。

2003 年：CEPA 签署

2003 年，中央政府与澳门特区政府签署《内地与澳门关于建立更紧密经贸关系的安排》（英文为 *Closer Economic Partnership Arrangement*，简称 CEPA）。截至 2014 年 11 月，中央有关部门和澳门陆续签署十项 CEPA 补充协议。

2004 年：胡锦涛亲莅澳门

2004 年，国家主席胡锦涛亲莅澳门，出席澳门回归祖国 5 周年庆祝大会暨特区第二届政府主要官员就职典礼，并亲自为澳门西湾大桥落成纪念碑揭幕。

2005 年：“澳门历史城区”列入《世界遗产名录》

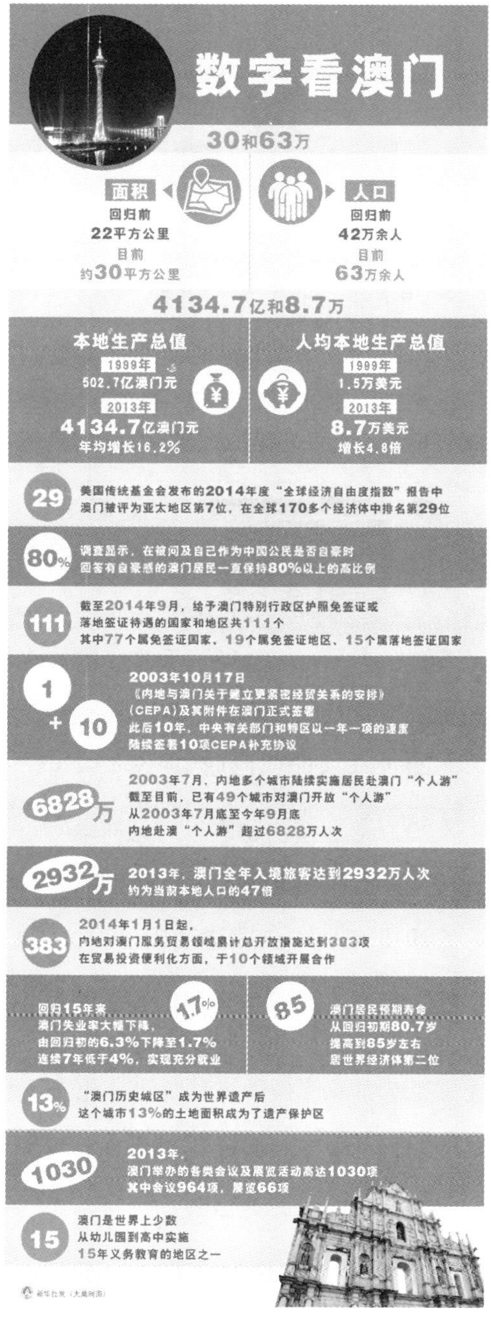

新华社发（大巍制图）

2005 年，在南非德班市举行的第二十九届世界遗产委员会会议上通过把“澳门历史城区”列入《世界遗产名录》的申请。“澳门历史城区”是中国境内现存年代最远、规模最大、保存最完整和最集中的中西建筑互相辉映的历史城区，也是 2005 年中国申报的唯一的世界遗产

项目。

2006 年：廉政公署拘留受贿官员

2006 年 12 月，时任运输工务司司长的欧文龙涉嫌严重受贿，并进行非法金融操作活动被廉政公署依法拘留。2008 年 1 月底，此案尘埃落定，欧文龙被终审法院合议庭裁定有罪，重判 27 年徒刑，实时入狱。

2007 年：威尼斯人开幕

2007 年，亚洲最大综合旅游度假村威尼斯人开幕，带动本澳会展业进入新纪元。12 月 18 日，美高梅开幕，澳门六个赌牌赌场全部开业，六分天下局面成形。

2008 年：中央助澳门抗金融海啸

2008 年，中央六方面九措施助澳门抗金融海啸，包括推动内地与澳门加强金融合作、加快推进涉澳基础设施项目建设、促进粤澳深化经济合作、帮助澳资中小企业缓解经营困难、进一步扩大服务业对澳门开放、全力确保供澳食品等供应。

2009 年：澳门回归 10 周年

2009 年，澳门特别行政区迎来回归 10 周年，澳门特区第三届行政长官及第四届立法会选举在年内举行。崔世安当选澳门特区第三任行政长官。

2010 年：中央赠送澳门一对大熊猫

2010 年，国家主席胡锦涛在澳门回归祖国 10 周年之际宣布，中央政府决定向澳门特别行政区赠送一对大熊猫。12 月 18 日，大熊猫“开开”“心心”下午从成都双流机场飞赴澳门，并入住澳门石排湾郊野公园熊猫馆。

2011 年：《粤澳合作框架协议》签署

2011 年，全国两会期间，粤澳在京签署《粤澳合作框架协议》，涉及九大产业的全面深化合作，明确在横琴给澳门提供 5 平方公里粤澳合作产业园，还有横琴诸多优惠政策的纲领性内容。

2012 年：完成“五部曲”修法程序

2012 年，经第十一届全国人大常委会第二十七次会议通过，澳门特区首度完成行政长官和立法会产生办法的“五部曲”修法程序。

2013 年：澳门大学横琴新校区启用

作为中央政府支持澳门特区发展教育的重大项目，横琴岛澳门大学新校区于 2013 年 7 月 20 日启用，自该日起新校区内依照澳门特别行政区的法律实施管辖。

2014 年：成功举办 APEC 旅游部长会议

2014 年 9 月 13 日，以“开创亚太旅游合作与发展新未来”为主题的第八届亚太经合组织（APEC）旅游部长会议，在澳门成功举办。APEC 各经济体在推动亚太区域旅游市场一体化、促进旅游与其他产业融合发展、智慧旅游等方面达成诸多共识，并发布《澳门宣言》。

四问社保缴费基数连年上涨

2015年新年伊始，天津、重庆、福建、江西等地纷纷上浮社保缴费基数标准，与2014年相比，用人单位和职工需要缴纳的社保费用均有所上涨。为何缴费费率偏高，缴费基数还在涨？涨了之后负担是不是更重？

是不是普遍上涨？

1月初，天津市人力资源和社会保障局公布，2015年天津用人单位和职工缴纳城镇职工基本养老、城镇职工基本医疗、失业、工伤和生育保险费基数的最低和最高标准分别为2812元和14058元。按此测算，社保缴费基数下限上调282元，上限则上调了1278元，涨幅分别为11%和10%。这意味着，即便月工资不到2000元，企业和员工也得按照2812元的缴费基数下限缴纳社保。

除天津以外，福建、江西等地也上调了社保缴费基数的下限和上限。广西、湖北等地社保部门介绍，近年来社保缴费基数年年都会上浮，一般会根据上一年的“社会平均工资”确定。

我国社会保险的主要项目包括养老社会保险、医疗社会保险、失业保险、工伤保险、生育保险，统称“五险”。按照《社会保险法》《社会保险征缴暂行条例》等相关法规，社保缴费以上一年社会平均工资的60%至300%为缴纳基数。

相关专家表示，这就意味着社会平均工资增加，缴费基数也会随之上浮，上涨是普遍现象。

公开资料显示，2012年北京社保缴费基数下限为1869元，2014年已提高到2317元；浙江的缴费基数下限也从2012年的1908元提高到了2014年的2230元。

财政部发布的历年全国社会保险基金也呈连年上涨态势。2013年全国社会保险基金总收入35994亿元，比上年增长15%；2012年、2011年则分别比上年增长22%和34%。

40%的社保缴费费率是否偏高?

我国目前“五险”的缴费比例，企业为29.8%，个人为11%左右，合计超过个人工资的40%。

“社保支出占员工支出比例过高，让企业交不起，员工不愿交，有些干脆就不交了。”武汉市餐饮协会会长、小蓝鲸集团董事长刘国梁说，武汉市餐饮行业集体协商的普通职工工资为每月1500元，但社保参保下限标准逐年上调，企业的社保支出也年年提高。目前每个员工缴费800多元，超过员工工资的一半。

刘国梁说，作为劳动密集型产业，当前餐饮业人工支出已占营业额两成多，逐年上调的社保缴费标准，让企业不堪重负。很多员工为多挣“到手工资”，往往与企业协商放弃缴纳社保，企业也乐意借此减轻负担，这种现象在用工量大的餐饮行业较为普遍。

广西柳州一家中介公司总经理洪先生说，当地目前社保最低缴费基数是2131.9元，高于本企业员工平均工资。“按这个缴费基数，公司每月要为每位员工缴费658.85元，员工个人还需缴纳234.7元。以一个员工月收入2000元算，缴纳的社保金的费用占了45%。”

南宁一家事业单位的聘用制员工陈丽介绍，自己2013年大学毕业后工作，月薪2800元，每月“五险”需扣除300多元，“除去租房、吃饭等费用，基本不剩下什么钱了。”

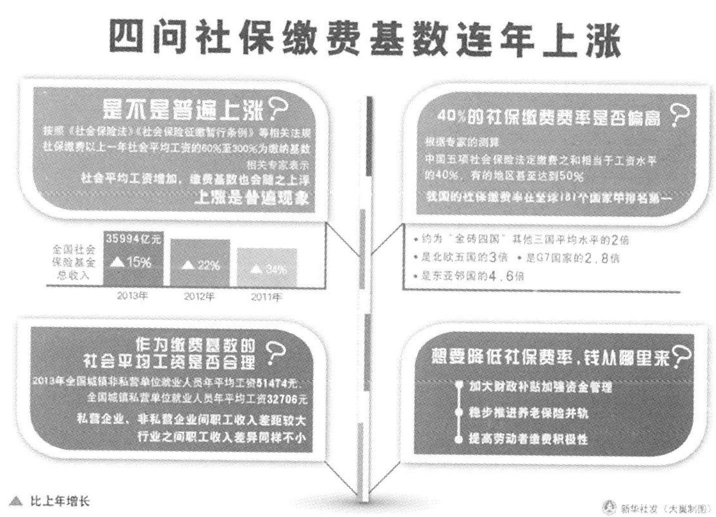

根据清华大学教授白重恩的测算，中国五项社会保险法定缴费之和相当于工资水平的40%，有的地区甚至达到50%；我国的社保缴费率在全球181个国家中排名第一，约为“金砖四国”其他三国平均水平的2倍，是北欧五国的3倍，是G7国家的2.8倍，是东亚邻国的4.6倍。

作为缴费基数的社会平均工资是否合理?

首都经济贸易大学保险系教授庹国柱说，根据相关法规，社保缴费基数根据社会平均工资来确定缴费基数，“我国社会平均工资每年都在以较快速度增长，因此缴费基数增长是很自然的。”

对于“较快增长的平均工资”，不少人觉得没有实际感受。那么用来确定缴费基数的社会平均工资是否反映劳动者真实的收入水平?

中国劳动关系学院劳动关系系主任乔健说，原来社会平均工资主要是以城镇职工作为对象来统计，但是现在的职工主体已经成为农民工。“这样就造成很多人达不到社会平均工资，感觉自己被平均了。社会平均工资本身就是虚高，但是改起来又面临很多难题，因为它跟很多东西挂钩。”

统计数据显示，2013 年全国城镇非私营单位就业人员年平均工资 51474 元、全国城镇私营单位就业人员年平均工资 32706 元。私营企业、非私营企业间职工收入差距较大，行业之间职工收入差异同样不小。

对于 2015 年不少地方缴费基数的上调，乔健认为，“其实在 2015 年年景不好的情况下，社保征收基数上涨幅度不应这么大，这个涨幅不符合 2015 年经济形势总体涨幅回落以及社会保险整体需要改革的现实。”

庹国柱也认为，物价上涨多少、工资上涨多少，这些因素也应该决定社保缴费应该上涨多少，但现在没有机制将这些很好地对应起来。

广西社保部门一位负责人说，当地已经连续 10 年提高企业退休人员待遇，退休人员年年在增加，社保支出每年也在增加，“社保费率高、缴费基数还年年上浮，确实导致部分行业的企业、职工负担重。但地方也处在尴尬的境地，费率不能降、也不敢降。”

想要降低社保费率，钱从哪里来?

受访专家表示，社保缴费基数连年上涨的背后更深层的原因是我国社保制度建立较晚，部分人没有缴费或缴费积累不足，但仍可享受社保待遇，使得我国社保基金给付增长大于缴费增长。目前社保基金保值增值渠道主要是协议存款、购买国债等稳妥的渠道，其他投资渠道相对狭窄，收支矛盾持续扩大。

十八届三中全会明确指出，适时适当降低社会保险费率。专家认为，要降低社会保险费率，前提是要扩大社保基金收入来源，保持基金收支平衡，其关键是钱从哪里来。

加大财政补贴加强资金管理

中国社科院人口与劳动经济研究所所长张车伟说，我国社保实行的“随收即付”制，是指当期所收保险费用于当期的给付，如果当期给退休人员支付多而收入少，就难以保证收支平衡。

有关专家指出，降低社会保险费率理应通过划拨国有资产、提高国企分红、加大财政补贴等方式还清旧账；更要加强养老金投资管理，争取“让钱生钱”。数据显示，目前社会保障支出占我国财政支出12%，远低于西方国家30%至50%的比例。

稳步推进养老保险并轨

养老保险缴费在“五险”中占比最高，单位和个人分别缴纳20%和8%。我国日前已决定建立与城镇职工统一的养老保险制度，这意味着近4000万机关事业单位人员养老将告别“免缴费”时代。张车伟认为，这将扩大参保缴费覆盖面，增加社保资金来源，从而有利于当期收支平衡。

统计显示，我国机关事业单位职工养老金替代率超过80%，个别甚至达到100%。而目前企业职工养老金替代率则在50%以下。武汉大学社会保障中心教授向运华认为，如何解决养老金替代率均衡问题，将是“并轨”是否能够稳步推进的关键。

提高劳动者缴费积极性

当前“弃保”现象仍有不少，一些劳动者对社保的未来缺乏足够信心，认为与其“白交钱”，还不如拿现钱实惠。

向运华表示，当前各级反映较多的社保支付比例过重，集中体现在企业成本增加，竞争力削弱；劳动者认为现有缴费水平高、待遇保障低，缴社保“不划算”。因此，如何在降低社保缴费的同时保障劳动者的收益，是提高劳动者缴费积极性的关键。

价格放开听民声

1月7日，国家发改委宣布放开24项商品和服务价格，其中民生服务领域的房产中介费、小区停车费、航空票价等受到百姓关注，不少从事相关行业的人士表示，整体是涨势还是跌势尚且不能确定，但价格交由市场调节后，百姓享受的服务会“物有所值”。

业主委员会对小区停车费有“话语权”

南京市新街口地区一小区物业管理公司项目经理夏先生表示，该小区近年来的地下车库车位费用一直是每月 600 至 800 元，目前费用还没有变化。

价格放开后，该小区物业正在考虑适度上调停车费用，预计 2015 年会涨 200 元左右。夏经理表示，随着物业管理成本尤其是人力成本的不断增加，物业也承担着很大的压力，“虽然费用会应声上涨，但物业管理质量可以更加有保障。”

该小区居民刘先生认为，小区停车费放开对常住业主影响较大，而且由于暂时没有成立业主委员会，可能在议价上吃亏。而有业主委员会的小区，住宅小区停车服务费用放开对物业公司影响不大。

杭州高盛物业管理有限公司一名负责人表示，目前杭州不少小区的停车费用由业主委员会制定，物业公司只是协助实施，“由于小区停车属于公用部位，其收益最终归全体业主，就其对小区居民的影响，在大部分小区还取决于业主委员会。”

房产经纪服务有望走向规范

房地产经纪服务的乱象一直以来也是屡见不鲜，由于房屋交易过程复杂，一些小中介公司为了拉拢客户，采取低收费、高折扣的策略，服务标准和规范无法统一，不少市民常常被中介人员“忽悠”而多交冤枉钱。

3月8日，行人从上海广元路上的一家房屋中介前走过。

陈飞　摄（新华）

杭州市我爱我家房产中介公司庆春店店长周文彬认为房地产经纪服务价格放开之后，中介费将普遍上涨，小公司为揽业务，可能仍会有更多的折扣。费用上涨的初期可能带来房地产经纪业务量的下降，“由于目前房租、员工保险等费用不断增加，对客户来说，‘又好又便宜’的情况将越来越少。”

在周文彬看来，房地产经纪服务价格放开对消费者而言也不是坏事，“竞争的激烈对服务提出了更高的要求，适当提高房地产经纪服务人员的待遇进而降低行业人员的流动性、提高行业人员的专业性，将推动行业走向规范。”发改委的通知原文中也有表述，“鼓励市场通过竞争提供质优价廉的多样化服务，拉动了消费，促进相关行业健康发展。”

但价格放开后，中介服务费究竟是涨还是跌，不同城市的房产中介商有不同的意见，在武汉从事房产中介服务十多年的陈先生说，对于交易难度大的城市，中介人员在交易过程中所做的工作更多，也许会适当上调中介费；但对于交易难度较小的城市，中介费应该下调，“这也是放开价格，发挥市场在资源配置中的决定性作用，激发市场活力的意义体现。”

民航业冷热线路或现“两重天”

交通类服务价格的放开早在 2014 年 11 月就已先行，中国目前是世界第二大航空运输系统，民航已是人们主要的交通运输方式之一。中国民用航空局、国家发展改革委对继续保留实行政府指导价的国内民航客运票价，改由航空运输企业按照国家制定的规则自主制定、调整基准票价。

这项改革实施已经两个月，发改委方面认为，有利于航空公司更加灵活地制定、调整价格，反映市场供求关系和竞争状况，满足不同类型消费者需要。

中国民航大学经济与管理学院李晓津教授认为，过去的民航价格中市场的力量较弱，导致一些冷门航线票价过高，热门航线票价过低，不能有效地引导市场资源的配置，客观上损害了消费者利益，“随着产业不断地变大，政府可以慢慢从中退出，让市场来决定价格，价格管制的放开，热门航线的票价会逐渐上涨，冷门及与高铁重合的航线票价会下跌。”

面对社会对民生服务领域相关行业价格变化的关注，发展改革委价格司司长许昆林日前接受媒体访问时表示，价格放开并不是“一放了之”，政府需要更多事中事后的监管，“放开的都是具备市场竞争条件的，市场多数领域供过于求，竞争实际上的结果就是物美价廉，让百姓受益。”

2015 前瞻

2015 年，世界进入“中国世纪”？

1941 年，美国《时代》周刊联合创办人亨利·卢斯发表了著名的《美国世纪》：“美国的经验是未来的关键，它将成为国际社会的领袖。”

74 年后，美国《名利场》杂志发表诺贝尔经济学奖得主约瑟夫·施蒂格利茨撰写的《中国世纪》：“中国经济以拔得头筹之势进入 2015 年，并很可能长时间执此牛耳，即使不能永久保持。中国已回到它在人类历史上大多数时间里所占据的位置。”

世界，真的要进入“中国世纪”？

依据什么说是“中国世纪”？

施蒂格利茨的“中国世纪说”，主要依据是经济学家们推算中国经济规模已在 2014 年超过美国，成为“世界第一”：国际货币基金组织（IMF）2014 年 10 月份发布报告称，按照购买力平价，当年中国经济规模将达 17.6 万亿美元，超过美国的 17.4 万亿美元。此前，世界银行也发布了类似结论的报告。

所谓购买力平价（PPP），是不同国家商品和服务的货币价格比率，指在基准国的一单位货币所能购买的对比国的等量货物和服务所需要的本币数量。

举个简单的例子。假设同样一个汉堡包，在美国卖 4 美元，在中国卖 16 元人民币，那按“购买力平价法”，人民币和美元的购买力平价汇率就是4:1。而按市场汇率，人民币和美元的汇率约为 6:1。

很多专家认为，“购买力平价法”并不科学，忽略了资本流动、贸易成本和非贸易壁垒、劳动力流动等诸多因素的影响。中国国家统计局局长马建堂曾表示：“到目前为止，包括联合国统计委员会组织的 PPP 研究仍被公认为属于研究、探索性质。所以用这种方法来衡量中国和美国的经济总量只具有参考价值。”

联合国全球经济监测中心主任洪平凡说，用购买力平价衡量各国国内生产总值在理论上有一定道理，但在实际操作中面临很多问题，如物价统计样本的局限性，一些产品和服务价格的不可比性等。

显然，用两种不同的汇率去比较两国经济总量，会产生不同的结果。按照市场汇率折算，美国经济规模仍位居世界第一。不过施蒂格利茨采用的还是“购买力平价法”。他在文章中感叹：“书写2014年的历史时，人们需要留意一个几乎被忽视的重大事实：这一年，是美国能号称自己是全球第一大经济体的最后一年。”

确实，时间是根魔法杖。虽然人们对“购买力平价法”存有异议，认为它倾向于高估中国的本币购买力进而夸大其经济规模，但即便按市场汇率，中国经济总量在十年内超过美国，几乎没有悬念。

中国已第一？网民很淡定

通常情况下，“世界第一”的称号总是让人陶醉，但中国网民却很淡定。新华社“新华全媒头条”以“世界将进入中国世纪，你怎么看?”为题，在新华网、腾讯网发起民意调查，有近10万网民参与。大多数网民对“中国世纪”说法审慎而冷静，人们更关心自身生活水平、中国未来如何发展等问题。

调查结果显示，网民普遍认可中国经济的快速增长，并将原因归结于改革开放（51%）和抓住了全球化机遇（35%），但超过半数网民并不认同“中国世纪”已经到来的说法。的确，据世界银行最新统计，即便按照可能存在高估的购买力平价法，2013年中国国民人均收入也不到美国的四分之一。

“就目前而言，居民的富裕程度是中国与美国之间的主要差距，也是中国经济未来发展的潜力和空间所在。”德国法兰克福大学经济学教授舍福尔德告诉记者。

其他一些数字也能说明问题。按世行统计，中国每千人拥有汽车量在2011年达到69辆，而美国同期是786辆。2013年，中国每百人享有互联网接入的约为46人，而美国是84人。而2014年中国城镇人口占总人口比例预计为54%，美国已达到81%。可以想见，弥补这些差距，中国还要追赶很多年。

调查也显示很多网民希望自己的生活水平能与国民生产总值同步增长，大多数网民认为中美两国民众的生活水平“仍有差距”。

中国网友“老张”在调查中留言：“中国经济，特别是人均经济指数还是很低的，现在的关键在于需要质量，提高人民的整体生活水平，不要被经济数字冲昏头脑。”

美国人怎么看？

“新华全媒头条”同时在美国社交网络发起了相关讨论。对中国“夺走第一”的说法，多数美国网友表示置疑，认为中国还有很大差距。也有不少人认为趋势难以阻挡。网友“neutronJK”说：“世界人口最多的国家成为最大经济体，是顺理成章的事情。”另一名网友“John Jacob Dingleheimer Schmitt”说：“这实际上是个好消息。美国需要停止自我标榜‘独一无二’，开始正视自己。”

哈佛大学教授约瑟夫·奈提出，今后几十年美国可能仍将比其他任何国家都强大，但美国已不是“唯一的老大”。问题是，一向以“世界领袖”自居的美国会甘心吗？

美国总统奥巴马2014年5月发表演讲时声称，美国要成为“未来100年的世界领袖”。

有人想起了日本。在日本经济奋起直追的20世纪80年代，美日间的贸易摩擦和金融争斗连续不断，最终以日本陷入“失去的20年”而告终。现在，中国会成为美国新的打压对象吗？在高达七成多的中国网民看来，这种可能性很大。

如果这种情形真的出现，那对于中美和世界都不是好事。施蒂格利茨警告：“美国如果把中国的收获看成自己的损失，就会竭力进行‘遏制’，想方设法限制中国的影响力。此类行动最终将被证明是无用功，而且还会损害人们对美国的信心，损害美国的领导地位。”

对于美国的看法，中国国际问题研究院副院长阮宗泽指出，从过往历史看，新兴大国和守成大国之间产生矛盾的根源就是零和思维，正是这种思维导致了双方的不信任，继而引发激烈的冲突。

他认为，中方提出“新型大国关系”这个概念不失为一招妙棋。这个概念的核心在于增进互信，破除你输我赢、你失我得的僵化思维。只要将对方的发展视为机遇而不是威胁，那么，足够大的太平洋绝对容得下两个世界大国。

怎样才是“中国世纪”？

未来纵然难以预知，但历史总是有迹可寻。很多人认为，经济总量“世界第一”这个宝座的易手，往往是世纪更替的一个信号。上一次出现类似情况是在1872年。当年，美国经济总量超越英国。

70多年后，美国成为国际事务的引领者，主导构建了联合国、布雷顿森林体系等国际政治和经济秩序，美国的商品、资本和文化开始风行世界……

目前，美国的软、硬实力依然独占鳌头。它每年的军费开支比其后 10 个国家防务开支的总和还多，有着全球最多的一流大学，是全球文化创意和技术研发的主要中心。美国在世行和国际货币基金组织等国际机构有巨大话语权，依然是现行全球治理机制的主导者。

实际上，中国网民对此十分清醒。“中国世纪”也好，“中国崛起”也罢，路，还是要一步一步走。高达 65% 的网民认为，继续发展经济、改善民生，才是当下之要务。

若论“中国世纪”，超过半数网民认为，经济实力不能作为首要的评判标准，国家软实力提高、在国际机构和国际事务中承担应有角色，是关键。

天下大势，浩浩荡荡。越来越多的人相信，“中国世纪”终会出现。不过，历史绝不会是简单的重复。新的世纪，应当是和平的世纪、合作的世纪、共赢的世纪。

2015 年中国社会九大热点前瞻

走过 2014“深改元年”，在被誉为“深改关键年”的 2015 年，“十二五”规划即将收官，依法治国方略也将全面推进。中国社会有哪些热点问题值得我们关注和期待?

热点一：依法治国：全社会各领域推进落实

十八届四中全会将“依法治国”提升到全新高度，并提出 180 多项重要改革举措。2015 年将是全面推进依法治国的开局之年，在立法、司法、执法等多个环节的改革措施值得期待。

立法领域。2015 年初将公布立法计划，立法重点包括立法法、食品安全法等人大常委会多次审议的项目，以及四中全会明确的项目，涉及经济、文化、市场监管、生态文明建设和网络安全等方面。

司法领域。2015 年司法改革的重点是保证新的司法体制如何顺利启动和运转，如近期成立的最高法院巡回法庭。此外，领导干部干预司法的记录通报和责任追究制度，或将有具体的落实措施。

执法领域。国务院法制办正在制定重大行政决策程序条例，这一条例 2015 年有望出台，给行政机关实施重大决策提供标准和要求，避免“拍脑袋决策，拍胸脯执行，拍屁股走人”的现象。此外，还将大幅减少市县两级的

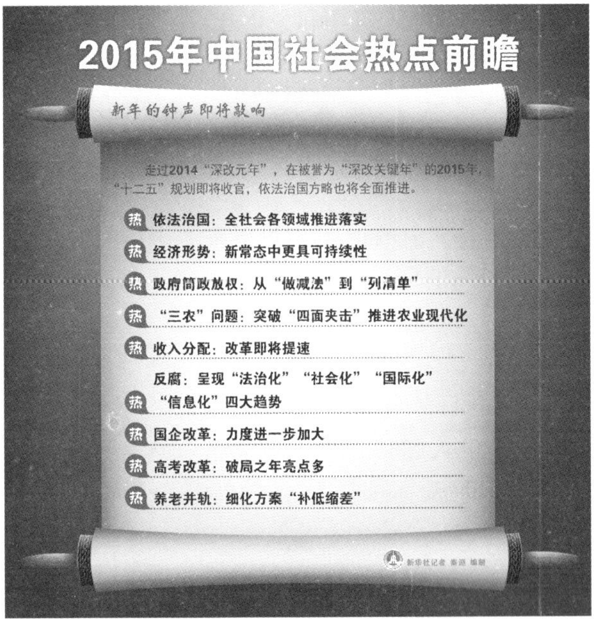

行政执法的种类，大力推进综合执法。

热点二：经济形势：新常态中更具可持续性

一个经济增速虽然换挡、但增长更趋稳健质优的2015年正向我们走来。世界银行、国际货币基金组织、亚洲开发银行三大国际机构几乎一致预测——2015年，尽管受信贷和投资增长放缓、房地产市场降温等因素影响，中国经济增速会在2014年基础上进一步放缓，但7%左右的增速无疑更稳健，更具可持续性。

新常态下，增速的放缓为中国经济提供了调结构促改革的空间，需要在转型中以更大的决心和毅力深化改革，重构新的经济增长点。

热点三：政府简政放权：从"做减法"到"列清单"

2014年政府在"做减法"方面取得了诸多成效，简政放权、取消大量行政审批项目获得公众好评。2015年，"列清单"将成为政府推动职能转变的"新常态"。

权力清单、责任清单将层级化。目前，上海、安徽等多地已经开始结合地域实际，因地制宜明确权力与责任清单。2015年，这样的举措有望在国内广泛推广。

"负面清单"更具针对性。更多地区将通过"负面清单"来划定"红线"，并对相关的禁止与限制的内容进行明确。

"法治"与"服务"有望深度融合。法治与服务理念，将实现有机融合，并贯穿于政府职能转变的全过程。"列清单"式的治理方式，将为服务型政府的建设提供更多的规范以及保障。

热点四："三农"问题：突破"四面夹击"推进农业现代化

2014 年，中国粮食产量实现"十一连增"。但是，当前中国农业可持续发展面临的严峻形势。我国主要农产品价格顶到"天花板"，生产成本"地板"刚性抬升，生产补贴和价格补贴逼近约束"黄线"，资源环境亮起了"红灯"，四面夹击令粮食供求矛盾更加突出。

中央农村工作会议明确提出，农业现代化目前仍是农业发展的突出"短板"。2015 年的国家财政投入一个重要投向就是把保障国家粮食安全作为首要任务，支持提高农业综合生产能力，包括加大对产粮、产油和制种大县的支持、力推高标准农田建设、支持培育新型生产经营主体等。同时，国家还将支持落实农业休养生息政策措施，继续扩大相关试点，建设资源节约、环境友好农业。

热点五：收入分配：改革即将提速

备受关注的《中央管理企业负责人薪酬制度改革方案》将于 2015 年年初正式实行，2015 年将成为收入分配改革的提速之年。机关事业单位和城镇职工养老"并轨"改革方案也将付诸实施。养老金"并轨"，已成为广义收入分配体系改革的重要突破口和抓手。

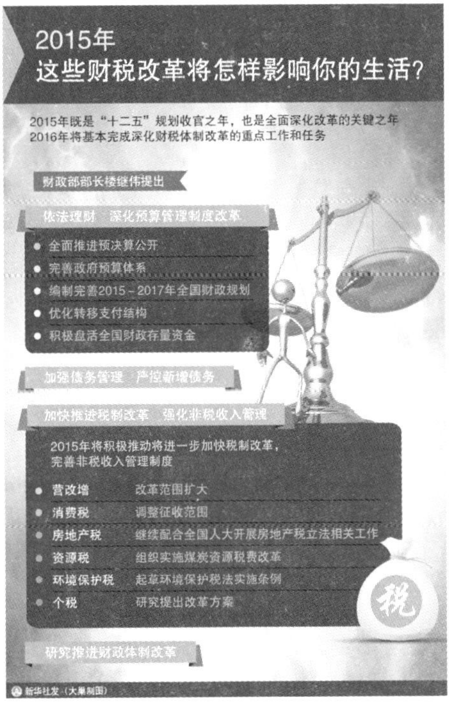

中国未来发展能否避开中等收入陷阱，能否重启未来发展新动力，都系于分配改革。2015 年，应抓住契机进一步深化收入分配相关改革，包括抓紧推进综合与分类相结合的个人所得税改革有关工作，更好发挥税收调节收入差距作用。

热点六：反腐：呈现四大趋势

经过 2014 年"疾风暴雨"式的反腐，2015 年反腐败工作将呈现四大趋势。

"法治化"：将进一步加强公共权力的普查、清理、确认、公开工作，对于各反腐部门之间的权利义务、分工协作关系，将以法律形式固定下来。

"社会化"：反腐将不再局限于党政部门的廉政建设，而致力于构建廉洁社会，为廉政建设奠定坚实的社会基础。

"国际化"：中国将加快同更多国家签订双边司法合作协议，抓住外逃人员的目的地国、中国投资的主要流向国、国际金融枢纽等重要节点进行打击。

"信息化"：在大数据时代，各部门通过充分和主动的信息共享，提高对关键岗位关键人员的监控能力。

热点七：国企改革：力度进一步加大

二十余个省份出台国企改革方案、国资委启动"四项改革"试点、中石化迈出混改实质性步伐……十八届三中全会以来，各层面关于国资国企改革动作不断。中国企业改革与发展研究会副会长李锦表示，2015 年国企改革将会在薪酬制度、改革"路线图"等方面取得突破。

启用新的薪酬制度。人社部宣布，72 家央企负责人即将率先在 2015 年初启用新的薪酬制度，国企改革迈出重要一步。据测算，改革后央企主要负责人薪酬水平将不超过央企在岗职工平均工资的 7 到 8 倍，而目前央企主要负责人与职工薪酬差距在 12 倍左右。

国企改革"路线图"将出台。随着国务院国有企业改革领导小组成立，国企改革中央层面已经基本确立各部委的职能和分工，由包括国资委、发改革、财政部和人社部等部委都在积极推进和制定相应的改革方案，预计最快于 2015 年上半年出台。

热点八：高考改革：破局之年亮点多

无论是国务院印发的《关于深化考试招生制度改革的实施意见》，还是教育部近日发布的《关于普通高中学业水平考试的实施意见》《关于加强和改进普通高中学生综合素质评价的意见》，无不预示着 2015 年高考将出现诸多变化与调整。

2015 年可谓是高考改革的"破局之年"。主要的亮点有三个方面。

更多省份将使用"全国卷"。地方自主命题的工作量大，并且容易出现命题水平的波动，在国家已经提出方向性要求之际，相信不少地区将结束自主命题。

奖励性加分渐消失、"小高考"推迟。2015 年起，高考将取消体育、艺术等特长生加分项目，同时，自主招生将在高考后进行。

打破"一考定终身"将有更多试点。目前，启动高考综合改革试点的只有两个省市。杨东平认为，2015 年将至少会再有一至两个省市被纳入改革试点之中。学业水平考试以及综合素质评价的引入，也将是 2015 年高考改革的亮点。

起航　　新华社发 蒋跃新 作

热点九：养老并轨：细化方案“补低缩差”

全国人大常委会会议审议了《国务院关于统筹推进城乡社会保障体系建设工作情况的报告》，我国将推进机关事业单位养老保险制度改革，建立与城镇职工统一的养老保险制度。“双轨”变并轨的改革，预计涉及约 4000 万机关事业单位人员。

2015 年，细化的养老金并轨方案或将出台，“补低缩差”原则将在方案中体现。改革将侧重于“补低”，以实现机关事业单位职工和企业职工养老金之间的差距的缩小。而为了减少改革阻力，或将避免降低事业单位既有的养老福利。此外，将实行中央立方向、地方定细则，以渐进式推进方案“落地”。

第五编　魅力国情

时政篇

001. 国家铁路局开通政府网站并揭牌

1月6日，交通运输部部长杨传堂和国家铁路局局长陆东福一同为国家铁路局启动政府网站并揭牌。

国家铁路局是2013年铁路政企分开改革后新组建的国务院铁路行业监管部门。2013年3月19日，中央决定陆东福任交通运输部副部长、党组成员，国家铁路局党组书记、局长；4月9日，中央任命国家铁路局其他党组成员，筹建工作逐步展开；7月11日，原铁道部机关公务员完成分流，局机关召开第一次干部大会，开始边组建、边履职；12月28日，局机关迁入新址办公。2014年1月6日，国家铁路局开通政府网站（www.nra.gov.cn）并揭牌，标志着国家铁路局组建顺利推进，将全面依法履职。

002. 2014年中央一号文件公布

1月19日，新世纪以来指导“三农”工作的第11份中央一号文件由新华社受权发布。

这份文件题为《关于全面深化农村改革　加快推进农业现代化的若干意见》，全文约10000字，共分8个部分33条。

文件指出，全面深化农村改革，要坚持社会主义市场经济改革方向，处理好政府和市场的关系，激发农村经济社会活力；要鼓励探索创新，在明确底线的前提下，支持地方先行先试，尊重农民群众实践创造；要因地制宜、循序渐进，不搞“一刀切”、不追求一步到位，允许采取差异性、过渡性的制度和政策安排；要城乡统筹联动，赋予农民更多财产权利，推进城乡要素平等交换和公共资源均衡配置，让农民平等参与现代化进程、共同分享现代化成果。

文件强调，要以解决好地怎么种为导向加快构建新型农业经营体系，以解决好地少水缺的资源环境约束为导向深入推进农业发展方式转变，以满足吃得好吃得安全为导向大力发展优质安全农产品，努力走出一条生产技术先

进、经营规模适度、市场竞争力强、生态环境可持续的中国特色新型农业现代化道路。

文件提出，实施以我为主、立足国内、确保产能、适度进口、科技支撑的国家粮食安全战略；更加积极地利用国际农产品市场和农业资源，有效调剂和补充国内粮食供给；稳步推进从财政预算编制环节清理和归并整合涉农资金；开展农业资源休养生息试点；在保障农户宅基地用益物权前提下，选择若干试点，慎重稳妥推进农民住房财产权抵押、担保、转让等。

003. 《社会救助暂行办法》出台

2 月 21 日，国务院总理李克强签署国务院令，公布《社会救助暂行办法》。办法共 13 章 70 条，自 2014 年 5 月 1 日起施行。这是中国第一部统筹各项社会救助制度的行政法规。

雪中送炭　　新华社发　商海春　作

办法将最低生活保障、特困人员供养、受灾人员救助、医疗救助、教育救助、住房救助、就业救助和临时救助等 8 项制度以及社会力量参与作为基本内容，确立了完整清晰的社会救助制度体系。规定社会救助坚持托底线、救急难、可持续，与其他社会保障制度相衔接，社会救助水平与经济社会发展水平相适应。社会救助工作遵循公开、公平、公正、及时的原则。国家鼓励单位和个人等社会力量通过捐赠、设立帮扶项目、创办服务机构、提供志愿服务等方式，参与社会救助。社会力量参与社会救助，按照国家有关规定享受财政补贴、税收优惠、费用减免等政策。

004. 中国人民抗日战争胜利纪念日、南京大屠杀死难者国家公祭日确定

2月27日，十二届全国人大常委会第七次会议经表决通过了两个决定，分别将9月3日确定为中国人民抗日战争胜利纪念日，将12月13日确定为南京大屠杀死难者国家公祭日。

全国人大常委会关于确定中国人民抗日战争胜利纪念日的决定指出，中国人民抗日战争，是中国人民抵抗日本帝国主义侵略的正义战争，是世界反法西斯战争的重要组成部分，是近代以来中国反抗外敌入侵第一次取得完全胜利的民族解放战争。中国人民抗日战争的胜利，成为中华民族走向振兴的重大转折点，为实现民族独立和人民解放奠定了重要基础。为了牢记历史，铭记中国人民反抗日本帝国主义侵略的艰苦卓绝的斗争，缅怀在中国人民抗日战争中英勇献身的英烈和所有为中国人民抗日战争胜利作出贡献的人们，彰显中国人民抗日战争在世界反法西斯战争中的重要地位，表明中国人民坚决维护国家主权、领土完整和世界和平的坚定立场，弘扬以爱国主义为核心的伟大民族精神，激励全国各族人民为实现中华民族伟大复兴的中国梦而共同奋斗，决定将9月3日确定为中国人民抗日战争胜

利纪念日，每年9月3日国家举行纪念活动。

全国人大常委会关于设立南京大屠杀死难者国家公祭日的决定指出，1937年12月13日，侵华日军在中国南京开始对我同胞实施长达四十多天惨绝人寰的大屠杀，制造了震惊中外的南京大屠杀惨案，三十多万人惨遭杀戮。这是人类文明史上灭绝人性的法西斯暴行。这一公然违反国际法的残暴行径，铁证如山，早有历史结论和法律定论。为了悼念南京大屠杀死难者和所有在日本帝国主义侵华战争期间惨遭日本侵略者杀戮的死难者，揭露日本侵略者的战争罪行，牢记侵略战争给中国人民和世界人民造成的深重灾难，表明中国人民反对侵略战争、捍卫人类尊严、维护世界和平的坚定立场，决定将12月13日设立为南京大屠杀死难者国家公祭日，每年12月13日国家举行公祭活动。

005. 首个美丽乡村地方标准实施

4月6日，在总结提炼安吉县美丽乡村建设成功经验的基础上，中国首个美丽乡村省级地方标准——《美丽乡村建设规范》正式实施。该规范由安吉县政府、浙江省标准化研究院等6家单位共同起草，省质监局批准发布，旨在将美丽乡村建设的经验、成果进行标准转化和推广。

《美丽乡村建设规范》规范性引用了新农村建设现有国家、行业及地方标准21项，并对经济、环境保护、安全等基本指标进行统一规范和量化，共涉及相关指标36项。规范共有11个章节，主要框架分成基本要求、村庄建设、生态环境、经济发展、社会事业发展、社会精神文化建设、组织建设与常态化管理7个部分，使得美丽乡村建设从一个宏观的方向性概念转化为可操作性的工作实践，确保美丽乡村建有方向、评有标准、管有办法。

浙江省质监局副局长赵孟进表示，此次出台的规范只是操作指引，并非要求美丽乡村建设整齐划一，而是尽力彰显各乡村自己的特色，按照乡村的自然禀赋、历史传统和未来发展要求，最大程度保留原汁原味的乡村文化和乡村特色，以适应不同村庄的发展要求。

006. 中国通过“史上最严”新环保法

4月24日，十二届全国人大常委会第八次会议表决通过了修订后的《中华人民共和国环境保护法》，法律自 2015 年 1 月 1 日起施行。

这次环保法的修订，主要包括加强环境保护宣传，提高公民环保意识；明确生态保护红线；对雾霾等大气污染的治理和应对；明确环境监察机构的法律地位；完善行政强制措施；鼓励和组织环境质量对公众健康影响的研究；排污费和环境保护税的衔接；完善区域限批制度；完善排污许可管理制度；对相关举报人的保护；扩大环境公益诉讼的主体；加大环境违法责任等十二个方面。

修订后的环保法进一步明确了政府对环境保护的监督管理职责，完善了生态保护红线、污染物总量控制、环境与健康监测及影响评价、跨行政区域联合防治等环境保护基本制度，强化了企业污染防治责任，加大了对环境违法行为的法律制裁，还就政府、企业公开环境信息与公众参与、监督环境保护作出了系统规定，法律条文也从原来 47 条增加到 70 条，增强了法律的可执行性和可操作性。修订后的法律对于保护和改善环境，防止污染和其他公害，保障人体健康，推进生态文明建设，促进经济社会可持续发展具有重要意义。

007. 中国首办亚信峰会

5 月 21 日，亚洲安全领域最大的多边论坛——亚洲相互协作与信任措施会议在上海举行了具有里程碑意义的第四次峰会，首次提出亚洲新安全观和共建和平、稳定与合作“新亚洲”的战略蓝图。“新亚洲”战略目标的正式提出，以及可行性路径的规划与可操作性措施的制订，意味着亚洲又站在了一个新的历史起点上，以共谋持久和平、共同发展，进而实现亚洲振兴的“亚洲梦”。

这是中国首次举办亚信峰会，也是中国2014年的首个主场外交活动，是亚信成立22年来规模最大的一次会议。中国接任亚信2014—2016年主席国。

中国国家主席习近平主持峰会并发表主旨讲话，提出应该积极倡导共同、综合、合作、可持续的亚洲安全观，创新安全理念，搭建地区安全和合作新架构，努力走出一条共建、共享、共赢的亚洲安全之路。他深入阐释了“共同”“综合”“合作”“可持续”的内涵要义，并提出一系列新倡议、新观念与新措施。

习近平首次倡导提出的亚洲新安全观，可以针对性地有效解决和应对亚洲安全的历史沉积、现状形势以及未来的潜在风险挑战，为共建“新亚洲”、实现亚洲复兴的“亚洲梦”提供坚实的保障。

此次峰会举行正值第一次世界大战爆发100周年。2015年则是第二次世界大战结束70周年。站在新世纪的第二个十年，世界人民一方面在深刻反思战争爆发的根源，一方面在积极探求防止战争、实现持久和平的解决之道。

俄罗斯普京总统发言说，亚洲需要一个平衡、平等、相互协作、照顾彼此利益和关切的安全架构，亚信会议就是一个有效的平台。相信在中国担任主席国期间，将极大推动亚信的发展进程，进一步巩固亚洲的安全合作。

亚信倡议国、哈萨克斯坦总统纳扎尔巴耶夫认为，扩大经济合作是亚信的重点合作方向。他同意习近平主席关于建设丝绸之路经济带的倡议，认为这将促进亚洲基础设施建设发展，为安全合作奠定基础。

这次峰会的召开，恰逢“和平共处五项原则”发表60周年。这项由中国等亚洲国家提出的原则，已成为国际关系公认的指导准则。

与会各方就亚洲地区安全形势以及反恐、粮食安全、能源安全、网络安全、核裁军和防扩散等问题广泛交换意见，一致认为，亚洲各国面临的相同任务是发展，需要安全稳定的环境。各方愿发扬团结合作、同舟共济精神，推动亚信进程，加强政治、安全对话和合作，增进互信，把亚洲建成持久和平、共同繁荣的和谐地区。各方高度评价中国为促进亚洲和世界和平、稳定、繁荣作出的重大贡献，赞赏中国坚持和平发展和睦邻友好，支持中方倡导的亚洲安全观，表示愿同中方携手努力，共建丝绸之路经济带，加强经济融合和互联互通，共同应对各种威胁和挑战，协力打击“三股势力”，实现共同安全、共同发展、共同繁荣。各方相信中方担任亚信主席国，一定能有力推动亚信发展。这次峰会一定会成为亚信史上新的里程碑。

峰会发表了《亚洲相互协作与信任措施会议第四次峰会上海宣言》。

21日，在中国国家主席习近平和俄罗斯总统普京的见证下，中国石油天然气集团公司和俄罗斯天然气工业股份公司（“俄气”）在上海签署了《中俄东线供气购销合同》，结束始于2004年的中俄天然气谈判“马拉松”。根据双方商定，从2018年起，俄罗斯开始通过中俄天然气管道东线向中国供气，输气量逐年增长，最终达到每年380亿立方米，累计30年。

链　接

亚洲相互协作与信任措施会议（简称亚信会议，Conference on Interaction and Confidence - Building Measures in Asia——CICA），是一个有关安全问题的多边论坛，横跨亚洲各次区域，涵盖不同社会制度、宗教、文化、经济发展阶段，具有广泛代表性。亚信会议实行协商一致原则，所通过的决定只具有建议性质。

【成立】成立亚信会议这一多边论坛的倡议是哈萨克斯坦总统纳扎尔巴耶夫1992年10月在第47届联合国大会上提出的，主要目的是要在亚洲大陆上建立起有效的、综合性的安全保障机制。倡议一经提出，就得到了包括中国在内的亚洲不少国家的赞同和积极参与。1993年3月起，亚信会议开始活动。

【宗旨】通过制定多边信任措施，加强对话与合作，促进亚洲和平、安全与稳定。

【发展】目前已经拥有26个成员国、11个观察员国家和组织，成为亚洲为数不多的跨文明、跨地域、讨论地区安全与合作问题的重要平台。

【主席国】中国，任期至2016年。

【成员国】截至2014年5月，亚信拥有26个成员国，分别是：中国、阿富汗、阿塞拜疆、埃及、印度、伊朗、以色列、哈萨克斯坦、吉尔吉斯斯坦、蒙古、巴基斯坦、巴勒斯坦、俄罗斯、塔吉克斯坦、土耳其、乌兹别克斯坦、泰国、韩国、约旦、阿联酋、越南、伊拉克、巴林、柬埔寨、卡塔尔和孟加拉国。

此外，11个国家或国际组织成为其观察员，包括：印度尼西亚、马来西亚、美国、乌克兰、日本、菲律宾、斯里兰卡以及联合国、欧安组织、阿拉伯国家联盟、突厥语国家议会大会。

【机制】已建立起国家元首和政府首脑会议、外长会议、高官委员会会议三级机制，峰会和外长会每四年举行一次峰会，建立了秘书处和主席国工作组等常设机构和机制。

1999年9月，亚信会议首次外长级会议在哈萨克斯坦阿拉木图举行。会议通过了《亚信会议成员国相互关系原则宣言》。宣言的主要内容包括：维护公认的国际关系基本准则，即相互尊重主权和领土完整，互不干涉内政，和平解决争端，不使用武力和以武力相威胁，发展经济、社会和文化合作等。

迄今，亚信会议建立了国家元首和政府首脑会议、外长会议、高官委员会会议、特别工作组会议和部门领导人会议机制。亚信会议常设执行机构为秘书处，设在哈萨克斯坦阿拉木图。

【意义】亚信会议成为亚洲为数不多的跨文明、跨地域、讨论地区安全与合作问题的重要平台。通过这样的平台，亚洲各国加强对话沟通，共同探讨如何维护和促进亚洲安全，具有重要意义。

008. 中国军队首次在高速公路试飞三代机

5 月 25 日，包括第三代战机在内的多种机型在郑民高速公路飞机跑道试飞，这在我军历史上还是首次。这次试飞活动进一步检验了跑道技战术性能，并形成了高速公路飞机跑道实战化综合保障能力，为提高飞行部队平战时备降应急能力和军地联合保障部队飞行的协同能力奠定了基础。

这个跑道是目前全国既有高速公路飞机跑道中设施最全、功能最多、性能最好、净空最彻底的一条，平时可作为民航飞机的备用机场，为客货飞机应急起降提供保障，也可用于军用飞机的演习和飞行训练，战时能够用于军用飞机的应急起降，保证我航空兵的持续作战能力。

009. 首部国家级信用体系建设规划出台

6 月 14 日，国务院印发《社会信用体系建设规划纲要（2014—2020 年）》（以下简称《纲要》），部署加快建设社会信用体系、构筑诚实守信的经济社会环境。这是中国首部国家级社会信用体系建设专项规划。

照章办事　　新华社发 朱慧卿 作

《纲要》强调，社会信用体系建设要按照“政府推动，社会共建；健全法制，规范发展；统筹规划，分步实施；重点突破，强化应用”的原则有序推进。到 2020 年，实现信用基础性法律法规和标准体系基本建立，以信用信息资源共享为基础的覆盖全社会的征信系统基本建成，信用监管体制基本健全，信用服务市场体系比较完善，守信激励和失信惩戒机制全面发挥作用。

《纲要》围绕政务诚信、商务诚信、社会诚信和司法公信等四大重点领域，明确了与人民群众切身利益和经济社会健康发展密切相关的34个方面的具体任务，并提出了三大基础性措施。一是加强诚信教育与诚信文化建设，在全社会形成“诚信光荣、失信可耻”的良好风尚。二是加快推进信用信息系统建设和应用，形成全国范围内的信用信息交换共享机制。三是完善以奖惩制度为重点的社会信用体系运行机制，健全守信激励和失信惩戒机制，建立健全信用法律法规和标准体系，培育和规范信用服务市场，保护信用信息主体权益，强化信用信息安全管理。

010. 首份地方政府债评级报告出炉

6月19日，广东省财政厅公布了一份名为《2014年广东省政府债券评级报告》的第三方文件。该文件显示，截至2013年6月末，广东省地方政府性债务总额为10165.37亿元，较2012年末增长6.43%。广东省地方政府性债务规模总体较大，位列全国第二位。在“偿债压力最重的一年”，首份中国地方政府债评级报告出炉。

评级报告由上海新世纪资信评估投资服务有限公司发布，该报告给出的2014年广东省政府债券信用等级是AAA。该等级的含义是“偿还债务的能力极强，基本不受不利经济环境的影响，违约风险极低”。

随着中国城市化进程的不断加快，地方政府债务扩张的风险也逐步显现。研究人士认为，当前中国地方政府举债存在的主要问题是：融资不规范，多头举债，举借主体多达15.4万家，涉及省、市、县、乡各级政府机关、事业单位、融资平台公司和一些国有企业；举债方式过多过滥，包括银行贷款、企业债券、中期票据、信托、回购（BT）等30余种，为规避监管，已经从信贷转向非信贷，从银行表内转向表外，从显性转向隐性。

来自财政部的数据显示，2014到期需偿还的地方政府负有偿还责任债务占债务总余额的21.89%，是偿债压力最重的一年。2015—2017年偿债比重分别为17.06%、11.58%和7.79%。

为进一步推进地方债发行改革，建立规范的地方政府举债融资机制，财政部选取了上海、浙江、广东、深圳、江苏、山东、北京、青岛、宁夏、江西等地试点地方政府债券自发自还。为有效防控地方债“自发自还”的风险，财政部要求试点地区开展债券信用评级以及债券信息披露。择优选择信用评级机构，并与信用评级机构签署信用评级协议，明确双方权利和义务。

此后，财政部出台相关指导意见，试点地区地方债信用评级等级划分为三等九级，符号表示为：AAA、AA、A、BBB、BB、B、CCC、CC、C。

第三方出具的广东地方债评级报告表明：中国地方债，或者说中国的政府信用在三个方面发生了深刻变革：从非标产品向标准化产品过渡；从国家信用兜底向地方政府信用过渡；从政府隐性担保向风险自担发行品种过渡。表明中国在地方债发行市场化道路上迈出了重要一步。

011. 日喀则成为中国最年轻地级市

7 月 11 日，从西藏自治区日喀则地委获悉，国务院批复撤销日喀则地区，设立地级日喀则市，原县级日喀则市改为桑珠孜区。这是中国最年轻的地级市，也是西藏除首府拉萨市之外的第二个地级市。

丹增朗杰介绍，新设立的地级日喀则市辖 17 县 1 区，原有管辖面积不变。撤地设市将使日喀则地区迎来新的历史发展机遇。设立地级日喀则市后，将在组织机构、人员编制、行政权限上更加完善，有利于促进日喀则经济社会发展。

鸟瞰日喀则市（2012 年 11 月 16 日摄）。

刘坤　摄（新华）

日喀则地区位于西藏西南部，在西藏自治区属于人口最多、边境线最长、农业最集中的地区，以珠穆朗玛峰、扎什伦布寺和萨迦寺等驰名中外。地区行政公署驻日喀则市。

11月4日至8日，第十六届中国国际工业博览会在上海举行。以智能技术和增效节能为显著特点的多款工业机器人全球首发，成为吸引观众的亮点。图为机器人在制作咖啡。

方喆 摄（新华）

12月9日，第七届广西名特优农产品交易会在桂林国际会展中心举行。图为参展人员推介来自广西龙胜各族自治县的茶叶。

陆波岸 摄（新华）

9月，“超高产水稻分子育种与品种创制”课题取得重大突破，“Y两优900”在湖南省隆回县的百亩高产示范片，经专家组现场测产，平均亩产达到1006.1公斤，首次实现了超级稻百亩片过千公斤的目标。图为工作人员在收割水稻。

李尕 摄（新华）

12月2日，当今世界最大、最先进的集装箱船“中海环球”轮首航天津港。图为“中海环球”轮在天津港太平洋国际集装箱码头作业。

薛力强 摄（新华）

2014年，地处西部内陆的重庆，着力完善“渝新欧”等国际物流大通道，并借此构建大平台、聚集大产业、牵引大开放，逐渐迈向丝绸之路经济带新“桥头堡”。图为重庆果园。

新华社发

7月4日，世界首个五端柔性直流输电工程——浙江舟山±200千伏五端柔性直流工程正式投运。该工程是世界上已投运的端数最多、电压等级最高、单端容量最大的柔性直流工程。图为舟山柔性直流输电工程岱山换流站。

徐昱 摄（新华）

11月2日，探月工程三期再入返回飞行试验任务返回器交接仪式在北京举行。

沈伯韩 摄（新华）

2月8日，中国南极泰山站正式建成开站。这是中国在南极建设的第四个科学考察站，位于中山站与昆仑站之间的伊丽莎白公主地。图为泰山站主体建筑透视图。

新华社发

7月16日，由中国自主研发的首台移迁式海洋钻井平台——“海恩1号”液压步进环梁式海上升起平台交付使用。图为“海恩1号”驶离渤海湾，奔赴胜利油田服役。

高士东 摄（新华）

1月25日9时，在中国首艘饱和潜水工作母船“深潜号”生活舱里生活了380小时的6名饱和潜水员完成减压依序出舱，安全返回正常生活，身体状况良好。图为潜水员出舱后合影。

田景玥 摄（新华）

11月6日，由中国铁路总公司在山西中南部铁路通道组织实施的1.2万吨重载列车运行试验取得圆满成功。这标志着中国第一条30吨轴重重载铁路建成。图为重载列车行驶在山西平顺站。

高国桥 摄（新华）

7月1日，有“世界最难铁路”之称的宜万铁路湖北宜昌东至凉雾段首次开行动车。至此，沪汉蓉客运专线全线开通动车组，标志着铁路东西沿江快速大通道真正形成。图为一辆动车经过宜万铁路宜昌铁路大桥。

朱敏 摄（新华）

高分二号卫星天山天池融合影像

9月29日，国防科工局发布了由高分二号卫星拍摄的首批亚米级高分辨率卫星影像图。图为高分二号卫星拍摄的天山天池融合影像。

新华社发

6月26日，“中国制造”的“凯旋一号”400英尺海上自升式钻井平台正式交付。其钻井深度35000英尺，技术水平和建造质量处于全球领先水平。图为“凯旋一号”钻井平台。

李响 摄（新华）

11月26日，全国青少年校园足球工作电视电话会议要求，把足球纳入学校体育课程教学体系。图为12月9日世界足球日，呼和浩特市第三十五中学学生做足球游戏。

新华社发

12月17日，广西柳州少数民族传统体育项目体验周活动开幕。图为小学生在表演花样竹杆舞。

赖柳生 摄（新华）

从2014年新学期起，安徽省合肥市民办学校义务教育阶段学生可以和公办校的学生同样享受书本免费以及政府发放的“生均经费”补贴。图为学生们展示“生均费”补贴银行卡和新学期课本。

郭晨 摄（新华）

云南省贡山独龙族怒族自治县独龙江乡整乡推进整族帮扶安居温饱工程，至2014年基本完成“整乡整族脱贫致富，实现独龙江乡和独龙族经济社会跨越发展、可持续发展”的预期目标。图为10月17日，独龙江乡一贯制学校的学生们在食堂吃免费午餐。

陈海宁 摄（新华）

2014年金秋时节，安徽皖南徽州乡村绿色的山林、金黄的稻谷与徽派民居交相辉映，构成了一幅幅美妙的山村风景画，令观光游客流连忘返。图为10月17日，游人在安徽省黟县宏村月沼处游览。

杜宇 摄（新华）

9月3日，西沙迎来三亚至西沙旅游航线首航的首批200余名游客。图为游客在西沙原生态岛屿银屿岛上游览。

新华社发

7月29日，全球首例存活大熊猫三胞胎“萌萌”“帅帅”“酷酷”诞生。图为被授予“熊猫爱心大使”的李云迪（后左二）与大熊猫三胞胎合影。

黄国保 摄（新华）

内蒙古兴安盟境内的阿尔山国家森林公园，有着神奇壮观的火山地貌和一望无际的浩瀚森林，深秋阿尔山的美丽令人沉醉。图为10月12日，内蒙古阿尔山杜鹃湖风景。

新华社发

尕海湿地是黄河最大支流洮河的发源地和水源涵养地，近年来成立了国家级自然保护区，生态环境得到进一步保护和改善。图为尕海湿地景观。

薛东梅 摄（新华）

6月22日，中国大运河在卡塔尔首都多哈举行的第38届世界遗产大会上获准列入世界文化遗产名录。图为船只行驶在大运河江苏无锡城区段。

还月亮 摄（新华）

11月19日，首届世界互联网大会在浙江乌镇开幕，近100个国家和地区的1000多名嘉宾、近500名中外记者参会。图为阿里巴巴集团董事会主席马云在开幕式上致辞。

韩传号 摄（新华）

2月18日，在第64届柏林电影节上连获最佳影片“金熊奖”和最佳男演员“银熊奖”的中国电影《白日焰火》剧组在江苏召开媒体见面会。图为电影总监制洪涛展示“金熊”奖杯。

新华社发

10月15日，习近平主持召开文艺工作座谈会，指明了新时期文艺工作的发展方向，勉励广大文艺工作者从时代和国家的高度认识文艺的地位和作用，坚持以人民为中心的创作导向，努力创作更多无愧于时代的优秀作品。图为来自北京的艺术家们欣赏湖北丹江口市民间艺术家表演并互相交流。

新华社发

8月19日，长春电影制片厂老厂区的“长影旧址博物馆”正式建成并对外开放，成为中国首家怀旧型电影产业园区。图为长影旧址博物馆内景。

许畅 摄（新华）

6月22日，中国与吉尔吉斯斯坦、哈萨克斯坦联合提交的“丝绸之路：起始段和天山廊道的路网”在卡塔尔首都多哈召开的第38届世界遗产大会上获准列入世界遗产名录。图为新疆苏巴什佛寺遗址。

新华社发

12月22日，国家大剧院迎来“公众开放日艺术节”，恰逢开幕运营七周年，国家大剧院推出的70余场艺术活动吸引了近万名观众体验分享艺术之美。图为演员在国家大剧院公共大厅表演新疆民族舞蹈。

罗晓光 摄（新华）

8月12日，第四届中国·呼和浩特少数民族文化旅游艺术节活动——首届全国少数民族优秀舞蹈作品展演在内蒙古呼和浩特落幕。图为演员在闭幕式上表演舞蹈《金色汤瓶》。

丁根厚 摄（新华）

5月30日，河北省张家口市桥东区举办了第二十三届中小幼儿艺术节，少年儿童以歌舞等形式抒发对中国举办2022年冬奥会的向往和期待。图为孩子们在艺术节上表演。

伴建忠 摄（新华）

9月12日，“中国—阿拉伯国家非物质文化遗产精品展”在陕西省美术博物馆开展，拉开了首届丝绸之路国际艺术节的帷幕。图为手工艺者在展览上绘制马勺脸谱。

许睿 摄（新华）

9月4日，中国第一艘自主研发、设计和建造的水下考古专业船只“中国考古01号”工作船在青岛首航。

新华社发

10月初，考古人员在陕西宝鸡市岐山县贺家村的周原遗址发现一套豪华的“青铜马车”。专家判断其年代为西周中晚期，其华丽程度在西周车马发展史上堪称“第一豪车”。图为“青铜马车”镶嵌着绿松石的车軎。

丁海涛 摄（新华）

在9月19日至10月4日举行的仁川亚运会上，中国运动员赢得151块金牌，连续第九次高居金牌榜首位，但“三大球”一金未入，回到中国40年前首次参加亚运会的原点。图为中国运动员在闭幕式上入场。

新华社发

9月19日，李娜正式退役。从中国第一个女子网球协会（WTA）女单冠军、第一个跻身WTA世界排名前十的运动员，到获得首个大满贯赛亚军，再到法网、澳网两夺大满贯赛冠军和取得世界第二的排名，李娜一次次改写了中国乃至亚洲的网球历史。图为9月21日，李娜在退役新闻发布会上。

新华社发

11月20日，中国运动员陈盆滨在南极100公里极限马拉松赛中获得冠军，成为首位赢得国际性极限马拉松冠军的中国人，也是全世界第一个完成七大洲极限马拉松的跑者。图为陈盆滨率先冲过终点后庆祝。

新华社发

2月13日，张虹夺取索契冬奥会女子1000米速度滑冰金牌，这是中国代表团在冬奥会历史上获得的第一枚速滑金牌。图为张虹赛后庆祝胜利。

新华社发

8月16日至28日，第二届夏季青年奥林匹克运动会在江苏省南京市举行。图为开幕式上燃烧的主火炬。

新华社发

012. 平潭实验区正式运作

7月15日，中国面积最大、政策最优的特殊监管区域——福建平潭综合实验区正式封关运作。

7月15日，参加平潭综合实验区“二线”通道正式封关运作启动仪式的嘉宾共同推杆，为入区的第一单货物放行。

林善传　摄（新华）

2011年11月，国务院颁布实施《平潭综合实验区总体发展规划》，提出对平潭实施“一线放宽、二线管住、人货分离、分类管理”的管理模式。经过4年紧张建设，“新特区”终于正式开张。2014年7月7日，海关总署正式批准设立平潭海关。对面积超过340平方公里的区域实施特殊监管模式，在中国历史上还从未有过。平潭的开放开发从此掀开了新的一页。

对平潭全岛实行封关运作，将更有利于平潭充分发挥区位优势和政策优势，全面对接台湾产业，推动两岸深度融合发展，更有利于平潭在服务两岸直接往来、建设两岸共同家园方面发挥积极作用。全岛封关后，平潭将充分利用国家所赋予的免税、保税、退税以及“选择性征收关税”等优惠政策，把平潭综合实验区建设成享受最优惠政策的“新特区”。

平潭“分线管理”通关模式突破了传统意义上的海关区域监管办法，“比特区还特”：以往的海关特殊监管区不可以住人，而平潭实行全岛放开，允许区内居住人员，允许建设商业性生活消费设施，允许开展商业性零售等业务。

013. 首部《军队奖励和表彰管理规定》施行

8月1日，经中央军委主席习近平批准，由解放军总参谋部、总政治部、总后勤部、总装备部制定的《军队奖励和表彰管理规定》（以下简称《规定》）印发全军和武警部队并施行。这是我军首部将奖励和表彰两种褒扬形式作为整体进行系统规范的专门法规，将对健全完善我军激励机制和荣誉制度体系，更好地发挥奖励和表彰的导向作用提供更加有力的法制化保障。

《规定》共5章42条，明确军队所称奖励，是依照《中国人民解放军纪律条令》规定的对单位和个人给予嘉奖，记一、二、三等功，授予荣誉称号；所称表彰，是指团以上单位、各级机关以通报形式对单位和个人给予褒扬。

《规定》同时明确，总政治部主管全军奖励和表彰工作，总政治部组织部承办全军奖励和表彰管理有关工作。

《规定》提出奖励和表彰管理工作应当坚持标准、控制数量、严格程序、归口管理，即牢固树立战斗力这个唯一的根本的标准，实施奖励和表彰向能打仗、打胜仗聚焦，向战备训练、遂行重大任务和作战部队倾斜；适当提高对驻边远艰苦地区部队的奖励比例，调整新型作战力量基层单位的审批权限，大幅压缩对领导干部和机关的奖励表彰；合理确定奖励比例和表彰数量，严格控制高等级奖励和高规格表彰；明确奖励和表彰管理的职能部门，建立表彰申报审批制度，坚持按权限和程序实施奖励和表彰。

《规定》首次对表彰工作进行了规范，对表彰的项目数量、申报审批、办理程序、承办部门等作了明确；规定明确，为受表彰单位颁发的奖牌、奖状，为受表彰个人颁发的证书、证章式样由总政治部规定；明确表彰一律不发奖金。

《规定》还对宣扬激励的仪式形式作了统一规定，对佩戴勋章奖章的时机和场合进行了明确；制定了检查监督措施，对检查监督内容、惩处办法、责任追究等作了完善。

这一《规定》制定期间，起草组先后到61个不同类型、不同级别单位调研，3次征求军队各大单位和专家意见。中央军委要求全军和武警部队要认真抓好《规定》的贯彻落实，搞好清理规范，纠治突出问题，引导广大官兵为推进军队建设、改革和军事斗争准备，实现强军目标贡献智慧和力量。

014. 9月30日设立为烈士纪念日

8月31日，十二届全国人大常委会第十次会议经表决，通过了关于设立烈士纪念日的决定，以法律形式将9月30日设立为烈士纪念日，并规定每年9月30日国家举行纪念烈士活动。

不能忘却的纪念　　新华社发 朱慧卿 作

决定指出，近代以来，为了争取民族独立和人民自由幸福，为了国家繁荣富强，无数的英雄献出了生命，烈士的功勋彪炳史册，烈士的精神永垂不朽。为了弘扬烈士精神，缅怀烈士功绩，培养公民的爱国主义、集体主义精神和社会主义道德风尚，培育和践行社会主义核心价值观，增强中华民族的凝聚力，激发实现中华民族伟大复兴中国梦的强大精神力量，十二届全国人大常委会第十次会议作出设立烈士纪念日的决定。

关于设立烈士纪念日的决定草案于8月25日提请本次常委会会议审议。民政部部长李立国就决定草案向常委会作说明时介绍，近年来，全国人大代表、全国政协委员、社会各界人士建议设立烈士纪念日的呼声越来越高。

关于烈士纪念日为何确定为9月30日，李立国介绍，1949年9月30日是人民英雄纪念碑的奠基日，在国庆节的前一天开展烈士纪念活动，既能充分体现“国庆勿忘祭先烈”的情怀、突出国家褒扬烈士的主题，又能与党和国家领导人10月1日上午向人民英雄纪念碑敬献花篮等烈士纪念活动相衔接，因此确定为这一天。

015. 第一批国家级抗战纪念设施遗址名录公布

9月1日，为隆重纪念中国人民抗日战争暨世界反法西斯战争胜利69周年，经党中央、国务院批准，国务院发出通知，公布第一批80处国家级抗战纪念设施、遗址名录；民政部发出公告，公布第一批300名著名抗日英烈和英雄群体名录。

国务院通知指出，各地区、各有关部门要加强抗战纪念设施、遗址的保护管理，深入挖掘抗战纪念设施、遗址的历史内涵和现实意义，广泛组织开展群众性拜谒、参观和纪念活动，大力培育和弘扬伟大的爱国主义精神，进一步增强民族凝聚力、向心力，为实现中华民族伟大复兴的中国梦提供强大精神动力。

民政部公告指出，中国人民抗日战争，是中华民族历史上最伟大的卫国战争，是近代以来中国反抗外敌入侵第一次取得完全胜利的民族解放战争。无数英烈为挽救民族危亡、实现民族独立和人民解放、维护世界和平与国际公平正义，舍生取义、壮烈牺牲，他们的英雄业绩永载史册，他们的崇高精神万古长青。

016. 全国人民代表大会成立60周年

9月5日，中共中央、全国人大常委会在人民大会堂隆重举行庆祝全国人民代表大会成立60周年大会。中共中央总书记、国家主席、中央军委主席习近平出席大会并发表重要讲话。

中共中央政治局常委李克强、俞正声、刘云山、王岐山、张高丽出席。中共中央政治局常委、全国人大常委会委员长张德江主持大会。

大会在雄壮的国歌声中开始。随后，习近平发表了重要讲话。他指出，在中国实行人民代表大会制度，是中国人民在人类政治制度史上的伟大创造，是深刻总结近代以后中国政治生活惨痛教训得出的基本结论，是中国社会100多年激越变革、激荡发展的历史结果，是中国人民翻身做主、掌握自己命运的必然选择。60年的实践充分证明，人民代表大会制度是符合中国国情和实际、体现社会主义国家性质、保证人民当家做主、保障实现中华民族伟大复兴的好制度。在新的奋斗征程上，必须充分发挥人民代表大会制度的根本政治制度作用，继续通过人民代表大会制度牢牢把国家和民族前途命运掌握在人民手中。

习近平强调，在中国，发展社会主义民主政治，保证人民当家做主，保证国家政治生活既充满活力又安定有序，关键是要坚持党的领导、人民当家做主、依法治国有机统一。人民代表大会制度是坚持党的领导、人民当家做主、依法治国有机统一的根本制度安排。坚持和完善人民代表大会制度，必须毫不动摇坚持中国共产党的领导，必须保证和发展人民当家做主，必须全面推进依法治国，必须坚持民主集中制。

习近平指出，坚持和完善人民代表大会制度，要加强和改进立法工作，确保国家发展、重大改革于法有据，努力使每一项立法都符合宪法精神、反映人民意愿、得到人民拥护。要全面落实依法治国基本方略，深化司法体制改革，不断推进科学立法、严格执法、公正司法、全民守法进程，严禁侵犯群众合法权益。要加强和改进监督工作，拓宽人民监督权力的渠道，抓紧形成不想腐、不能腐、不敢腐的有效机制，让权力在阳光下运行。要加强同人大代表和人民群众的联系，加强和改进人大工作，推进人民代表大会制度理论和实践创新。各级党委要加强和改善党对人大工作的领导，支持和保证人大及其常委会依法行使职权、开展工作。

习近平强调，设计和发展国家政治制度，必须注重历史和现实、理论和实践、形式和内容有机统一。要坚持从国情出发、从实际出发，既要把握长期形成的历史传承，又要把握走过的发展道路、积累的政治经验、形成的政治原则，还要把握现实要求、着眼解决现实问题，不能割断历史。只有扎根本国土壤、汲取充沛养分的制度，才最可靠、也最管用。

习近平指出，中国实行工人阶级领导的、以工农联盟为基础的人民民主专政的国体，实行人民代表大会制度的政体，实行中国共产党领导的多党合作和政治协商制度，实行民族区域自治制度，实行基层群众自治制度，具有鲜明的中国特色。这样一套制度安排，能够有效保证人民享有更加广泛、更加充实的权利和自由，保证人民广泛参加国家治理和社会治理；能够有效调节国家政治关系，发展充满活力的政党关系、民族关系、宗教关系、阶层关系、海内外同胞关系，形成安定团结的政治局面；能够集中力量办大事，有效促进现代化建设各项事业，促进人民生活质量和水平不断提高；能够有效维护国家独立自主，有力维护国家主权、安全、发展利益，维护中国人民和中华民族的福祉。

习近平强调，发展社会主义民主政治，是推进国家治理体系和治理能力现代化的题中应有之义。党的十八届三中全会提出的全面深化改革总目标，是两句话组成的一个整体，即完善和发展中国特色社会主义制度、推进国家治理体系和治理能力现代化。前一句规定了根本方向，我们的方向就是中国特色社会主义道路，而不是其他什么道路。后一句规定了在根本方向指引下完善和发展中国特色社会主义制度的鲜明指向。两句话都讲，才是完整的。

习近平指出，发展社会主义民主政治，关键是要增加和扩大我们的优势和特点，而不是要削弱和缩小我们的优势和特点。我们要坚持发挥党总揽全局、协调各方的领导核心作用，保证党领导人民有效治理国家，切实防止出现群龙无首、一盘散沙的现象。我们要坚持国家一切权力属于人民，既保证人民依法实行民主选举，也保证人民依法实行民主决策、民主管理、民主监督，切实防止出现选举时漫天许诺、选举后无人过问的现象。我们要坚持和完善中国共产党领导的多党合作和政治协商制度，加强社会各种力量的合作协调，切实防止出现党争纷沓、相互倾轧的现象。我们要坚持和完善民族区域自治制度，巩固平等团结互助和谐的社会主义民族关系，切实防止出现民族隔阂、民族冲突的现象。我们要坚持和完善基层群众自治制度，发展基层民主，切实防止出现人民形式上有权、实际上无权的现象。我们要坚持和完善民主集中制的制度和原则，形成治国理政的强大合力，切实防止出现相互掣肘、内耗严重的现象。我们要不断推进社会主义民主政治制度化、规范化、程序化，更好发挥中国特色社会主义政治制度的优越性，为党和国家兴旺发达、长治久安提供更加完善的制度保障。

基石　　新华社发　徐骏　作

链 接

全国人大60周年·回眸

1954年9月，第一届全国人民代表大会一次会议在北京召开，标志着我国人民代表大会制度从中央到地方全面系统地建立起来。

1954年9月，第一届全国人民代表大会一次会议通过《中华人民共和国宪法》《全国人民代表大会组织法》。

1966年5月，“文化大革命”爆发。同年7月，第三届全国人大常委会举行第三十三次会议，决定改期召开第三届全国人民代表大会二次会议。

1979年，第五届全国人民代表大会二次会议通过关于修正宪法若干规定的决议和选举法、地方各级人民代表大会和地方各级人民政府组织法。

1982年，第五届全国人民代表大会五次会议通过现行宪法和全国人民代表大会组织法。从此，我国人民代表大会制度建设和各级人大工作全面恢复，全国人大代表工作也再次走上正轨。

从1983年6月，第六届全国人民代表大会一次会议开始，全国人大代表提案分为代表议案和代表建议，标志着人大代表议案与代表建议制度正式建立。

1987年6月，在总结各方面经验的基础上，第六届全国人大常委会出台《关于全国人大常委会加强同代表联系的几点意见》，正式确定由全国人大常委会和地方人大常委会共同联系全国人大代表。

1992年3月，第七届全国人大代表大会五次会议通过代表法，标志着我国各级人大代表工作进入了规范发展阶段。

1993年9月，第八届全国人大常委会第三次会议通过《关于加强对法律实施情况检查监督的若干规定》。2003年首次邀请港澳代表参加执法检查。

2000年3月，第九届全国人民代表大会第三次会议通过《中华人民共和国立法法》，自2000年7月1日起施行。

2005年，全国人大常委会党组提出《关于进一步发挥全国人大代表作用，加强常委会制度建设的若干意见》，中共中央以中发【2005】9号文件批转下发执行。

2006年8月，第十届全国人民代表大会常务委员会第二十三次会议通过《中华人民共和国各级人民代表大会常务委员会监督法》，自2007年1月1日起施行。

2010年10月，第十一届全国人大常委会第十七次会议通过关于修改代表法的决定。

2011年1月，十一届全国人大常委会委员长吴邦国宣布，中国特色社会主义法律体系已经形成。

2013年8月16日，全国人大常委会党组通过《关于坚持党的群众路线、进一步加强作风建设的意见》。

2013年11月，党的十八届三中全会《决定》明确提出，发展社会主义民主政治，必须以保证人民当家做主为根本，坚持和完善人民代表大会制度……推动人民代表大会制度与时俱进，完善中国特色社会主义法律体系。

017. 电子港澳通行证全面启用

在广东省试点签发取得成功的基础上，全国公安机关出入境管理部门自9月15日起全面启用电子往来港澳通行证，以进一步便利内地居民往来港澳地区。

据介绍，电子往来港澳通行证启用后，往来港澳签注不再采取贴纸的方式，而是直接打印在证件背面。内地和港澳地区口岸查验部门查验时不再加盖验讫章，签注使用情况由计算机信息系统记录管理，有需要的持证人可向内地及港澳地区主管部门查询。

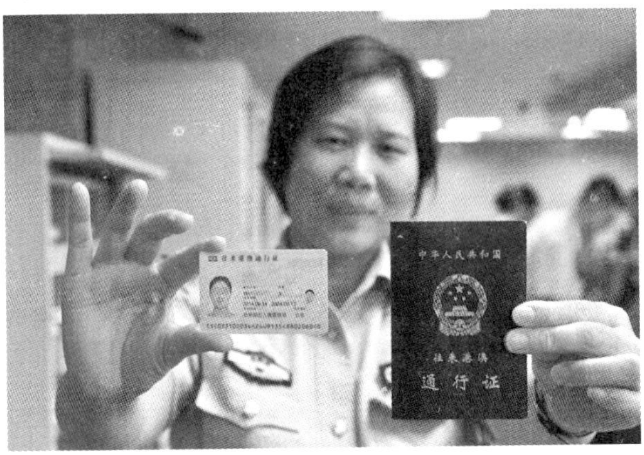

9月15日，北京市公安局出入境管理总队工作人员展示电子往来港澳通行证样本证（左）和现用通行证。
李文　摄（新华）

根据法律规定，并经国务院批准，公安机关出入境管理部门对首次申请电子往来港澳通行证的16周岁以上（含）的申请人将采集或核验指纹，对16周岁以下的申请人是否采集指纹根据其监护人的意见确定。留存指纹后，符合条件的持证人在通关时可以使用内地和港澳地区口岸的自助查验通道。对于希望使用港澳地区自助查验通道的申请人，只需在申请证件时签署声明，未满16周岁的由监护人签署，无须事先向港澳地区主管部门登记备案指纹信息，实现一次备案、三地自助通关。

为确保持证人指纹信息安全，内地和港澳地区主管部门均建立了严密的管理制度，并采用多种技术保护措施，芯片中存储的持证人指纹模板信息无法被还原为原始指纹图像，只能用作判别人证同一性的依据。

此外，成人电子往来港澳通行证有效期延长为10年，对未满16周岁的仍签发5年有效通行证。电子往来港澳通行证及签注的收费标准不变。电子往来港澳通行证启用后，仍在有效期内的现行往来港澳通行证（本式）及往来港澳签注（贴纸式）可以继续使用。持用本式往来港澳通行证的，可以继续申请贴纸式往来港澳签注，也可以申请换发电子往来港澳通行证。

据了解，电子往来港澳通行证为参照有关国际标准设计制作的卡式证件，内部嵌有非接触式集成电路芯片，存储持证人个人资料及证件、签注签发管理信息，采用成熟的数字安全防伪机制进行保护，印制过程中还使用了多项物理防伪技术，防伪能力明显增强。

018. 中央召开文艺工作座谈会

10 月 15 日，中共中央总书记、国家主席、中央军委主席习近平在北京主持召开文艺工作座谈会并发表重要讲话。他强调，文艺是时代前进的号角，最能代表一个时代的风貌，最能引领一个时代的风气。实现“两个一百年”奋斗目标、实现中华民族伟大复兴的中国梦，文艺的作用不可替代，文艺工作者大有可为。广大文艺工作者要从这样的高度认识文艺的地位和作用，认识自己所担负的历史使命和责任，坚持以人民为中心的创作导向，努力创作更多无愧于时代的优秀作品，弘扬中国精神、凝聚中国力量，鼓舞全国各族人民朝气蓬勃迈向未来。

座谈会上，中国作协主席铁凝，中国剧协主席、上海京剧院艺术指导尚长荣，空政文工团一级编剧阎肃，中国美协副主席、中国美术学院院长许江，中国舞协主席、国家大剧院舞蹈艺术总监赵汝蘅，中国作协副主席、上海市作协副主席叶辛，中国影协主席、国家话剧院一级演员李雪健先后发言。

在认真听取大家发言后，习近平作了重要讲话，他首先表示，文艺事业是党和人民的重要事业，文艺战线是党和人民的重要战线。长期以来，广大文艺工作者致力于文艺创作、表演、研究、传播，在各自领域辛勤耕耘、服务人民，取得了显著成绩，作出了重要贡献。在大家共同努力下，我国文艺园地百花竞放、硕果累累，呈现出繁荣发展的生动景象。习近平向全国文艺工作者致以诚挚的问候。

习近平指出，推动文艺繁荣发展，最根本的是要创作生产出无愧于我们这个伟大民族、伟大时代的优秀作品。文艺工作者应该牢记，创作是自己的中心任务，作品是自己的立身之本，要静下心来、精益求精搞创作，把最好的精神食粮奉献给人民。必须把创作生产优秀作品作为文艺工作的中心环节，努力创作生产更多传播当代中国价值观念、体现中华文化精神、反映中国人审美追求，思想性、艺术性、观赏性有机统一的优秀作品。

习近平强调，改革开放以来，我国文艺创作迎来了新的春天，产生了大量脍炙人口的优秀作品。同时，也不能否认，在文艺创作方面，也存在着有数量缺质量、有“高原”缺“高峰”的现象，存在着抄袭模仿、千篇一律的问题，存在着机械化生产、快餐式消费的问题。文艺不能在市场经济大潮中迷失方向，不能在为什么人的问题上发生偏差，否则文艺就没有生命力。低俗不是通俗，欲望不代表希望，单纯感官娱乐不等于精神快乐。精品之所以“精”，就在于其思想精深、艺术精湛、制作精良。文艺工作者要志存高远，随着时代生活创新，以自己的艺术个性进行创新。要坚持百花齐放、百家争鸣的方针，发扬学术民主、艺术民主，营造积极健康、宽松和谐的氛围，提倡不同观点和学派充分讨论，提倡体裁、题材、形式、手段充分发展，推动观念、内容、风格、流派切磋互鉴。

习近平指出，繁荣文艺创作、推动文艺创新，必须有大批德艺双馨的文艺名家。我国作家艺术家应该成为时代风气的先觉者、先行者、先倡者，通过更多有筋骨、有道德、有温度的文艺作品，书写和记录人民的伟大实践、时代的进步要求，彰显信仰之美、崇高之美。文艺工作者要自觉坚守艺术理想，不断提高学养、涵养、修养，加强思想积累、知识储备、文化修养、艺术训练，认真严肃地考虑作品的社会效果，讲品位，重艺德，为历史存正气，为世人弘美德，努力以高尚的职业操守、良好的社会形象、文质兼美的优秀作品赢得人民喜爱和欢迎。

习近平强调，社会主义文艺，从本质上讲，就是人民的文艺。文艺要反映好人民心声，就要坚持为人民服务、为社会主义服务这个根本方向。这是党对文艺战线提出的一项基本要求，也是决定我国文艺事业前途命运的关键。要把满足人民精神文化需求作为文艺和文艺工作的出发点和落脚点，把人民作为文艺表现的主体，把人民作为文艺审美的鉴赏家和评判者，把为人民服务作为文艺工作者的天职。

习近平指出，随着人民生活水平不断提高，人民对包括文艺作品在内的文化产品的质量、品位、风格等的要求也更高了。文学、戏剧、电影、电视、音乐、舞蹈、美术、摄影、书法、曲艺、杂技以及民间文艺、群众文艺等各领域都要跟上时代发展、把握人民需求，以充沛的激情、生动的笔触、优美的旋律、感人的形象创作生产出人民喜闻乐见的优秀作品，让人民精神文化生活不断迈上新台阶。

习近平强调，人民是文艺创作的源头活水，一旦离开人民，文艺就会变成无根的浮萍、无病的呻吟、无魂的躯壳。能不能搞出优秀作品，最根本的决定于是否能为人民抒写、为人民抒情、为人民抒怀。要虚心向人民学习、向生活学习，从人民的伟大实践和丰富多彩的生活中汲取营养，不断进行生活和艺术的积累，不断进行美的发现和美的创造。要始终把人民的冷暖、人民的幸福放在心中，把人民的喜怒哀乐倾注在自己的笔端，讴歌奋斗人生，刻画最美人物，坚定人们对美好生活的憧憬和信心。

习近平指出，文艺工作者要想有成就，就必须自觉与人民同呼吸、共命运、心连心，欢乐着人民的欢乐，忧患着人民的忧患，做人民的孺子牛。对人民，要爱得真挚、爱得彻底、爱得持久，就要深深懂得人民是历史创造者的道理，深入群众、深入生活，诚心诚意做人民的小学生。艺术可以放飞想象的翅膀，但一定要脚踩坚实的大地。文艺创作方法有一百条、一千条，但最根本、最关键、最牢靠的办法是扎根人民、扎根生活。应该用现实主义精神和浪漫主义情怀观照现实生活，用光明驱散黑暗，用美善战胜丑恶，让人们看到美好、看到希望、看到梦想就在前方。

习近平强调，一部好的作品，应该是把社会效益放在首位，同时也应该是社会效益和经济效益相统一的作品。文艺不能当市场的奴隶，不要沾满了铜臭气。优秀的文艺作品，最好是既能在思想上、艺术上取得成功，又能在市场上受到欢迎。

习近平指出，每个时代都有每个时代的精神。文艺是铸造灵魂的工程，文艺工作者是灵魂的工程师。好的文艺作品就应该像蓝天上的阳光、春季里的清风一样，能够启迪思想、温润心灵、陶冶人生，能够扫除颓废萎靡之风。广大文艺工作者要高扬社会主义核心价值观的旗帜，把社会主义核心价值观生动活泼、活灵活现地体现在文艺创作之中，用栩栩如生的作品形象告诉人们什么是应该肯定和赞扬的，什么是必须反对和否定的，做到春风化雨、润物无声。要把爱国主义作为文艺创作的主旋律，引导人民树立和坚持正确的历史观、民族观、国家观、文化观，增强做中国人的骨气和底气。

习近平强调，追求真善美是文艺的永恒价值。艺术的最高境界就是让人动心，让人们的灵魂经受洗礼，让人们发现自然的美、生活的美、心灵的美。我们要通过文艺作品传递真善美，传递向上向善的价值观，引导人们增强道德判断力和道德荣誉感，向往和追求讲道德、尊道德、守道德的生活。只要中华民族一代接着一代追求真善美的道德境界，我们的民族就永远健康向上、永远充满希望。

习近平指出，中华优秀传统文化是中华民族的精神命脉，是涵养社会主义核心价值观的重要源泉，也是我们在世界文化激荡中站稳脚跟的坚实根基。要结合新的时代条件传承和弘扬中华优秀传统文化，传承和弘扬中华美学精神。我们社会主义文艺要繁荣发展起来，必须认真学习借鉴世界各国人民创造的优秀文艺。只有坚持洋为中用、开拓创新，做到中西合璧、融会贯通，我国文艺才能更好发展繁荣起来。

习近平强调，各级党委要把文艺工作纳入重要议事日程，贯彻好党的文艺方针政策，把握文艺发展正确方向。要选好配强文艺单位领导班子，把那些德才兼备、能同文艺工作者打成一片的干部放到文艺工作领导岗位上来。要尊重文艺工作者的创作个性和创造性劳动，政治上充分信任，创作上热情支持，营造有利于文艺创作的良好环境。要通过深化改革、完善政策、健全体制，形成不断出精品、出人才的生动局面。要高度重视和切实加强文艺评论工作，运用历史的、人民的、艺术的、美学的观点评判和鉴赏作品，倡导说真话、讲道理，营造开展文艺批评的良好氛围。

019. 首批在韩志愿军烈士遗骸在沈阳安葬

10月29日，沈阳抗美援朝烈士陵园苍松肃立，翠柏静哀。437位在韩志愿军烈士遗骸安葬仪式在这里隆重举行。

民政部、外交部、解放军总政治部、辽宁省委省政府、沈阳军区、沈阳市委市政府等及抗美援朝烈士家属、老战士和社会各界群众代表800余人，来到陵园隆重安葬2014年3月28日以国礼迎回的在韩志愿军烈士忠骨。

仰望高高矗立的烈士纪念碑，“抗美援朝烈士英灵永垂不朽”题字在阳光下熠熠生辉。纪念碑一侧，持枪战士目光坚毅地凝视远方，纪念碑下方摆放着9个花篮。6名持枪礼兵守护着覆盖着国旗的烈士遗骸棺椁。

10时，辽宁省省长李希宣布安葬仪式开始。随着《义勇军进行曲》雄伟高亢旋律的响起，现场800余人齐声高唱国歌。唱毕全场肃立，向志愿军烈士默哀。

英烈功勋，日月同辉；英名不朽，万古颂扬。甲子岁月，祖国不忘；民族记忆，源远流长。英烈精神，血脉相传；英雄赞歌，代代传唱……民政部部长李立国缓步走到纪念碑下，向着志愿军烈士英灵深深鞠躬后，宣读祭文。之后，现场人员共同向志愿军烈士三鞠躬。

“举枪，预备，放！”27名部队官兵随着口令声，整齐划一地连续鸣枪9响，向志愿军烈士致敬。

“起灵！”伴着《思念曲》，2 名威武的持枪礼兵在前引导，18 名礼兵护送 9 个花篮，18 名礼兵护送棺椁礼步行进，参加仪式的方阵队伍分列两路缓缓跟随，恭送烈士棺椁进入安葬地宫。

婉转悠扬的小号声在陵园上空萦绕，追忆着志愿军烈士的忠魂和壮举。

随后，参加仪式的人员在抗美援朝烈士陵园地宫纪念广场主雕塑前，瞻仰烈士英名墙。

下沉式安葬地宫纪念广场，由烈士英名墙、主题雕塑等元素组成。主题雕塑造型取自喜马拉雅山，寓意英雄如山；山上的白鸽浮雕，是信鸽象征着对回归家园的祈盼；也是和平鸽，象征对和平的祈盼。置身纪念广场，让人感到阔别 60 多年的英雄终回祖国怀抱。

现已确认的抗美援朝烈士共有 197653 名。确认的抗美援朝烈士名录包括抗美援朝战争期间牺牲和失踪的志愿军官兵、支前民兵民工、支前工作人员，以及停战后至志愿军回国前帮助朝鲜生产建设牺牲和因伤复发牺牲的人员。

这 197653 名烈士中，也包括牺牲在三八线以南的志愿军官兵。这些身在异国他乡的烈士，基本集中安葬在韩国京畿道坡州墓地。经过磋商，中韩双方于 2013 年 12 月 19 日对坡州的志愿军烈士遗骸进行发掘。2014 年 3 月 17 日，双方启动实施了遗骸装殓入棺工作，移交中方的志愿军烈士遗骸共 437 具。中方将迁回的烈士遗骸安葬于沈阳的抗美援朝烈士陵园。

根据中韩双方共识，今后双方将继续对在韩志愿军烈士遗骸进行发掘、鉴定，每年清明节前进行一次常态化交接。

2014 年 3 月 28 日，中韩双方在韩国仁川国际机场举行 437 位在韩志愿军烈士遗骸交接仪式。运送烈士遗骸的专机进入中国领空后，空军两架战斗机迎接护航。中共中央政治局常委、国务院副总理张高丽出席了迎接仪式。

张高丽在讲话中强调，为国牺牲的志愿军烈士虽然离开我们 60 多年了，但“最可爱的人”的英雄形象永远留在人们的心中。

为了铭记这些最可爱的人，在沈阳抗美援朝烈士陵园，镌刻着一面长达 130 多米的志愿军烈士姓名的英名墙，昭示着烈士们的英雄壮举和不朽忠魂。这面造型为圆形的英名墙寓意着回归、团圆，象征和平、胜利。

020. 中国新闻网站正式推行新闻记者证制度

为加强新闻网站编辑记者队伍建设，提高队伍整体素质，中国国家互联网信息办公室和国家新闻出版广电总局 10 月 29 日联合下发《关于在新闻网站核发新闻记者证的通知》，要求在全国新闻网站正式推行新闻记者证制度。全国范围内的新闻网站采编人员由此正式纳入统一管理。

在全国新闻网站正式推行新闻记者证制度将严格按照《互联网信息服务管理办法》《互联网新闻信息服务管理规定》《新闻记者证管理办法》《国务院关于授权国家互联网信息办公室负责互联网信息内容管理工作的通知》等相关规定执行。国家互联网信息办公室新闻发言人姜军表示，此次新闻网站记者证发放将本着"周密实施、分期分批、稳妥有序、可管可控"的原则，首批实施范围是经国家互联网信息办公室批准的且取得互联网新闻信息服务许可一类资质并符合条件的新闻网站，申领人员应为新闻网站编制内或者正式聘用的专职从事新闻采编工作且具有一年以上新闻采编工作经历的人员。国家互联网信息办公室负责新闻网站编辑记者培训和资格审核把关，国家新闻出版广电总局负责核发记者证。

姜军指出，此次在全国新闻网站发放的新闻记者证与对传统媒体发放的新闻记者证一致，以确保传统媒体与网络媒体同一标准、统一管理。新闻网站必须依照核发范围、申领条件、申领程序等相关规定，认真审核申领人资格条件，严格控制记者证发放范围。同时，《通知》还要求新闻网站主办或主管部门须认真履行审核职责，严格审核新闻网站提交的申报材料，指导新闻网站按时完成新闻记者证核发工作，并不断加强对新闻网站新闻记者的监督管理。

为做好在新闻网站推行新闻记者证制度这项工作，国家互联网信息办公室将与国家新闻出版广电总局建立工作联动机制，负责全国新闻网站记者证日常监督管理，每年启动一轮新闻网站新增记者的证件申请、培训、审核、协调发证，做好持证新闻网站记者年审以及其他后续工作。

021. 新修改的行政诉讼法十大亮点

11 月 1 日，十二届全国人大常委会第十一次会议表决通过了修改行政诉讼法的决定。这是行政诉讼法自1989年制定后作出的首次修改。新修改的行政诉讼法十大亮点：

受案范围扩大

将行政机关滥用行政权力排除或者限制竞争的，违法集资、摊派费用的，没有依法支付最低生活保障待遇或者社会保险待遇的等行政行为纳入了受案范围。

经过20多年的实践，对公民权利的保护已经不仅仅限于人身权和财产权，权利范围在单行法中不断扩大。扩大受案范围是总体趋势，进一步明确列举可诉具体行政行为的情形，可以避免法院借口法律没有明确规定而不予受理。

行政机关不得干预、阻碍法院立案

行政机关及其工作人员不得干预、阻碍人民法院受理行政案件。

虽然这是一个宣示性的条款，但把这个要求写进来，体现了在行政诉讼中对法院独立行使审判权的保障。这是十八届四中全会精神在行政诉讼法修改中的一个重要体现和具体化。

可口头起诉

起诉应当向法院递交起诉状，书写起诉状确有困难的，可以口头起诉。

这一规定方便了当事人行使诉权。很多文化程度不高的老百姓更希望采用口头方式起诉。这种做法在实践中操作性较强。但不论是口头还是书面，起诉都要符合条件，如有明确被告、基本事实等。

应当登记立案

法院在接到起诉状时对符合规定的起诉条件的，应当登记立案。不能当场判定的，应接收起诉状，出具书面凭证，七日内决定是否立案。

以前立案很大程度上是实体审查，今后法院立案主要是对原告的起诉是否符合形式要件要求进行判断。新规定同时要求法院要对当事人不清楚的地方进行释明，给予指导。虽然会给法院增加工作量，但这是对当事人诉权的一种保护。

起诉期限延长到“六个月”

直接向法院提起诉讼的，应当自知道或者应当知道作出行政行为之日起六个月内提出。

修改后的行政诉讼法延长了公民、法人和其他组织作为原告的起诉期限，由现行的行政诉讼法当中的三个月延长到了六个月，并且对一些特殊情况，都做了比较明确的规定。这样就可以给原告更多的时间来提起诉讼。

清障　　新华社发　朱慧卿　作

行政首长出庭

被诉行政机关负责人应当出庭应诉。不能出庭的，应当委托行政机关相应的工作人员出庭。

修改后的法律把行政机关负责人应当出庭应诉，放到了非常重要的位置。这也是特别强调，老百姓告官要见官。虽然由谁到法院去应诉，并不是一个非常核心的问题，但是通过这种行政首长出庭应诉的方式，一方面可以缓解官民矛盾，另一方面也有利于案件的解决。

可跨区域管辖

经最高人民法院批准，高级人民法院可以根据审判工作的实际情况，确定若干人民法院跨行政区域管辖行政案件。

行政审判面临的症结性问题就是行政的干预。一些基层法院人、财、物受制于地方和行政机关，导致一些案子不能判、不好判、不敢判。这次修改在很大程度上可以解决法院的“地方化”问题对公正审判造成的影响，从体制层面给行政审判注入了一剂十分有效的“强心针”。

不执行可拘留行政机关直接责任人

行政机关拒绝履行判决、裁定、调解书的，增加规定“社会影响恶劣的，可以对该行政机关直接负责的主管人员和其他直接责任人员予以拘留”。

这一规定对于促进执行还是比较有力度的，虽然有“社会影响恶劣”的限制，实践中可能会慎重使用这个手段，但是拘留还是有一定威慑力的。

复议机关是共同被告

经复议的案件，复议机关决定维持原行政行为的，作出原行政行为的行政机关和复议机关是共同被告；复议机关改变原行政行为的，复议机关是被告。

实践中复议机关为了不当被告，维持原行政行为的现象比较普遍，导致行政复议制度未能很好发挥作用。这一修改有利于改变长期以来行政复议因许多地方和部门复议机关做“维持会”而导致复议公信力严重下降的现实困境。

明确提出要解决行政争议

修改后的法律在立法目的中增加“解决行政争议”的表述。

行政诉讼本来有三大功能：监督行政机关依法行政、保护行政相对人合法权益和解决行政争议，即监督、救济、解纷。过去仅注重行政诉讼的监督和救济功能，而忽视了它的解纷功能。把解决争议纳入行政诉讼目的是对行政诉讼性质、功能正确认识的结果，为扩大行政诉讼调解的适用范围提供了立法目的依据。

022. 12月4日设立为国家宪法日

11月1日，十二届全国人大常委会第十一次会议表决通过关于设立国家宪法日的决定，将12月4日设立为国家宪法日。

决定指出，1982年12月4日第五届全国人民代表大会第五次会议通过了现行的《中华人民共和国宪法》，现行宪法是对1954年制定的新中国第一部宪法的继承和发展。决定将现行宪法公布施行的日期，即12月4日设立为国家宪法日，国家通过各种形式开展宪法宣传教育活动。

庄严宣誓　　新华社发　大巢 作

决定说，宪法是国家的根本法，是治国安邦的总章程，具有最高的法律地位、法律权威、法律效力。全面贯彻实施宪法，是全面推进依法治国、建设社会主义法治国家的首要任务和基础性工作。

“任何组织或者个人都不得有超越宪法和法律的特权，

一切违反宪法和法律的行为都必须予以追究。”决定指出，为了增强全社会的宪法意识，弘扬宪法精神，加强宪法实施，全面推进依法治国，十二届全国人大常委会十一次会议作出这一决定。

改革开放以来，我国分别在1988年、1993年、1999年、2002年对现行宪法作过四次修改。

十八届四中全会提出，坚持依法治国首先要坚持依宪治国，坚持依法执政首先要坚持依宪执政，强调要加强宪法实施，提出将每年12月4日定为国家宪法日，在全社会普遍开展宪法教育，弘扬宪法精神。

023. 首个应对气候变化国家专项规划公布

11月4日，国家发展和改革委员会公布《国家应对气候变化规划（2014—2020年）》全文。根据规划，到2020年，我国将全面完成控制温室气体排放行动目标，低碳试点示范取得显著进展。

国务院于2014年9月印发《关于国家应对气候变化规划（2014—2020年）的批复》。这项规划作为我国应对气候变化领域的首个国家专项规划，明确了2020年前我国应对气候变化工作的指导思想、主要目标、总体部署、重点任务和政策导向。

根据规划，到2020年，我国单位国内生产总值二氧化碳排放比2005年下降40%—45%，非化石能源占一次能源消费的比重在15%左右，森林面积和蓄积量分别比2005年增加4000万公顷和13亿立方米。工业生产过程等非能源活动温室气体排放得到有效控制，温室气体排放增速继续减缓。

规划提出，到2020年，我国低碳试点示范取得显著进展。我国适应气候变化能力将大幅提升。应对气候变化的法规体系基本形成，应对气候变化管理体制和政策体系更加完备，全国碳排放交易市场逐步形成。我国在国际谈判中的核心关切和正当权益得到切实维护，积极建设性作用得到有效发挥。

规划首次提出建立分类指导的应对气候变化区域政策，对城市化地区、农产品主产区、重点生态功能区确定差别化的减缓和适应气候目标、任务和实现途径。

024. 农地政策首次明确“三权分离”

11 月，中共中央办公厅、国务院办公厅印发了《关于引导农村土地经营权有序流转发展农业适度规模经营的意见》，针对现实生产经营中出现的问题，用“三权分离”、两个“适度”、一份“负面清单”立下“新规”。这是继农村土地集体经营制度之后，我国农村土地集体经营制度的又一次重大突破。

放活经营权，同时保障土地不被经营者随意“圈走”

随着全国大范围第二轮土地承包期过半，许多拥有承包权、但是已经把土地流转出去搞经营的农民担心：他们对土地的承包权会不会丧失？这些土地会不会被现在的经营者“圈走”？

针对种种隐忧，意见明确提出，坚持农村土地集体所有权、稳定农户承包权、放活土地经营权。这样一来，具有土地承包权的农民不但可以安心地离开土地进城务工，还可以享受到土地流转带来的经济效益。“既放活了土地的经营权，又保障了承包农户的权利。”农业部部长韩长赋说。

有专家认为，“三权分离”已是很大进步，但要让农民真正吃下“定心丸”，还需要加快推进土地承包经营权确权登记颁证工作，把土地承包关系用法律的形式固定下来。

成都市新津县袁山村是较早进行农村产权改革试点的村子之一。该村村民袁福清早在 2009 年就拿到了《农村土地承包经营权证》。他说：“我以前既没有什么东西能证明，也没有办法变现融资，现在有了这些法定证件，我们才感受到了法律的保护。”

“三权分离” 新华社发 徐骏 作

中国土地学会副理事长黄小虎则认为，“三权分离”是实践中的产物，这种形态是一段时间内的过渡。从长远看，还是要解决城市化过程中农民变市民的问题。“目前，农民工在城市里就业、居住和社保都不稳定，老家的土地是他们安定的退路，‘三权分离’既给农民留下后路，也放活了农村土地流转市场，激活新时期农村的活力。在这种情况下，‘三权分离’具有积极意义。”

首次明确适度规模经营的“度”，防止出现“超级巨无霸”

虽然未来农业发展的方向是规模化生产，但是这在一些地方被异化为“超大规模养殖”“巨无霸型种植园”，动辄一望无际的农场往往由于资金不到位、技术跟不上，或市场容量有限而被撂荒。

一位基层干部坦承：几年前“适度规模经营”的政策落到基层，唱成了“鼓励多流转、大流转”的调子。一个区，甚至一个乡镇如果没有一个流转大户，那么农业的成绩单是不好看的。在这样的背景下，一定程度上催生了上一轮部分农村的“圈地运动”。

这次意见首次明确适度规模经营的“度”：“现阶段，对土地经营规模相当于当地户均承包地面积 10 至 15 倍、务农收入相当于当地二三产业务工收入的，应当给予重点扶持。”

“‘适度规模’一直缺少一把尺子，部分地区上一阶段打了政策擦边球，出现盲目流转、贪大求快的问题。”中央财经领导小组办公室副主任韩俊说，发展适度规模经营，既要积极鼓励，也不能拔苗助长，要与城镇化进程和农村劳动力转移规模、农业科技进步和生产手段改进程度、农业社会化服务水平提高相适应。

国务院发展研究中心研究员程国强表示，意见中一个基本共识，是我国农业是以家庭承包经营为基础和主体，以家庭为单位的农业生产主体是我国粮食安全的主要依靠力量，今后的农业扶持政策不能偏离了这个基本农情，因此“户均承包面积的 10 倍到 15 倍”实际上是现有生产条件下的家庭农场经营规模，坚持了这个导向，盲目追求超大规模种植就可避免。

“必须给大企业下乡设置一道‘高门槛’。一是建立严格的准入制度，对工商企业长时间、大面积租赁承包耕地要有明确的上限控制，按面积实行分级备案；二是建立风险的动态监管机制，查验土地利用、合同履行等情况；三是建立风险保障金制度，防止损害农民土地权益，防范承包农户因流入方违约或经营不善而遭受损失。”中国社科院农村所研究员张晓山说。

开出 4 大“负面清单”，缚住滥用权力占地之手

中国耕地退化面积已超耕地总面积 40%，违规占地搞非农建设。近年来，一些违规、违法行为屡屡吞噬耕地面积，引发人们对于粮食安全危机的担忧。

针对种种问题，意见一连用了4个“严禁”：严禁借土地流转之名违规搞非农建设，严禁在流转农地上建设或变相建设旅游度假村、高尔夫球场、别墅、私人会所等。严禁占用基本农田挖塘栽树及其他毁坏种植条件的行为。严禁破坏、污染、圈占闲置耕地和损毁农田基础设施。

“意见中一连串的严禁有着很强的现实针对性。”华中科技大学中国乡村治理研究中心主任贺雪峰说，上一阶段土地流转中，一些土地频频出现农地流转纠纷，其中不少就是村支两委在没有征得农民同意的情况下，把土地流转了，甚至偷梁换柱改变用途，损害农民合法权益。这种政府主导的强制性、强迫性虽然少数也有现实无奈，但是由于程序不正义，人为斩断了农民与其土地的联系，影响了返乡农民的退路，成为新时期干群矛盾“新燃点”。

意见明确土地流转的这些“负面清单”，划出了土地流转的禁区和高压线，对于基层政府具有一定的约束力。不过，下一步具体怎么监管和问责地方政府仍然有待进一步完善。要防止“有禁不止”，就要完善土地管理中的执法主体和执法依据，而从现状来看，这两者都还有待制度健全。

025. 澳门大学横琴新校区揭牌启用

11月5日，澳门大学位于横琴岛的新校区启用仪式隆重举行。国务院副总理汪洋、澳门特区行政长官兼澳门大学校监崔世安一起为新校区揭牌。揭牌仪式由澳门大学校长赵伟主持。

崔世安在致辞时说，在中央的全力支持下，澳门大学新校区落户横琴，现已建成粗具规模的现代化校园，并得以在这1.09平方公里的土地上实施澳门特区法律。澳大新校区的规划、建设和启用过程，充分体现了中央对澳门教育事业的高度重视和支持，彰显了粤澳紧密合作的又一重大成果。他表示，要确保澳门特区长期繁荣稳定与可持续发展，加快培养爱国爱澳优秀人才是重中之重，澳大新校区建设正是特区全力推进人才培养战略的重要部署之一。澳门将紧紧把握这难得的历史机遇，充分利用澳大新校园良好条件，努力推进澳门教育长效机制建设，积极提升教育质量和科研水平，全力办好澳门高等教育，为国家和特区发展培养更多优秀人才。

澳门大学校董会主席谢志伟在致辞时回顾澳门大学新校区若干重要节点：2009年6月27日，全国人大常委会接纳澳门大学在横琴岛建设新校园的建议，并授权澳门特别行政区实施管辖；同年12月20日，澳门大学新校园奠基；2013 年 7 月 20 日，通过一条河底隧道，横琴新校区与澳门特区连成一体。他说："这是'一国两制'条件下的重要创新。"

澳门大学学生代表陈嘉敏在仪式上表示，国家和特区政府为学子们提供了一流的学习环境，我们要以加倍的努力和优异的成绩回报祖国、社会和大众。

澳门大学新校区位于广东省珠海市横琴岛，经过 3 年多的建设，于 2014 年 7 月 20 日交付澳门特区政府。新校区环境优雅，设施先进，总建筑面积达 94 万平方米，包括 15 个建筑群组，逾 80 栋单体建筑，面积较原校大 20 倍。

仪式尾声，在场的澳门大学师生肃立高唱校歌："华夏根基，中西风采，澳大茁壮长成。潭山初建，琴岛重建，校园毓秀钟灵……博学笃行，爱国爱澳，大学勇闯新程。"

026. 中国加入国际反避税行动

11 月 23 日，根据 G20 峰会领导人声明，到 2015 年年底完成共同对抗跨国公司避税行为的计划实施达成共识。这对中国而言，意味着通过全面加入国际反避税行动，提升自己的反避税水平，力堵跨国公司的避税通道。

"G20 启动的这项名为'税基侵蚀和利润转移（BEPS）'的行动计划，堪称近百年来国际税收体系最大改革。"国家税务总局国际税务司司长廖体忠表示。目前的所得税国际规则是 20 世纪 20 年代在第一次世界大战结束以后建立起来的，已经运行近百年，适用于传统经济时代，解决经济全球化初期重复征税问题。

堵漏　　新华社发 徐骏 作

当前，包括中国在内的全球利润至少 50% 以上涉及国际交易，跨国资本流动日益便利，加之"避税天堂”等低税率、零税率“洼地”的存在，使得不少跨国公司通过跨境转移利润等手段逃避纳税，国际社会必须携手改革现有国际税收规则体系。

G20确定的改革原则是，利润在经济活动发生地和价值创造地征税。一些业内人士也指出，中国是“世界工厂”，创造着世界的价值；同时中国也是世界市场，实现着世界的价值。G20税收共识总体上对中国等实体经济活动丰富的国家有利，对避税地和低税国家不利。

近年来，全球反避税合作行动一浪高过一浪，中国积极参与其中，2013年8月，中国成为《多边税收征管互助公约》的第56个签约方，这是中国签署的第一份国际多边税收协议，意味着中国通过加入国际反避税行动升级自己的反避税和国际税收管理体制。

根据G20峰会领导人共识，为防止跨境逃避税，近百个国家和地区承诺在对等基础上实施金融账户税收信息自动交换标准。中国全面加入国际反避税行动，开展国际间税收情报交换，是加强反避税的有效手段。

作为最大的外国直接投资引进国，中国在跨国公司反避税上早已开始主动出击。中国于2008年出台的企业所得税法前瞻性地建立起了比较先进的反避税法律框架，我国反避税不断加强，对税收的直接贡献从2005年的4.6亿元人民币上升至2013年的469亿。

027. 国歌奏唱礼仪要规范

12月，中共中央办公厅、国务院办公厅近日印发了《关于规范国歌奏唱礼仪的实施意见》，并发出通知，要求各地区各部门结合实际认真贯彻执行。

国歌是国家的象征和标志。我国宪法明确规定，中华人民共和国国歌是《义勇军进行曲》。国歌凝结着中国共产党领导人民争取民族独立、人民解放和实现国家富强、人民富裕的全部奋斗，是鼓舞人民奋勇前进的强劲旋律，是进行爱国主义教育的鲜活教材。热爱、尊重国歌，学唱、传唱国歌，规范、普及国歌奏唱礼仪，对于激发人们爱国报国情感、培育和践行社会主义核心价值观，具有重要作用。为更好发挥国歌在推进社会主义核心价值观建设中的教育引导作用，现就规范国歌奏唱礼仪提出如下意见。

一、国歌奏唱场合

1. 国歌可以在下列场合奏唱。重要的庆典活动或者政治性公众集会开始时，正式的外交场合或者重大的国际性集会开始时，举行升旗仪式时，重大

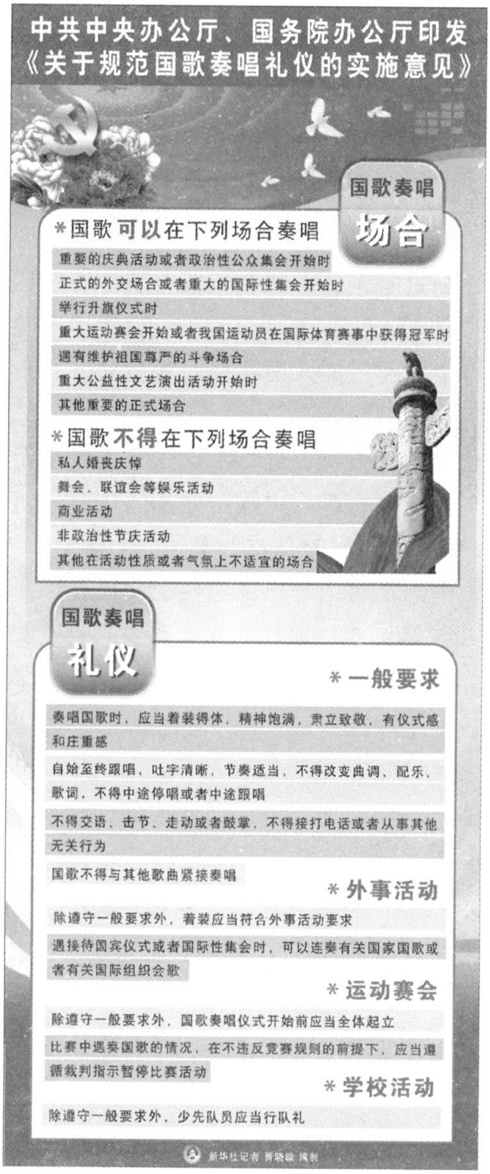

运动赛会开始或者我国运动员在国际体育赛事中获得冠军时，遇有维护祖国尊严的斗争场合，重大公益性文艺演出活动开始时，其他重要的正式场合。

2. 国歌不得在下列场合奏唱。私人婚丧庆悼，舞会、联谊会等娱乐活动，商业活动，非政治性节庆活动，其他在活动性质或者气氛上不适宜的场合。

二、国歌奏唱礼仪

1. 一般要求。奏唱国歌时，应当着装得体，精神饱满，肃立致敬，有仪式感和庄重感；自始至终跟唱，吐字清晰，节奏适当，不得改变曲调、配乐、歌词，不得中途停唱或者中途跟唱；不得交语、击节、走动或者鼓掌，不得接打电话或者从事其他无关行为。国歌不得与其他歌曲紧接奏唱。

2. 外事活动。除遵守一般要求外，着装应当符合外事活动要求；遇接待国宾仪式或者国际性集会时，可以连奏有关国家国歌或者有关国际组织会歌。

3. 运动赛会。除遵守一般要求外，国歌奏唱仪式开始前应当全体起立；比赛中遇奏国歌的情况，在不违反竞赛规则的前提下，应当遵循裁判指示暂停比赛活动。

4. 学校活动。除遵守一般要求外，少先队员应当行队礼。

三、开展宣传教育

1. 普及国歌内容。各类学校要将国歌歌词和曲谱作为教育教学的重要内容，小学、幼儿园要组织学生学唱国歌。各类新闻媒体和宣传文化阵地要加大国歌内容的宣传力度，从历史和现实的结合上解读国歌的深刻内涵和蕴含的精神，使人们理解国歌、记住国歌、唱好国歌。各地要广泛组织群众学唱国歌，开展国歌传唱活动，让国歌的旋律在全社会响亮起来。

2. 普及国歌奏唱礼仪知识。要综合运用多种方式进行国歌奏唱礼仪宣传普及，使人们知晓国歌适宜奏唱的场合和应当遵守的礼仪规范。要广泛开展国歌奏唱礼仪体验活动，让人们在参与中感悟国歌的真谛和力量，增强对国歌的礼敬感。

3. 开展对违反国歌奏唱礼仪行为的监督。地方各级人民政府对本行政区域内的国歌奏唱行为实施监督管理。对在不适宜的场合违规奏唱国歌并造成不良社会影响的现象，对奏唱国歌时不合礼仪的行为，要批评教育，严肃纠正，增强国歌奏唱的严肃性和规范性。

028. 我民间首次要求日政府就南京大屠杀谢罪

12 月 7 日，中国民间对日索赔联合会通过日本驻华大使木寺昌人，致函日本政府及安倍晋三，要求“日本政府还历史以公正，向南京死难者及遗属诚恳谢罪并进行相应赔偿！向二战期间被日军屠杀的所有我国人谢罪！为因日本入侵中国带给中国人民的深重灾难谢罪！”

2014 年 12 月 13 日是个特殊的日子，这一天是南京大屠杀 77 周年纪念日，也是我国首个南京大屠杀死难者国家公祭日。我国政府把对南京大屠杀的纪念上升到国家层面，表明我国人民反对侵略战争、捍卫人类尊严、维护世界和平的坚定立场。

77 年前，日本制造了骇人听闻的南京大屠杀，对中国南京进行长达六周的大规模屠杀、强奸、纵火、抢劫。南京顿成人间地狱，30 万我国人死于日军屠刀之下，其中包括大量妇女、老人和儿童。

幸存者还对那场灾难记忆犹新。“他们将婴儿挑在枪尖上虐狂，在光天化日下轮奸妇女，将活人埋至脖颈看着一点点窒息而死……”回顾起这些画面，81 岁的幸存者佘子清说，谁能想到，这些罪恶的始作俑者，是号称高度文明的人类，“即便是恶魔，也是旷古难恕的通天罪孽”。

时光流转了近一个世纪，中国人民以德报怨并未能唤醒强盗的善念和良心。日本政府一次次否认南京大屠杀事实、修改教科书，甚至把自己在二战中的战犯嘴脸换成受害者面孔，变本加厉地美化侵略历史。

中国民间对日索赔联合会会长童增指出，77 年来，日本政府从未对南京 30 万屈死的冤灵谢罪。“我们希望日本首脑在这个日子去南京大屠杀纪念馆看看，在那里向遇害者谢罪道歉。”

“欲知大道，必先知史。”日本政府应该从二战的历史中总结教训，以此警醒。“南京大屠杀的罪恶不会因为日本政府昧尽良心的一意遮掩就能消解。”童增指出，面对日本右翼的不断叫嚣、挑衅和日本军国主义的公然复活，我们不能再无动于衷。

此次中国民间对日索赔联合会再次发声，希冀唤起日本些许警醒，“日本向南京 30 万亡灵真诚谢罪的时候，就是日本进行自我救赎的时候。”童增说。

在聚集了亿万中国网民的新浪微博上，不少网友呼吁，77 年过去了，我们要牢记南京大屠杀的血恨，牢记二战期间日军在我国犯下的滔天罪行，否则，就会再受南京之痛。

029. 南京大屠杀纪念馆新征 7602 件文物史料

12 月 8 日，侵华日军南京大屠杀遇难同胞纪念馆宣布，耗时一年的海内外文物征集工作取得丰硕成果，为南京大屠杀和日军侵华历史又增添了 7602 件各类文物史料。

在首个南京大屠杀死难者国家公祭日前夕，纪念馆公布了 7602 件新征文物史料，来自中国、美国、日本、英国、德国等 14 个国家，内容涉及南京大屠杀、性暴行、毒气战等日本侵华罪行，以及世界反法西斯战争等主题。

此次文物主要来自纪念馆年初组织的 7 个国内征集小组和 2 个海外征集小组，另一部分来自民间收藏家张广胜、美籍华人鲁照宁、日本僧侣大东仁等人的捐赠。

此次新增文物中，揭露侵华日军南京大屠杀罪行方面征集到了大量原始照片、档案和实物，主要有三种类型：一是来自西方第三方的实证，如 1938 年 5 月 16 日美国发行的《生活》杂志，其中刊载 1937 年 12 月 13 日日军在南京制造大屠杀惨案的图文记载，包括当时外国记者拍摄的原版新闻照片。有一张照片是 1937 年 12 月 1 日南京大屠杀发生前夕，侵华日军华中方面军司令官松井石根接受美国军方访问，侃侃而谈日军的侵华战略；另一张是 1937 年 12 月 29 日，日军强迫中国劳工向南京运送军用物资。

二是来自加害方日本的新闻报道、明信片等实证。如日本僧人大东仁捐赠的 1937 至 1944 年间数本日本《朝日新闻》缩印版，包括很多关于侵华日军攻占南京，及南京大屠杀历史的原始新闻报道。还有发行于 1938 年的《中山门攻击》明信片。画面是日军攻占南京中山门的场景，背面是“狮子牌牙具发行”。日本商家用日军攻占南京的明信片做促销，深刻反映了日本军国主义的猖獗；以及印着“南京入城式”的四恩会慰问日军手帕等文物史料。

7 月 7 日，为纪念全民族抗战爆发 77 周年，由 16 名抗战老兵及其亲属组成的参观团来到侵华日军南京大屠杀遇难同胞纪念馆参观，缅怀南京大屠杀遇难同胞。图为抗战老兵在侵华日军南京大屠杀遇难同胞纪念馆合影。

韩瑜庆　摄（新华）

三是来自国内实证。如由南京民间收藏家捐赠的一件国际安全区相关人士所用袖标。袖标上绣有“大美国金陵女子大学”和“第五号周良臣”字样，并盖有“大美国金陵女子大学校役”红色印章，这是国际安全区保护南京市民的实证。

侵华日军南京大屠杀遇难同胞纪念馆馆长朱成山表示，这些材料具有不可争辩的说服力和不容置疑的真实性，是任何二手材料所不可替代的。此次新征集到的文物对深化南京大屠杀史学研究具有重要意义。

此次新公布的文物史料还包括大量反映日军其他侵华罪行的罪证，如纪念馆在云南征集到的“日军芥子气钢弹”，是毒气战罪行的直接证据；张广胜先生捐赠的东北慰安妇所使用的木碗等生活用品，是日军性暴力罪行的铁证。

截至目前，纪念馆在世界范围内共征集各类藏品 15.8 万余件，其中文物达 3.2 万余件。

030. 南京大屠杀死难者国家公祭仪式隆重举行

12 月 13 日，中共中央、全国人大常委会、国务院、全国政协、中央军委在南京隆重举行南京大屠杀死难者国家公祭仪式。中共中央总书记、国家主席、中央军委主席习近平出席并发表重要讲话。

中共中央政治局常委、全国人大常委会委员长张德江主持公祭仪式。

1937年12月13日，侵华日军侵入南京，对我同胞实施长达40多天灭绝人性的大屠杀，30万生灵惨遭杀戮，人类文明史上留下最黑暗的一页。2014年2月27日，十二届全国人大常委会第七次会议通过决定，以立法形式将12月13日设立为南京大屠杀死难者国家公祭日。

公祭仪式在侵华日军南京大屠杀遇难同胞纪念馆举行。纪念馆集会广场布置得庄严肃穆。现场国旗下半旗。广场西侧巨大的“灾难墙”，灰黑的底色映衬着“南京大屠杀死难者国家公祭仪式”14个白色大字。一万名各界代表胸前佩戴白花，静静肃立。

9时56分，习近平等党和国家领导人步入现场，站立在群众方阵前。18名中国人民解放军三军仪仗兵齐步行进至公祭台两侧，持枪伫立。

10时整，公祭仪式开始。军乐团奏响《义勇军进行曲》，全场高唱中华人民共和国国歌。嘹亮的歌声响彻云霄。国歌唱毕，全场向南京大屠杀死难者默哀。公祭现场拉响了防空警报。同一时间，南京全城警报响起，汽车、火车、轮船汽笛齐鸣。

12月12日晚，南京航空航天大学计算机科学与技术学院的学生在校园举行悼念南京大屠杀遇难同胞的“烛光祭”活动。同学们点燃摆成心形图案和“12·13”字样的蜡烛，默哀、祈祷、诵读祭文，并悬挂自己制作的纪念书签，表达哀思。

孙参　摄（新华）

默哀持续一分钟。军乐团奏响低回空灵的《安魂曲》，16名礼兵抬起8个巨大的花圈，缓步走上公祭台，将花圈安放在“灾难墙”前。77名南京市青少年饱含深情地宣读《和平宣言》。

随后，习近平同南京大屠杀幸存者代表、85岁的夏淑琴老人和一名少先队员一起，缓步走上公祭台，为国家公祭鼎揭幕。

古之以鼎记事，今之铸鼎铭史。这尊高 1.65 米、重 2014 千克的三足圆形铜鼎将永久设立在侵华日军南京大屠杀遇难同胞纪念馆集会广场上。“国行公祭，法立典章。铸兹宝鼎，祀我国殇。”160 字铭文记叙了南京大屠杀史实和国家公祭日的设立。

习近平在讲话中表示，我们在这里隆重举行南京大屠杀死难者国家公祭仪式，缅怀南京大屠杀的无辜死难者，缅怀所有惨遭日本侵略者杀戮的死难同胞，缅怀为中国人民抗日战争胜利献出生命的革命先烈和民族英雄，表达中国人民坚定不移走和平发展道路的崇高愿望，宣示中国人民牢记历史、不忘过去，珍爱和平、开创未来的坚定立场。

习近平指出，日本侵略者制造的南京大屠杀惨案震惊了世界，震惊了一切有良知的人们。第二次世界大战胜利后，远东国际军事法庭和中国审判战犯军事法庭，都对南京大屠杀惨案进行调查并从法律上作出定性和定论，一批手上沾满中国人民鲜血的日本战犯受到了法律和正义的审判与严惩，被永远钉在了历史的耻辱柱上。历史不会因时代变迁而改变，事实也不会因巧舌抵赖而消失。

习近平强调，我们为南京大屠杀死难者举行公祭仪式，是要唤起每一个善良的人们对和平的向往和坚守，而不是要延续仇恨。中日两国人民应该世代友好下去，以史为鉴、面向未来，共同为人类和平作出贡献。忘记历史就意味着背叛，否认罪责就意味着重犯。一切罔顾侵略战争历史的态度，一切美化侵略战争性质的言论，不论说了多少遍，不论说得多么冠冕堂皇，都是对人类和平和正义的危害。对这些错误言行，爱好和平与正义的人们必须高度警惕、坚决反对。

习近平指出，我们要告慰所有在南京大屠杀惨案中不幸罹难的同胞们，告慰所有在日本侵华战争中不幸死难的同胞们，告慰所有在近代以来中国抗击外来侵略中英勇牺牲的同胞们，告慰所有在为争取民族独立、人民解放和国家富强、人民幸福的伟大斗争中英勇献身的同胞们：今天的中国，已经成为一个具有保卫人民和平生活坚强能力的伟大国家，中华民族任人宰割、饱受欺凌的时代已经一去不复返了，中国人民正在意气风发地沿着中国特色社会主义道路，为实现“两个一百年”奋斗目标、实现中华民族伟大复兴的中国梦而奋斗。中华民族的发展前景无比光明。

习近平强调，中国人民也要庄严昭告国际社会：今天的中国，是世界和平的坚决倡导者和有力捍卫者，中国人民将坚定不移维护人类和平与发展的崇高事业，愿同各国人民真诚团结起来，为建设一个持久和平、共同繁荣的世界而携手努力。

6 名社会各界人士代表共同撞响“和平大钟”。随着三响深沉悠远的钟声，3000 羽和平鸽振翅飞翔，寓意着对 30 万死难者的深深追思和圆梦中华的雄心壮志。

公祭仪式后，习近平等党和国家领导人和各界代表走进纪念馆展厅，参观《人类的浩劫——侵华日军南京大屠杀史实展》。习近平等仔细观看，在南京保卫战、日军在南京的大屠杀、对日本战犯审判、南京大屠杀历史见证、前事不忘后事之师等展区，习近平不时驻足，详细了解有关情况。

参观结束时，习近平、张德江在签字簿上签名。随后，习近平等亲切会见了参加仪式的南京大屠杀幸存者代表和遇难者遗属代表。

031. 庆祝澳门回归 15 周年文艺晚会举行

12 月 19 日，以“澳门梦·中国心”为主题的庆祝澳门回归 15 周年文艺晚会在澳门东亚运动会体育馆举行。国家主席习近平观看了演出。

演出现场美轮美奂，欢乐喜庆。19 日 20 时许，习近平和夫人彭丽媛在澳门特别行政区行政长官崔世安和夫人霍慧芬陪同下，步入晚会现场。全场观众起立鼓掌，热烈欢迎习近平的到来。

在亭亭玉立的莲花舞台背景衬托下，澳门少年合唱团的孩子们深情唱起《七子之歌》。舞台上呈现出澳门地标建筑大三巴，青少年跳起欢快的街舞，欣欣向荣、充满活力的澳门展现在观众面前。浪漫的土生葡语民歌《打开你的心》，热情绚丽的葡萄牙土风舞、巴西桑巴舞、代表中华传统文化的粤剧……一幅中西交融、魅力四射的澳门街景画卷打动人心。各具特色的民族服装、风情各异的歌舞表演，澳门中西文化交汇的独特社会风貌和多元文化魅力动人心魄。《男儿当自强》《龙的传人》歌声激昂、曲调雄浑，象征

12 月 19 日，演员在文艺晚会上庆祝澳门回归 15 周年表演舞龙。

秦晴　摄（新华）

着澳门昂扬向上的武术表演热力登场。舞龙奔腾，彩狮雄健，表达了中华儿女对澳门和祖国光明前景的美好祝愿。

灯光变幻，1999 位出生在 1999 年澳门回归祖国那一年的少年影像闪现在大屏幕上。曾经的新生儿，今天已是英姿勃发的少年。今夜，璀璨星光闪耀澳门；明早，又将迎来崭新的朝阳。歌声似海、掌声如潮。澳门文艺工作者和普通市民、青少年学生饱满的精神和精彩的演出，赢得阵阵掌声，现场气氛热烈、高潮迭起。

晚会结束时，习近平在崔世安陪同下走上舞台，同演职人员亲切握手，并同大家一起高唱《歌唱祖国》，祝愿祖国繁荣富强、澳门前程似锦。

032. 做广告将有“五禁区”

12 月 22 日，十二届全国人大常委会第十二次会议审议的广告法修订草案二审稿，为做广告划出五大“禁区”。

医药医疗广告不能宣称“疗效”

广告法修订草案规定：药品、保健食品、医疗器械、医疗广告不得有表示功效、安全性的断言或者保证；不得说明治愈率或者有效率；不得利用医药科研单位、学术机构、医疗机构、行业协会、专业人士、患者或者其他广告代言人的名义或者形象作推荐、证明。

“一吃就停”“腰不酸了腿不疼了”“××胶囊，降压降糖”“多年没孩子，是××药给我们送来了小天使”……这些疗效诱人的广告，以后将不能再出现。

全国人大法律委员会副主任委员安建说，医药、医疗等关系消费者的生命健康和人身安全，且功效因人而异，不但不得利用科研机构、专业人士和患者进行推荐证明，也不得利用其他任何广告代言人的名义和形象作推荐证明。

烟草广告不能“登”上公共场所

根据修订草案，禁止利用广播、电视、报纸、移动通信网络、互联网等大众传播媒介和形式发布或者变相发布烟草广告；禁止在公共场所、医院和学校的建筑控制地带、公共交通工具设置烟草广告；禁止设置户外烟草广告、橱窗烟草广告。

安建表示，除了在烟草制品专卖点的店堂室内可以采取张贴、陈列等形

式发布经国务院工商行政管理部门批准的烟草广告，以及烟草生产者向销售者内部发送的经批准的广告外，其他任何形式的烟草广告将均被禁止。哪怕是“鹤舞白沙，我心飞翔”这类的不露痕迹的烟草广告。

弹窗网页广告须能“一键关闭”

修订草案规定：互联网信息服务提供者利用互联网发布广告，不得影响用户正常使用网络。在互联网页面以弹出等形式发布的广告，应当显著标明关闭标志，确保一键关闭。

打开一个网页，经常跳出多个广告窗口；有的像胶布一样粘在窗口关不掉，有的明明有一个画叉的关闭标志，可是一点击却打开了更多链接……几乎每位网友都有过这样的无奈和烦恼。

网络不是法外之地。网络逐渐成为广告发布的重要媒介，实践中网络广告违法、影响用户使用网络等问题较为突出。此次广告法修订，不仅明确网络要遵守其他媒介广告的一切“游戏规则”，同时还有条额外要求：网页弹出广告、飘窗广告必须能一键就关掉。

只要与虚假广告“沾边”都将被追责

修订草案规定：发布虚假广告，欺骗、误导消费者，使购买商品或者接受服务的消费者的合法权益受到损害的，由广告主依法承担民事责任。关系消费者生命健康的商品或者服务的虚假广告，造成消费者损害的，其广告经营者、广告发布者、广告代言人应当与广告主承担连带责任。

有全国人大常委会委员指出，虚假广告欺骗、误导消费者，影响广告业健康发展，损害社会经济秩序，因此修订草案进一步明确了责任主体、加大惩处力度。无论是广告主、广告经营者还是发布者，抑或是设计师、代言人，只要和虚假广告沾上边，就要承担责任。

广告监管部门“不作为”将被问责

修订草案规定：工商行政管理部门对在履行广告监测职责中发现的违法广告行为或者对经投诉、举报的违法广告行为，不依法予以查处的，对负有责任的主管人员和直接责任人员，依法给予处分。工商行政管理部门和负责广告管理相关工作的有关部门的工作人员玩忽职守、滥用职权、徇私舞弊的，依法给予处分。

“要加强广告活动的事中事后监管。”全国人大常委会委员孙大发指出，为进一步规范广告活动，保护消费者权益，应当强化广告监管部门的责任，对不作为、乱作为的，实行问责。

10岁以下孩子不能做广告代言人

修订草案规定：不得利用十周岁以下未成年人作为广告代言人。

这意味着，时下火热的天天、cindy等小童星们将不能再代言广告。

一些全国人大常委会委员认为，新增的这一条款有利于更好地保护未成年人权益，促使未成年人健康成长。

有关人士分析认为，如果不出姓名、不以自己的名义做广告宣传，属于广告表演，不属于广告荐证；广告表演者无须为角色行为负责，而广告荐证者要对自己的行为负责。由于童星们有一定名气，他们为广告做宣传的行为属于代言。

另外，根据未成年人身心发展的规律和特点，修订草案还对涉及未成年人的广告活动作出相应规范，如在针对未成年人的大众传播媒介上不得发布药品、医疗器械、网络游戏、酒类广告等；针对十四周岁以下未成年人的商品或者服务的广告，不得含有劝诱其要求家长购买广告商品或者服务以及可能引发其模仿不安全行为的内容等。

033. 国务院公布《不动产登记暂行条例》

12月22日，国务院总理李克强签署第656号国务院令，公布《不动产登记暂行条例》（以下简称《条例》），自2015年3月1日起施行。

《条例》共六章三十五条，对不动产登记机构、登记簿、登记程序、登记信息共享与保护等作出规定。

《条例》明确由国土资源部负责指导、监督全国不动产登记工作，同时要求县级以上地方人民政府确定一个部门负责本行政区域不动产登记工作，并接受上级不动产登记主管部门的指导和监督。

《条例》规定了登记簿的登记内容，要求登记机构设立统一的不动产登记簿，将不动产的自然状况、权属状况、权利限制状况等事项准确、完整、清

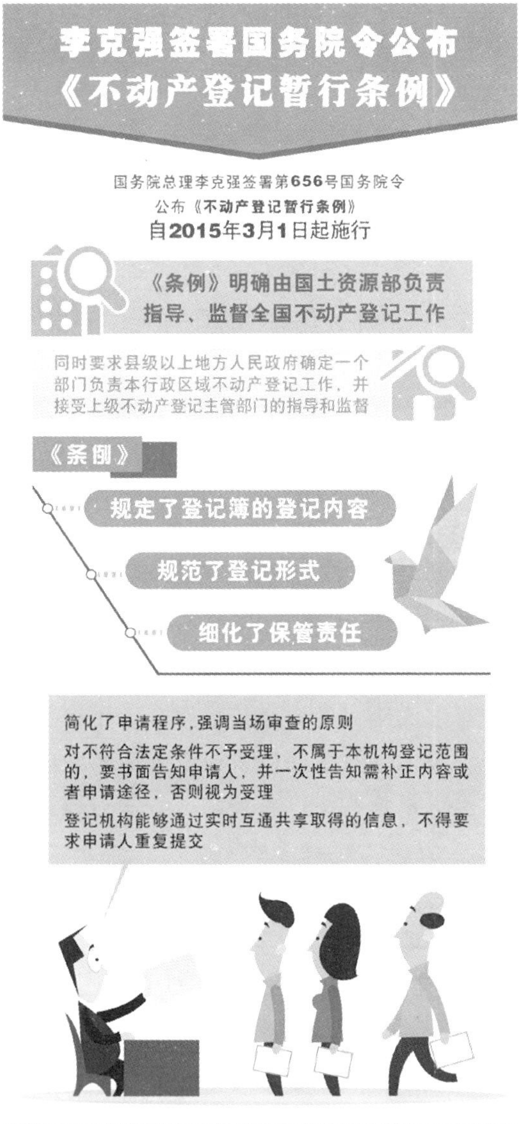

新华社发（大巢制图）

晰地予以记载；规范了登记形式，要求登记簿原则上采用电子介质，暂不具备条件的，可以采用纸质介质；细化了保管责任，要求登记机构建立健全相应的安全责任制度，永久保存登记簿，配备安全保护设施，任何人不得损毁登记簿，除依法予以更正外不得修改登记事项，登记簿损毁、灭失的，要依据原有登记资料予以重建等。

为方便群众申请登记，减轻申请负担，《条例》简化了申请程序，强调当场审查的原则，对不符合法定条件不予受理的，以及不属于本机构登记范围的，要书面告知申请人，并一次性告知需补正内容或者申请途径，否则视为受理；登记机构能够通过实时互通共享取得的信息，不得要求申请人重复提交。

《条例》要求国土资源部会同有关部门建立统一的不动产登记信息管理基础平台，确保国家、省、市、县四级登记信息的实时共享；国土资源、公安、民政、财政、税务、工商、金融、审计、统计等不同部门之间要加强不动产登记有关信息互通共享。

《条例》按照物权法的有关规定，把登记资料查询人限定在权利人和利害关系人，有关国家机关可以依法查询、复制与调查处理事项有关的登记资料；查询登记资料要向登记机构说明查询目的，不得将查询获得的资料用于其他目的，未经权利人同意，不得泄露查询资料。

为维护物权稳定，保护不动产权利人合法权益，《条例》还明确，本《条例》施行前依法颁发的各类不动产权属证书和制作的不动产登记簿继续有效，不动产权利人已经依法享有的不动产权利，不因登记机构和登记程序的改变而受到影响。

034. “三沙1号”有了“身份证”

12月22日，三沙海事局副局长欧阳雄向三沙市船务管理局负责人杨理文颁发“三沙1号”轮的船舶所有权登记、船舶国籍和船舶最低安全配员证书，自此，“三沙1号”轮有了自己的“身份证”，拥有了法定的航行权。这也是三沙海事局取得船舶登记授权可独立办理船舶登记业务后，办理的第一艘以三沙为船籍港的船舶证书。

“三沙1号”轮总长122.30米，客位456，船籍港三沙，船舶类型为客滚船，船舶所有人为三沙市船务管理局，航区为远海航区，可覆盖整个南海海域。“三沙1号”投入运行后，从海南省文昌市清澜港驶往三沙永兴岛的时间为10小时左右，可比现在正在使用的“琼沙3号”缩短5个多小时。该船还设有直升机起降平台，方便执行海上救援和岛礁巡查等任务。“三沙1号”轮船舶证书的出炉，为该轮的顺利首航，保障三沙军民物资补给和人员往来，奠定了基础。

“三沙”籍船舶登记的相关业务之前一直由海南海事局代为办理。为适应国家行政审批制度改革需要，11月21日，中国海事局下发《中华人民共和国海事局关于同意三沙海事局开展国内航行船舶登记工作的批复》，授权三沙海事局开展国内航行船舶登记工作。

12月22日，三沙海事局副局长欧阳雄（右）向三沙市船务管理局负责人杨理文颁发“三沙1号”轮的船舶所有权登记、船舶国籍和船舶最低安全配员证书。

赵颖全　摄（新华）

三沙市作为我国最年轻、管辖海域面积最大的地级市，在国家“海上丝绸之路”建设和南海维权方面起到非常突出的作用。三沙海事局作为三沙辖区内的海事管理机构，独立开展船舶登记业务对促进三沙市海洋经济发展，更好地维护国家南海权益具有重要的意义。

035. 2014 年中国十大新闻

一、全面深化改革元年出台多项重大改革举措

2014 年是党的十八届三中全会提出全面深化改革的元年。一年间，党的建设制度改革、户籍制度改革、财税体制改革、考试招生制度改革、公车改革、央企负责人薪酬制度改革、城乡养老并轨等一批重大改革方案相继出台，改革总体部署全面展开，以破竹之势，在重要领域和关键环节向纵深推进。

二、周永康等“落马”反腐深入推进

7 月，中共中央决定对周永康立案审查，12 月，中共中央政治局决定开除周永康党籍，对其涉嫌受贿犯罪问题及线索移送司法机关依法处理；最高人民检察院依法对周永康涉嫌犯罪立案侦查并予以逮捕。3 月，中共中央决定对徐才厚涉嫌违纪问题进行组织调查，6 月，徐才厚被开除党籍，10 月，其涉嫌受贿犯罪案件被移送审查起诉。12 月，令计划因涉嫌严重违纪，接受组织调查。6 月，苏荣因涉嫌严重违纪违法，接受组织调查。2014 年，党风廉政建设和反腐败斗争深入推进，包括多名省部级以上官员在内的腐败分子被查。

三、鲁甸强烈地震造成 600 多人死亡

8 月 3 日，云南省昭通市鲁甸县发生 6.5 级强烈地震。地震造成 617 人死亡、112 人失踪，3143 人受伤，数万户房屋倒塌或重损，22.97 万人紧急转移安置。在党中央、国务院和中央军委坚强领导下，各方力量科学有序救灾、从容应对震害，灾后重建工作深入展开。

四、全国人大常委会就香港普选作出决定

8 月 31 日，十二届全国人大常委会第十次会议表决通过全国人大常委会关于香港特别行政区行政长官普选问题和 2016 年立法会产生办法的决定，对下一步提出行政长官普选具体办法确定了原则和方向。之后香港少数激进分子组织“占领中环”违法聚集活动，煽动推翻人大常委会决定，受到香港主流民意坚决反对。香港特区政府依法处理“占中”，恢复社会秩序。

五、中央召开文艺工作座谈会

10月15日，习近平总书记在北京主持召开文艺工作座谈会，指明了新时期文艺工作的发展方向，勉励广大文艺工作者从时代和国家的高度认识文艺的地位和作用，坚持以人民为中心的创作导向，努力创作更多无愧于时代的优秀作品，鼓舞全国各族人民朝气蓬勃迈向未来。

六、十八届四中全会部署全面推进依法治国

10月23日，党的十八届四中全会审议通过了《中共中央关于全面推进依法治国若干重大问题的决定》，提出了全面推进依法治国的总目标、重大任务，及180多项重要改革举措，涵盖依法治国各个方面。这是党的历史上第一个关于加强法治建设的专门决定，为法治中国建设描绘出新的路线图。11月1日全国人大常委会通过决定，确定12月4日为国家宪法日。

七、全军政治工作会议在古田召开

10月30日至11月2日，全军政治工作会议在福建省上杭县古田镇召开。中共中央总书记、国家主席、中央军委主席习近平出席会议并发表重要讲话，鲜明确立起军队政治工作的时代主题。在古田会议召开85周年之际召开的这次会议，以改革和整风精神研究解决党从思想上政治上建设军队的重大现实问题，被海内外舆论称为“新古田会议”。

八、中国成功举办 APEC 北京会议

11月7日至11日，亚太经合组织（APEC）北京会议周举行。国家主席习近平主持、出席 APEC 第二十二次领导人非正式会议、加强互联互通伙伴关系对话会等系列活动。会议明确了未来亚太合作的方向与目标，作出了启动亚太自贸区进程的重大决定，勾画了建设亚太互联互通网络的新蓝图。

九、中国经济发展进入新常态

12 月 9 日至 11 日，中央召开的经济工作会议全面阐述了中国经济发展新常态：中国经济正在向形态更高级、分工更复杂、结构更合理的阶段演化，经济发展正从高速增长转向中高速增长，经济发展方式正从规模速度型粗放增长转向质量效率型集约增长，经济结构正从增量扩能为主转向调整存量、做优增量并存的深度调整，经济发展动力正从传统增长点转向新的增长点。中央确定重点实施“一带一路”、京津冀协同发展、长江经济带三大战略等措施，主动适应经济发展新常态。

十、国家公祭日仪式隆重举行

12 月 13 日，南京大屠杀死难者国家公祭仪式在侵华日军南京大屠杀遇难同胞纪念馆举行。中共中央总书记习近平出席并发表重要讲话强调，只有人人都珍惜和平、维护和平，只有人人都记取战争的惨痛教训，和平才是有希望的。此前，9 月 3 日中国人民抗日战争胜利纪念日、9 月 30 日烈士纪念日均举行了隆重纪念活动。

经济篇

036. 中国金融信息中心启用

1月1日，作为国家“核高基”项目新华社金融信息平台的重要载体、上海国际金融中心建设的重大基础工程，中国金融信息中心在上海浦东陆家嘴正式启用，璀璨的蓝宝石造型与东方明珠塔交相辉映，成为陆家嘴金融城的新地标。

中国金融信息中心是新华社与上海市政府签订的全面战略合作备忘录的重要内容之一。大厦建筑面积近7万平方米，于2009年5月奠基，2012年7月底完成结构封顶。作为新华08上海总部的营运场所，中国金融信息中心将集金融资讯采集、发布、数据挖掘、价格研究、指数产品研发等多重功能于一身，实时滚动向全球发布金融信息和数据。

在全球金融一体化背景下，金融信息引导着资金，引领着资本，影响着决策，决定着交易，金融信息话语权是金融中心城市核心竞争力的重要标志。中国金融信息中心这一“航母”正式起航，将大大提升上海软实力，全球金融市场将会听到越来越多的“中国声音”，使上海国际金融中心建设如虎添翼。

1日，与中国金融信息中心这一重大基础性工程相伴落地的，还有新华社与国家发展改革委共同组建的跨学科实体性研究机构国家价格研究院（上海），以及面向全球开展白银报价交易、现货流通、数据采集加工、指数开发等业务的新华上海贵金属交易中心。同日上线的陆家嘴金融网则将有效承接政府公共服务职能，打造“24小时的网上陆家嘴”。

037. 国务院批复设立贵州贵安新区、陕西西咸新区

1月6日，国务院批复贵州省人民政府关于设立贵州贵安新区的请示，同意设立贵州贵安新区，把贵安新区建设成为经济繁荣、社会文明、环境优美的西部地区重要的经济增长极、内陆开放型经济新高地和生态文明示范区。

国务院明确提出，贵州要把建设贵安新区作为深入实施西部大开发战略、探索欠发达地区后发赶超路子的重要举措，加快推进体制机制创新，发展内陆开放型经济，努力推动贵州经济社会又好又快发展。

根据批复，贵安新区位于贵州省贵阳市和安顺市结合部，区域范围涉及贵阳、安顺两市所辖4县（市、区）20个乡镇，规划控制面积1795平方公里。贵安新区是黔中经济区核心地带，区位优势明显，地势相对平坦，人文生态环境良好，发展潜力巨大，具备加快发展的条件和实力。

同日，国务院批复陕西省人民政府，同意设立陕西西咸新区，要求陕西努力把西咸新区建设成为我国向西开放的重要枢纽、西部大开发的新引擎和中国特色新型城镇化的范例。

国务院要求陕西把建设西咸新区作为深入实施西部大开发战略的重要举措，探索和实践以人为核心的中国特色新型城镇化道路，推进西安、咸阳一体化进程，为把西安建设成为富有历史文化特色的现代化城市、拓展我国向西开放的深度和广度发挥积极作用。

根据批复，西咸新区位于陕西省西安市和咸阳市建成区之间，区域范围涉及西安、咸阳两市所辖7县（区）23个乡镇和街道办事处，规划控制面积882平方公里。西咸新区是关中—天水经济区的核心区域，区位优势明显、经济基础良好、教育科技人才会集、历史文化底蕴深厚、自然生态环境较好，具备加快发展的条件和实力。

038. 四川盆地发现国内最大单体海相整装气藏

2月10日，中国石油天然气集团公司发布消息，四川盆地天然气勘探获重大突破。经国土资源部审定，安岳气田磨溪区块寒武系龙王庙组新增天然气探明地质储量4403.85亿立方米，技术可采储量3082亿立方米。

这是目前中国发现的单体规模最大的特大型海相碳酸盐岩整装气藏，将为川气出川和全国气网提供更为充足稳定的资源，开启西南地区乃至全国天然气市场新格局。

这个气藏具有“两大、两高、三好”的特点，即储量规模大、含气面积大，气井产量高、气藏压力高，天然气组分好、勘探效益好、试采效果好，平均单井测试日产达到110万立方米，投产气井平均日产达到60万立方米。

国土资源部评审专家组认为，磨溪龙王庙组气藏勘探突破并丰富了古隆起形成和演化、油气运移和成藏等油气地质理论，积累了快速高效勘探开发新气藏的宝贵经验，开辟了四川盆地寻找大气田的战略新领域。气藏的发现对推进中国天然气工业快速发展、保障国家能源安全具有重要意义。

039. 中国央行首次发布地区社会融资规模数据

2月20日，中国人民银行发布2013年地区社会融资规模数据，这是央行首次发布该数据。数据显示，2013年广东、北京、江苏分别以1.3826万亿元、1.2556万亿元和1.2070万亿元位居前三位。

地区社会融资规模是指一定时期（每月、每季或每年）和一定区域内实体经济（即企业和个人）从金融体系获得的资金总额，是全面反映一定时期内金融体系对某一地区资金支持的总量指标。其统计口径和内涵与全国社会融资规模一致。

此次公布的数据显示，地区社会融资规模最多的前六个地区集中于东部六省市，即广东、北京、江苏、山东、浙江和上海，融资额合计占全国的37.9%。北京、上海、天津、重庆、福建、山西等省市人民币贷款占社会融资规模之比均低于50%，显示出融资结构趋于优化的特征。

040. 中国成为世界第一货物贸易大国

3月1日，商务部网站发布消息：2013年，中国货物进出口总额为4.16万亿美元，其中出口2.21万亿美元，进口1.95万亿美元。据世界贸易组织秘书处初步统计，2013年中国已成为世界第一货物贸易大国。这是100多年来发展中国家首次成为世界货物贸易冠军，也是中国继成为全球第二大经济体、最大外汇储备国和最大出口国之后又一突破。

商务部新闻发言人姚坚就此发表谈话时说，作为发展中国家，中国跃居世界第一货物贸易大国，是对外贸易发展道路上新的里程碑，是中国坚持改革开放和参与经济全球化的重大成果。他表示，改革开放35年来，特别是加入世贸组织以来，中国进出口贸易实现跨越式发展，有力推动了中国经济发展，也为世界经济作出了重要贡献。中国已经是120多个国家和地区最大的贸易伙伴，每年进口近2万亿美元商品，为全球贸易伙伴创造了大量就业岗位和投资机会。

姚坚指出，贸易大国是贸易强国的基础。尽管中国已经成为世界贸易大国，但要成为贸易强国仍然任重道远。中国出口产品附加值较低，拥有自主品牌较少，营销网络不健全，出口产品质量不高的现象仍然存在，统筹两个市场、两种资源的能力需要进一步提高。姚坚强调，当前我国对外开放面临新的形势和挑战，我们要积极推进转方式、调结构，培育参与经济全球化的新优势，加强与贸易伙伴的务实合作，努力实现互利共赢和共同发展。

中国2013年成为世界第一货物贸易大国

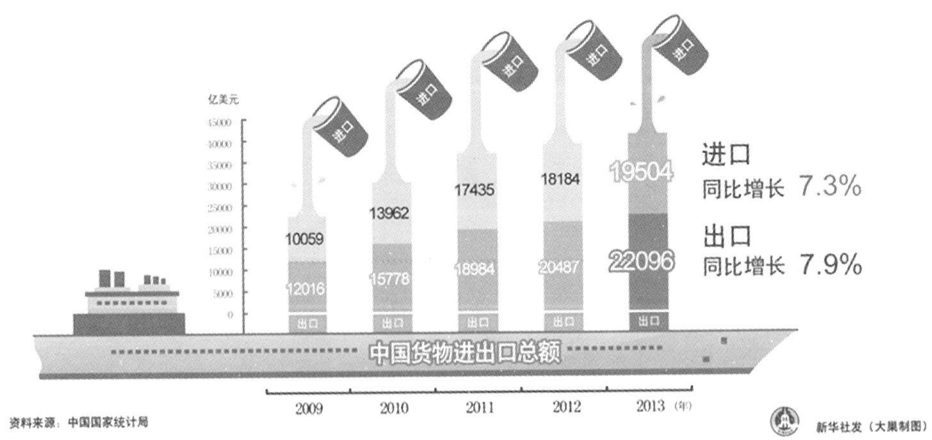

041. 首个全国性政府采购平台上线

3 月 26 日，中国物流与采购联合会公共采购分会成立，中国公共采购网“公采通”同时正式上线运行。这是我国第一个全国性的政府采购平台，致力于及时、准确、全面发布采购信息，提供安全、高效、阳光的公共采购服务。

据不完全统计，全国公共采购（含政府采购、国企采购、军队采购、高校采购、公益采购等）的市场规模超过 20 万亿元。然而，由于种种原因，政府采购乱象一直屡禁不止。受部门、地方和个人利益的驱动，相关经济人在政府采购过程中，往往为避免失去原有利益而变相侵害其他经济主体和社会整体利益，产生新的不正之风。

中物联公采分会成立后，将着手研究制定公共采购行业标准，研究开发和发布公共采购指数，利用互联网优势，建设公共采购电子商城，推动各级、各地公共采购电子化平台的互联互通。

042. 首家中文社交新媒体登陆纳市

4 月 17 日，新浪公司宣布，旗下微博业务正式登陆纳斯达克，成为全球范围内首家上市的中文社交媒体。微博确定首次公开募股（IPO）发行价为 17 美元，位于发行价区间 17—19 美元的区间内。此次上市募集资金最高可达 3.2844 亿美元。这是 2009 年新浪推出微博业务后的第五年，微博上市使国内社会化媒体领域诞生了首家上市公司，此前，新浪微博已在 2014 年 3 月

4 月 17 日，在纽约纳斯达克交易所，人们庆祝微博公司股票上市交易。

新华社/法新社

底正式更名为微博。

截至2014年3月，微博月活跃用户1.438亿，日活跃用户6660万，是中国活跃度最高的社交媒体。微博董事长曹国伟表示，微博将继续以用户体验为核心，进一步提升移动端和个人电脑端的使用体验，同时微博将在移动互联网广告、电子商务、移动支付等方面展开探索，打造社会化营销生态体系。

043. 中国首条高海拔高铁全线贯通

5月1日10时10分，随着一声巨响，兰新高铁全线地质最复杂、海拔最高、建设标准最高的祁连山1号隧完成最后爆破，这标志着中国首条在高海拔地区修建的高速铁路全线贯通。

兰新高铁全长1776公里，于2009年11月4日开工建设，预计2014年年底投入运营。兰新高铁经青海省西宁、甘肃省张掖，直抵新疆首府乌鲁木齐，途中共设31个车站。建成后，旅客列车速度目标值为每小时200公里以上，届时北京至乌鲁木齐将由现在的40小时缩短至20小时以内，而西宁至乌鲁木齐仅为7小时左右。

兰新高铁甘青段第7标段工程祁连山1、2号隧道以及硫磺沟大桥施工由中国铁建二十局集团承建，该标段全长16.336公里，管区海拔3600米至4300米，是全线的制高点，被誉为“世界高铁第一高隧”。

5月1日，中铁二十局施工人员在祁连山1号隧道内庆祝胜利。

张宏祥　摄（新华）

祁连山隧道地质环境非常差，四、五级危岩占到了施工区域的70%。经过近1500多名施工人员52个月的艰难鏖战，终于打通了祁连山1号隧道，比预计时间晚了近半年。

044. 中国银联发布单位结算卡

5 月 5 日，中国银联在北京发布单位结算卡，这是银联卡首次涉足企业账户体系，成为企业金融服务创新的重要标志。

银联单位结算卡是为提升企业客户支付结算便利而推出的创新借记卡产品。面向企业客户发行，与企业的银行结算账户相关联，具备账户查询、转账汇款、现金存取、消费及投资理财等多种金融功能。该卡支持企业多账户管理，通过境内银联网络的所有渠道，企业客户可以全天候办理支付结算业务，极大地提升了企业资金结算及财务管理效率，并助推商业银行公司及零售业务资源的整合。

此次银联单位结算卡的推出，标志着银联正式迈入企业金融服务领域，将为支持商业银行业务创新发展，满足企业客户便捷、高效的支付结算需求，带来全新的服务体验。

045. 国家电网首次向民资开放两个市场领域

5 月 27 日，国家电网公司宣布，向社会资本开放分布式电源并网工程和电动汽车充换电设施两个市场领域。中国破除国有企业垄断，发展混合所有制经济再迈一步。

此举是这家自然垄断类央企首次向社会资本开放市场。此次是“全面开放”两个市场，即社会资本尤其是民营资本可以投资、建设和运营太阳能光伏发电、风电等分布式电源的上网设施，以及电动汽车的快充、慢充、换电等各类充换电设施。

中共十八届三中全会提出发展混合所有制，并要求国有资本继续控股经营的自然垄断行业，要根据不同行业特点实行网运分开、放开竞争性业务，进一步破除各种形式的行政垄断。这让市场对油气、电网等行业向民营开放寄予厚望。

国家电网公司选定这两个领域率先开放，是考虑到分布式电源上网设施和电动汽车充电设施的投资规模适中，技术标准明确，易于管理运行，投资方式灵活，适合社会资本投资。

国家电网公司估算这两个市场将以年均130亿元的规模增长，到2020年市场规模将达2000亿元，同时拉动国内生产总值（GDP）增长7800亿元。

全面开放后，国家电网公司自营的充换电设施主要布局在京津冀、长三角、环渤海等电动汽车示范城市和全国高速公路城际主干线。

046. 全国首个创新创业街区开启

6月12日，全国首个大规模集聚早期创新创业要素的特色街区“中关村创业大街”在北京正式开启。该街区将通过“政府引导”结合“市场化运作”的模式，为科技型创新创业者提供创业扶持。

以“一条街”的形式汇聚如此丰富多样的创新创业要素、为初创团队提供专业支持，这在全国尚属首例。

不同于全国其他一些地区的科技园或孵化器的支持政策，中关村将创新创业要素聚合在一个街区的物理空间，资源更聚合，将为科技型创业小团队探索更便利的成长方式。

“创业大街”是将包括政策支持、专业创业服务中介、服务机构、投资机构、知识产权管理、培训机构等多种要素汇聚在一地，为科技型创业者、初创团队提供专业支持。在街区中，单个创业要素的功能将被放大，这就是中关村一直希望打造的创新创业生态圈，生态圈建设将为这些初创企业提供“能力的孵化”。

047. 武汉至黄石、黄冈城铁开通

6 月 18 日，武汉城市圈武汉至黄石、武汉至黄冈两条城际铁路正式开通运营，最快可半小时左右分别抵达两市。

上述城际线路开通运营，不仅开创了中国同一地域同时开通两条城际铁路的先河，使得武汉成为中国拥有最多 3 条城际铁路的城市（武汉至咸宁城际铁路已通车），而且将武汉、黄石、鄂州、黄冈四市紧密相连，开启了武汉城市圈东南部地区的“同城生活”时代。

当天早上 7 点整，武汉至黄石城际铁路首趟和谐号动车组列车 C5501 次从武汉站驶出，开往大冶北站；13 分后，从武汉站开往黄冈东站的 C5601 次列车平稳启动，大别山革命老区黄冈首次迎来疾驰如风的动车组。

武汉至黄石、武汉至黄冈城际铁路均为双线电气化铁路客运专线，起点设在武汉火车站。开通初期，分别安排 7 对和 8 对动车组上线运行，预留 5 对动车组在客流高峰时段开行。两条城际动车组分早中晚开行，每趟列车发车时间间隔 1 小时左右，在客流较大车站动车均有停靠。

同时，沿线民众通过购买联程票在武汉站“无缝”中转，沿京广高铁、沪汉蓉客运专线，可更加便捷的抵达“长三角”“珠三角”、京津冀等经济发达地区。

6 月 18 日，一列动车行驶在武冈城际铁路上。

程敏　摄（新华）

武汉至黄石和黄冈两条城际铁路开通，标志着武汉城市圈这个长江中游规模最大、人口最密集的城市群交通路网升级，将加快黄石市、鄂州市、黄冈市融入武汉城市圈的节奏，并形成优势互补的区域经济一体化合作体系，为湖北打造长江经济带创造了更多机遇。

未来武汉至黄石的城际铁路还将从大冶北站延伸至江西九江，从而形成武汉至九江客运专线，并与向莆铁路客运专线相连接，最终形成一条时速达250公里、沟通东南沿海与华中地区的快速客运大通道。

048. 中国动车组首次打入欧洲市场

6月24日，中国南车株洲电力机车有限公司同马其顿国家铁路公司签署购销合同，将向后者出口6列内燃、电动车组。成功将拥有自主知识产权的动车组整车产品打入欧洲市场。

该车辆将基于该公司设计平台，结合海外项目的成熟丰富经验，按照马其顿国家标准、EN标准、ISO标准、IEC标准和TSI标准等研制，是为马其顿量身定制的一款全新动车组车辆。

该款标准轨距的动车组最高运营时速140公里，设计寿命30年。为满足当地的需求，将融合低地板技术，采用铰接转向架技术，使车辆能在更复杂的曲线线路运行。同时，整车外形呈流线造型，并融入马其顿民族特色，犹如流动的国家名片。

马其顿是国际铁路联盟（UIC）成员。此前，中国出口到欧洲市场的都是机车和轻轨车辆，此次是中国动车组整车产品首次进入欧洲市场，标志着中国的高端轨道交通装备产品赢得了欧洲市场的认可。

049. 铁路大调图　动车成“主力军”

7月1日零时起，中国铁路调整运行图。这是自2007年以来铁路最大幅度的一次调图。调图后，全国铁路开行旅客列车总数达到2447对，其中动车组列车1330对，成为“主力军”。

调图后，成都至上海、杭州、福州间最短运行时间分别为14小时58分、15小时和15小时12分，比现行分别压缩4小时57分、17小时50分和26小时14分。客运专线普遍实行日常、周末、高峰三种运行图，运输能力安排更加科学，列车开行方案更加适应旅客出行。

此次调图对旅客列车开行方案进行了优化，京沪、京广、京哈高铁，石太客专，以及杭深等干线运输能力得到扩充。其中，京沪高铁最繁忙区段开行动车组列车101对，京广高铁最繁忙区段开行动车组列车100对。

增开动车组列车的同时，铁路“老产品”普速旅客列车品质也将得到提升。实行新的运行图后，部分普通旅客列车的旅行速度进一步提升。如杭州至哈尔滨1470/1、1472/69次改为特快列车，全程运行时间压缩16小时59分。部分普速旅客列车改为空调列车，旅客乘车环境得到改善。

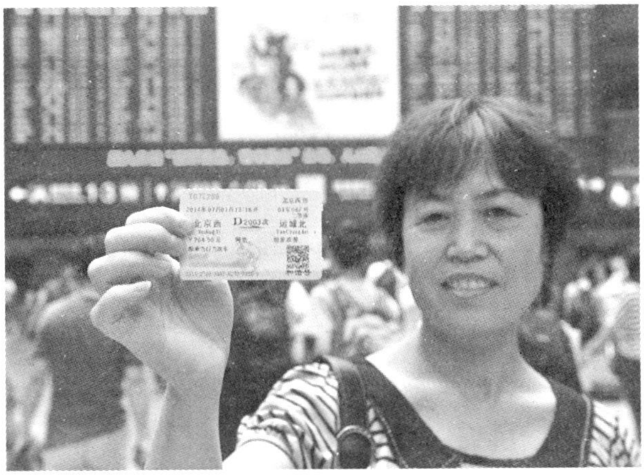

7月1日，在北京西客站，一位旅客展示从北京西到运城北的D2003次车票。

李文　摄（新华）

调图同样使铁路货运能力得到释放，服务也将更加完善。新图安排货运班列118列，其中特快班列8列；快速班列增至32列，能力提高11.8%；普快班列增至78列，能力提高9.9%。按时速120公里的标准安排3条中欧班列运行线；开行82条点到点的大宗货物直达列车运行线。

为确保这次运行图调整顺利实施，铁路总公司细化列车交路安排、车辆运用、人员组织、安全控制等交替方案，明确任务，落实责任，保证各工种、各环节衔接有序，努力实现让广大旅客“安全出行、方便出行、温馨出行”。

050. “世界最难铁路”开动车

7月1日，有“世界最难铁路”之称的宜万铁路湖北宜昌东至凉雾段首次开行动车。至此，沪汉蓉快速铁路客运专线打通了动车运行的最后一段“瓶颈”区，横贯中国东西的沿长江铁路快速大通道真正形成。

1日上午10时08分，随着一声汽笛响起，满载乘客的D2251次列车从宜昌东火车站向西缓缓开出。至此，铁路“川汉”全面进入动车时代。

7月1日，首趟从汉口发车的动车经由宜昌火车东站出发开往重庆。

朱敏　摄（新华）

宜万线开行动车后，动车可直达川渝。武汉到川渝方向最短只需6小时40分，比现在减少4小时36分。上海、杭州、福州到川渝最短分别只需14小时58分、15小时和15小时12分，分别减少了4小时57分、17小时50分和26小时14分。

沪汉蓉铁路沿江快速通道真正形成，与南北快速交通干线京广高铁等在武汉形成“米”字型动车网络，长江经济带上的成渝经济圈、长江中游城市圈以及长江三角洲城市群实现半日直达，“千里成渝一日还”由梦想终于变成了现实。

宜万铁路地处湖北西南山区和重庆境内，全长377公里，是贯通中国东、中、西部的重要交通纽带。由于宜万铁路沿途遍布岩溶、暗河等，地质构成十分复杂，159座隧道和253座桥梁长度占线路总长的74%，这条三分之二为隧道和桥梁组成的铁路，因此被铁路专家们公认为“世界上最难修的铁路”。

2010年11月22日，宜万铁路正式开通运营，打通了千百年来困扰巴蜀人民出行的“咽喉”。由于沿途地质复杂，出于安全考虑，动车迟迟没有开通。2013年年底开始，铁路部门组织1000多名科技人员和干部职工对宜万线宜昌东至凉雾段进行全面的加固升级，经过严格检测和试运行，为动车正式通行做好了充分准备。

051. 北京世界500强总部全球第一

7月初，美国《财富》杂志公布2014年世界500强企业榜单，北京拥有的世界500强企业总部由2013年的48家增加至52家，蝉联全球城市第一。

除了数量增加，北京拥有的世界500强企业总部还呈现整体位次继续前移、营收实力不断增强、所涉领域进一步拓宽等特点。北京市商务委员会相关负责人表示，总部企业集聚成为北京市经济发展的重要支撑。总部企业以占北京市0.4%的单位数、25%左右的就业人数，创造全市近一半的增加值，实现近六成的收入和税收。2014年北京还将采取多项措施巩固“总部之都”地位，进一步优化总部企业在京发展环境，完善投资促进机制，建立健全总部企业重大项目投资发现机制和跟进服务机制，搭建总部企业市场服务平台，鼓励跨国公司在京设立地区总部、研发中心、采购中心、财务管理中心等功能性机构。

除北京外，全球拥有世界500强企业总部排名第2至5名的城市分别为：日本东京、法国巴黎、美国纽约和英国伦敦。

052. 全国首张“网上自动赋码”税务登记证诞生

7月11日，豹鲸（上海）智能科技有限公司代表徐女士从上海自贸试验区窗口工作人员手中，接过了尾号为“653”的全国首张“网上自动赋码”税务登记证。

“网上自动赋码”在全国范围内首创税务登记“免审核”，由纳税人提出申请、接受审核转变为税务机关根据工商、质监等部门提供的信息，由系统自动赋予税务登记号码，实现了税务登记制度的历史性突破。

税务信息系统“自动赋码”后，纳税人将即时收到提示提醒短信，便于后续事宜的办理。同时，纳税人也可以登录“上海税务”官方网站“自贸区网上自动赋码查询”专用模块，查询相关信息。

税务登记证相当于企业的“税务身份证”，拥有全国唯一性的身份识别码。不但发票领购、申请减免税与退税、一般纳税人资格认定等涉税事项需要凭“证”办理，也是在金融机构开立基本存款账户等事宜的必需要件之一，对新办企业生产经营具有重大影响。如此重要的“身份证”免审核、自动赋予，不仅是办税实体程序的简化优化，也是税务部门转变职能、倡导诚信的理念变革。

上海自贸区税务分局成立半年来，为“网上自动赋码”的成功推出，开展了大量前期的基础性工作，完成了逾万户原综合保税区企业的税务登记号变更工作。这万余户企业已先期拥有了“310141”开头，代表自贸试验区企业的“税务身份证”。

053. 中国海外承建的首条高铁通车

7月25日，由中国企业参与建设的连接土耳其首都安卡拉和土最大城市伊斯坦布尔的高速铁路二期工程顺利通车。

当天在土方官员陪同下，埃尔多安从安卡拉车站登上开往伊斯坦布尔的第一班高速列车。列车在一片欢呼声中，缓缓驶出车站，平稳运行在安卡拉到伊斯坦布尔的铁轨上。在飞驰列车上，埃尔多安来到驾驶室，听取了技术人员关于车辆运行状态的汇报。一路上列车运行稳定、各项指标完全符合设计要求，赢得埃尔多安的肯定。傍晚时分，列车按既定时间驶入伊斯坦布尔车站，圆满完成首次通车。在车站现场，土耳其铁路部门举行了盛大通车剪彩仪式。

随后，在几千名民众热烈欢呼声中，埃尔多安盛赞了包括中国企业在内的高铁建设者，对他们为实现顺利通车付出的辛勤劳动表示感谢。他希望这段高铁的成功通车能促进当地经济发展，造福土耳其人民。

安伊高铁二期项目是中国第一条真正“走出去”的高铁，是新丝绸之路“一带一路”建设的重要成果。这条铁路顺利通车极大提升了中国企业在海外的影响力，为中土未来经贸合作奠定了坚实基础。

安卡拉至伊斯坦布尔的高速铁路全长533公里。2005年，由中国铁建股份有限公司牵头并联合中国机械进出口公司以及土耳其两家公司共同组成的合包集团成功中标二期主要路段。中标路段全长158公里，合同金额12.7亿美元，设计时速250公里。这是中国企业在海外组织承揽实施的第一个电气化高速铁路项目，对推动中国高铁“走出去”具有重要战略意义。

054. 中国援建安哥拉最长、最快铁路竣工

8月13日，横贯安哥拉全境的本格拉铁路全线竣工，这是继20世纪70年代在非援建坦赞铁路之后，中国在新世纪承建的海外最长铁路。本格拉铁

路由中国铁建二十局集团采用 EPC（设计—采购—施工）方式建设，全长 1344 公里，西起大西洋港口城市洛比托，向东途经本格拉、万博、奎托、卢埃纳等重要城市，直抵与刚果民主共和国接壤的边境城市卢奥。

图为安哥拉本格拉铁路沿线居民在铁路线附近行走。

庞曙光　摄（新华）

全线共设车站 67 座，设计时速 90 公里，项目总投资约 18.3 亿美元。

本格拉铁路按照中国铁路标准建设，是安哥拉有史以来修建的线路最长、速度最快、规模最大的现代化铁路项目，也是安哥拉洛比托经济走廊的重要交通大动脉。

历史上安哥拉曾是葡萄牙的殖民地，原有的本格拉铁路就是由葡萄牙建筑商 1929 年历时 26 年建成，行车时速仅 30 公里。在项目启动之初，究竟是采用欧洲标准还是中国标准，曾引发激烈辩论。

新建的本格拉铁路不仅连接了刚果民主共和国，而且将在卢阿卡诺车站与规划建设的安哥拉至赞比亚铁路相连，进而与坦赞铁路相接，成为刚果民主共和国、赞比亚等内陆国家的重要出海通道，极大降低这些国家铜矿等资源的出口成本，并将通过与纳米比亚、马拉维、莫桑比克等周边国家铁路网接轨，实现南部非洲区域铁路的互联互通，进而形成大西洋与印度洋之间的国际铁路大通道，促进区域经济发展。

055. 中国反垄断开出最大罚单

8 月 20 日，中国国家发展和改革委员会宣布，对日本住友等八家零部件企业价格垄断行为依法处罚 8.3196 亿元（人民币，下同），对日本精工等四家轴承企业价格垄断行为依法处罚 4.0344 亿元，合计罚款 12.354 亿元。这是

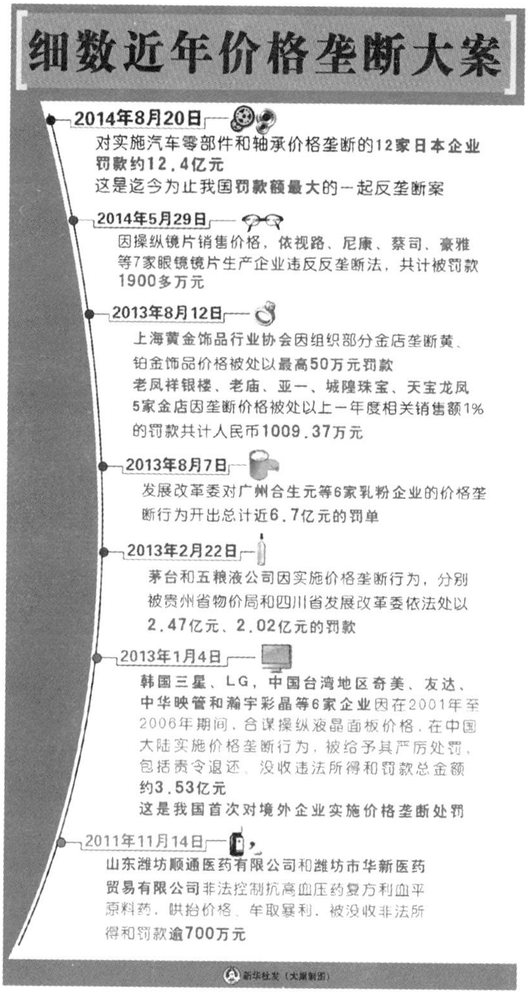

目前为止中国反垄断执法部门开出的最大罚单，意味着中国对汽车及配件的反垄断调查取得阶段性成果。

经发展改革委查实，日立、电装、爱三、三菱电机、三叶、矢崎、古河、住友等八家汽车零部件企业和不二越、精工、捷太格特、NTN等四家轴承企业涉嫌达成并实施汽车零部件、轴承的价格垄断协议。两案违法时间均持续10年以上。经价格协商的零部件用于本田、丰田、日产、铃木、福特等品牌的20多种车型。

根据发展改革委的处罚决定，对第一家主动报告达成垄断协议有关情况并提供重要证据的零部件企业日立和轴承企业不二越免除处罚。对第二家主动报告的企业处以上一年度销售额4%的罚款。对其他企业根据垄断行为处以上一年度销售额6%至8%的罚款。

被处罚的两家轴承企业精工和NTN19日分别在东京证券交易所发布公告，表示全力配合中国政府部门进行汽车轴承业务调查，采取多重措施确保遵守中国反垄断法。

中国启动对汽车及配件的反垄断调查，将切走相关企业的高利润蛋糕，促进价格回归理性，对整个行业也是一次普法教育，将从深层次推动中国汽车市场健康良性发展。

过高的零整比已成为中国汽车行业饱受诟病的弊端，不仅侵害了消费者的利益，而且对汽车业健康业态的形成危害巨大。

链　接

中国对汽车零部件和轴承企业开展反垄断调查始于2014年4月。而早在2010年和2011年，日本的反垄断机构就对这些企业进行了相关调查。2013年9月，美国司法部宣布对9家日本汽车零部件公司在美国市场多次合谋操纵价格罚款7.4亿美元，并有两名高管面临牢狱之灾。

同期，中国各地反垄断执法部门对克莱斯勒、奥迪、奔驰等汽车经销商的反垄断调查也在推进。克莱斯勒、奥迪已查明存在垄断行为，将受到相应处罚。

反垄断调查的初期效应在中国市场已经显现。广汽本田8月8日宣布，9月1日起下调部分零部件价格。随后，广汽丰田也宣布于8月18日起下调部分零部件价格。更早些时候，包括捷豹路虎、奥迪、奔驰等豪华车型已在中国市场掀起集中降价的风潮。

中国《反垄断法》于2008年8月1日生效，是世界上最年轻的反垄断法之一。实施六年来，中国反垄断执法力度日渐加强，执法程序日渐成熟，市场影响越来越大。

目前中国政府的反垄断职能主要分布于发展改革委、商务部和工商总局。除汽车行业外，微软、高通也因涉嫌垄断被立案调查。

邓志松说，对危害市场公平竞争的行为进行反垄断调查和执法，是世界公认的市场经济规则。反垄断执法是建立现代国家治理体系的组成部分。在中国政府下放行政审批权的同时，完善包括反垄断执法在内的市场监管体系，将为不同所有制市场主体营造公平竞争的市场环境发挥重要作用。

056. 中国南海发现第一个自营深水高产大气田

9月15日，中国海洋石油总公司宣布，“海洋石油981”钻井平台日前在南海北部深水区测试获得高产油气流。据测算，这是中国海域自营深水勘探的第一个重大油气发现。

此次发现的陵水17－2气田距海南岛150公里，其构造位于南海琼东南盆地深水区的陵水凹陷，平均作业水深1500米，为超深水气田。

中海油南海西部石油管理局局长谢玉洪介绍说，陵水17－2测试日产天然气5650万立方英尺，相当于9400桶油当量。“测试获得高产油气流，创造了中海油自营气井测试日产量最高纪录。”他说。

这也是“海洋石油981”深水钻井平台投用以来，首次在深水领域获得的重要发现。“海洋石油981”是中国自主设计和建造的第一座深水钻井平台，

其中许多设计都是按南海海况"量身定做"，于2012年5月9日在南海海域正式开钻。

世界对深水的概念随着深水勘探技术的发展不断演化。目前从水面到海床垂直距离达到500米以上的可称为深水，1500米水深以上为超深水。深水海域已成为近年来全球油气勘探开发的重要接替区域。

中国南海油气资源极其丰富，70%蕴藏于深海，但深海勘探难度极大。此次陵水17－2气田的发现，不仅证明了我国南海深海丰富的油气资源潜力，也意味着我国已基本具备深水油气开发的能力。

057. 月销售额不超3万的小微企暂免征税

9月17日，国务院总理李克强主持召开国务院常务会议，部署进一步扶持小微企业发展推动大众创业、万众创新，决定全面建立临时救助制度、为困难群众兜底线、救急难。

会议指出，小微企业是发展的生力军、就业的主渠道、创新的重要源泉。在推进简政放权，尤其是实施商事制度等改革后，新设企业大幅增加。加大对小微企业、个体工商户特别是在改革中"呱呱坠地"新生者的扶持，让它们在公平竞争中搏击壮大，可形成示范效应，推动大众创业、万众创新，也能增添社会活力和发展内生动力，促进经济稳定增长和民生改善。会议确定，在继续实施好现有小微企业支持政策的同时，重点推出以下新政策：一是加大进一步简政放权力度。加快清理不必要的证照和资质、资格审批，为小微企业降门槛、除障碍。二是加大税收支持。在现行对月销售额不超过2万元的小微企业、个体工商户和其他个人暂免征收增值税、营业税的基础上，从2014年10月1日至2015年底，将月销售额2万元至3万元的也纳入暂免征税范围。对小微企业从事国家鼓励类项目，进口自用且国内不能生产的先进设备，免征关税。三是加大融资支持。采取业务补助、增量业务奖励等措施，引导担保、金融和外贸综合服务等机构为小微企业提供融资服务。鼓励银行业金融机构单列小微企业信贷计划，鼓励大银行设立服务小微企业专营机构。推动民间资本依法发起设立中小银行等金融机构取得实质性进展。四是加大财政支持。对吸纳就业困难人员就业的小微企业，给予社会保险补贴。政府以购买服务等方式，为小微企业免费提供技能培训、市场开拓等服务。高校毕业生到小微企业就业，由市、县公共就业人才服务机构免费保管档案。五是加大中小企业专项资金对小微企业创业基地的支持，鼓励地方中小企业扶持资金将小微企业纳入支持范围。六是加大服务小微企业的信息系统建设，方便企业获得政策信息，运用大数据、云计算等技术提供更有效服务。

会议还决定，按照《社会救助暂行办法》，全面建立临时救助制度，对遭遇突发事件、意外伤害、重大疾病或其他特殊原因导致生活陷入困境，其他社会救助暂时无法覆盖或救助之后基本生活仍有严重困难的家庭或个人，给予应急、过渡性救助，做到兜底线、救急难，填补社会救助体系“缺项”。临时救助实行地方政府负责制，救助资金列入地方预算，中央财政给予适当补助。引导大中型企业、慈善组织等设立公益基金，发挥好社会服务机构、志愿者的积极作用。社会力量参与救助的，按规定享受财政补贴、税收优惠、费用减免等政策。临时救助实施情况定期向社会公开，加强救助资金监督检查，严肃查处挤占挪用资金、骗取救助等行为。

058. 上海自贸区首个面向境外投资者的“国际板”落地

9月18日，上海自贸区首个面向境外投资者的“国际板”——上海国际黄金交易中心正式启航交易。专家指出，对于全球最大黄金消费市场的中国而言，黄金国际板开闸，使黄金“中国标准”走向世界成为可能，“上海金”真正获得了争夺国际定价权的“入口”，上海将与伦敦、纽约一起，成为全球黄金定价中心的“三极”。

自贸区首个“国际板”落地

上海黄金国际板将依托自贸区账户体系，实现我国资本市场对外开放。按照上海黄金交易所国际业务规则，黄金国际板以人民币计价，新挂牌3个国际合约：IAU99.5、IAU99.99和IAU100g，交割地点均为交易所自贸区指定的交割仓库。

截至目前，黄金国际板首批境外会员已经确定，囊括数十家国际知名商业银行、投行。“这是国内资本市场首次允许境外投资者无限额参与人民币计价产品的投资和交易。”一家商业银行交易员表示，随着黄金国际板开闸，境内外的投资者首次实现了在统一规则、统一平台上进行黄金交易。

“黄金国际板利用上海自贸区开设自由账户的契机，实现了我国黄金市场的对外开放，引入国际投资者，不断增加市场的交易量，真正形成全球化、国际化的市场。”上海黄金交易所理事长许罗德表示。

跟 QFII、沪港通等跨境投资产品不同，由于是用人民币计价、交易、结算，黄金国际板的境外投资者无须经过货币兑换，只要遵循资金账户对应、定向划转原则，交易非常便捷。

有助于促进人民币的国际使用

“黄金国际板的推出，实际上实现了黄金项下的人民币自由兑换。”许罗德说。

兴业银行资深分析师蒋舒认为，境外投资者进入黄金国际板市场并用人民币计价结算，有助于促进人民币的国际使用，进而推动人民币国际储备货币等功能发挥。

随着人民币在境外受欢迎程度的提高，国际市场已累积了大量人民币资金，境外人民币存量规模已达 2 万亿元左右，并在伦敦、新加坡、中国香港等地初步形成规模较大的人民币离岸中心。但人民币要成为国际储备货币，仍需要发达的本币金融市场作为支撑。

美国康奈尔大学教授埃斯瓦尔·普拉萨德表示，除了资本、汇率等政策外，发达的金融市场是成为国际储备货币的最关键条件之一。

“黄金国际板开启了一个新时代，境外人民币持有者可以无限额地投资本币资产市场，这将大大增强境外人民币的流动性，其持有者也能更放心稳定地持有。”蒋舒说。

黄金“中国标准”走向世界

“事实上，上海黄金市场的国际影响力已经很大，包括主产区的南非等地交易员也都高度关注，但遗憾的是境外投资者不能买、不能卖。”曾在南非标准银行负责贵金属贸易的王其博说，这使得“上海价格”更多作为一种参考，而非贸易结算的基准。

随着黄金国际板直接引入境外投资者，上海黄金市场的交易价格将更具代表性和权威性，更能反映全球市场的供需形势。“可以说，争取大宗商品的定价权，‘引进来’海外资金和投资者，比‘走出去’参与海外市场更为重要。”期货专家常清认为。

上海黄金交易所副总经理宋钰勤则认为，国际板上线意味着我国作为传统用金、产金、购金大国，将力促黄金交易市场的“中国标准”走向世界。

许罗德表示，目前黄金市场已经出现“西金东移”，我国黄金消费规模世界第一，但黄金的定价权依然在西方。抓住上海国际金融中心建设的“机遇窗口期”，顺应形势打造“上海金”，从“影子市场”发展到“三足鼎立”，形成伦敦、纽约、上海三个国际黄金定价中心，也是上海黄金交易所的历史使命。

059. 阿里巴巴上演华尔街“中国奇迹”

9月19日，阿里巴巴成功登陆美国纽约证券交易所，开盘股价飙升，收盘时市值跃至2314亿美元，超越美国两大电商巨头亚马逊和亿贝的总和。

当天阿里股票受到市场追捧，开盘价为每股92.70美元，较68美元的首次公开募股（IPO）发行价上涨了36%，收盘价为93.89美元。

自1999年创立，阿里巴巴仅用了15年时间，就从一家诞生于狭小公寓的小型互联网公司发展到备受华尔街追捧的中国电商巨头。

当天的纽交所交易大厅热闹非凡，来自世界各地的记者和交易员们摩肩接踵，共同见证了阿里巴巴长达两个多小时的开盘价询价过程。

9月19日，阿里巴巴敲响开市钟，登陆纽约证券交易所。图为阿里巴巴董事长马云在美国纽约证券交易所内迎接阿里巴巴上市。

王雷　摄（新华）

“对于阿里巴巴而言，今天就像过节一样。一切进展都很顺利，每个人都非常高兴，包括马云先生。”在纽交所交易大厅工作了五十年以上的传奇交易员阿特·卡欣如此评价阿里巴巴的上市过程。

在纽交所交易大厅工作了十年多的美国消费者新闻与商业频道（CNBC）记者鲍勃说，能和阿里巴巴一样吸引到如此多关注的 IPO，也就是推特了。

对于今天的成功，马云在记者会上说："今天如果是成功的话，那么它是小企业的成功，是中国经济的成功，是互联网的成功，是那些小客户们的成功。"正因为此，马云当天没有亲自敲开市钟，而是邀请了 8 名来自中国和美国的普通淘宝客户登上了纽交所的敲钟阳台。

"美国最大的 IPO 是一家中国公司创造的，这说明中国过去走的路走对了，得到了世界的认可，得到了主流市场的认可，而且创造了主流市场的奇迹。"澳大利亚华人教师赵辉在交易大厅说。

这次来美国开会的他，今天原本要从华盛顿回澳大利亚，听说阿里巴巴要上市后临时决定过来，希望亲眼目睹一家中国互联网巨头在华尔街创造历史的时刻。

阿里巴巴在美国成功上市，不仅给美国投资者带来分享中国经济增长的机会，也让美国资本市场更多关注中国经济的发展和中国公司的表现。

阿里巴巴在纽交所成功上市，将会让更多美国投行、风投将目光投向中国，将给中国公司带来更多的融资和来美上市机会。

阿里巴巴旗下的淘宝网、天猫、聚划算等交易平台的网络成交额约占中国在线购物总规模的 80%。在成功上市后，阿里巴巴将会加快向欧美市场开拓的步伐。

国际零售咨询企业达曼国际副总裁维尔吉娜·莫里斯说，未来全球电子商务的竞争将更趋激烈，不同市场的消费者偏好并不一样，阿里巴巴要进军新的市场并非易事。

对于阿里巴巴未来面临的压力，马云很明白。这个曾称希望阿里巴巴能经营 101 年、横跨三个世纪的创始人对记者说："我们很艰难地走过了 15 年，但我们一定要把时间花在未来的 15 年，花在未来的 87 年。"

060. 政府采购将对"黑名单"企业"说不"

9 月 23 日，国家工商总局外资注册局局长马夫在国务院新闻办公室举行的新闻发布会上表示，《企业信息公示暂行条例》于 10 月 1 日起施行，企业未如期公示或信息不实将入"黑名单"，政府采购将对"黑名单"企业实施限制或禁入。

企业公示信息主要包括两部分。一是即时信息，对于这些随时发生的信息，企业应当自信息产生之日起20个工作日内向社会公示。另一部分是年报信息，企业应当于每年1月1日至6月30日，通过企业信用信息公示系统向工商管理部门报送上一年度的年报，并向社会公示。

对于未按规定期限公示年度报告或公示信息隐瞒弄虚作假等情形，条例规定，此类企业将被列入经营异常名录中，连续3年被列入这一名录的，将被列入严重违法企业名单即“黑名单”。

与经营异常名录“谁登记、谁管理、谁公示”的原则不同，只有国家工商总局与省级工商部门才有权限将企业放入“黑名单”或从“黑名单”移出。列入“黑名单”的企业，有关部门将在政府采购、工程招投标、国有土地出让等工作中，予以限制或者禁入。以政府采购为例，供应商参加政府采购活动前3年应当在经营活动中没有重大违法记录，列入“黑名单”的企业，就属于禁入的情形。

061. 上海自贸区四大制度创新取得阶段性成果

9月26日，上海自贸区管委会主任艾宝俊在上海市政府新闻发布会上表示，经过一年的改革实践，上海自贸区推进四大制度创新，取得了重要的阶段性成果。

一是深入探索负面清单管理模式，形成更加开放透明的投资管理制度。2014版负面清单从2013版的190条减少到139条，调整率达26.8%，为中美BIT谈判提供参考。建立了以备案制为主的境外投资管理方式，备案设立的企业占新设立企业的91%，新设外商投资企业数量同比增长10倍。总体方案确定的服务业23项开放措施全面实施，2014年国务院又批准了新一轮31项扩大开放措施。

二是深化贸易监管制度创新，提高贸易便利化水平。上海自贸区管委会副主任朱民介绍，在国际贸易“单一窗口”“先进区、后报关”等政策利好下，1—8月自贸区内进出口同比增长11%；物流仓储成本据企业测算平均降低10%；平均通关时间缩短3—4天；在新增企业中，一半以上是贸易和物流企业。

三是深化金融制度创新，提升对实体经济发展的服务水平。目前，87家有金融牌照的金融机构入驻自贸区，1—8月，自贸区新增跨境人民币结算金额1563亿元，占上海全市的15%；人民币境外借款发生174.3亿元；10家中资银行开立了4110家自由贸易账户。

对于外界高度关注的自由贸易账户体系，上海金融办主任郑杨表示，目前除了10家中资银行已经接入自由贸易账户信息监测管理体系，海通证券、国泰君安等也在抓紧测试，汇丰、花旗等外资银行在做接入准备。按照先本币后外币原则，在分账核算业务细则发布后6个月，我们将对其评估，并择机启动本外币一体化的自由贸易账户体系。

四是加强事中事后监管，创新政府管理方式。目前，上海自贸区已经制定形成安全审查办法、三个领域反垄断工作办法等制度。依托上海市公共信用信息服务平台，自贸区探索开展事前诚信承诺、事中评估分类、事后联动奖惩的信用管理模式，建立了企业年报公示和经营异常名录制度，首批1467家企业经营异常名录已经公布。

062. 南水北调引江济汉工程正式建成通水

9月26日，中国南水北调四大补偿工程之一引江济汉工程建成通水仪式在湖北荆州举办。国务院南水北调办公室主任鄂竟平宣布工程正式通水。通水后，工程将发挥效能，长江水将汇入汉江，润泽江汉平原地区。

引江济汉工程是中国现代最大的人工运河和湖北省最大的水资源配置工程。工程进水口位于湖北省荆州市荆州区李埠镇，出水口位于潜江市高石碑镇，全长67.23公里。2010年3月26日，引江济汉工程动工。2014年8月底，引江济汉主体工程完工，完成土方开挖6206.25万立方米。9月12日至14日，引江济汉工程通过专家委员会和验收委员会通水验收，引江济汉工程已具备通水运行条件。

引江济汉工程开创了交通、水利部门工程建设共建新模式。工程通水后，可向汉江兴隆以下河段（含东荆河）补充因南水北调中线调水而减少的水量，改善该河段的生态、灌溉、供水条件，对汉江中下游地区的生态环境修复和改善具有重要意义。

引江济汉工程是一条“黄金水道”。工程将往返荆州和武汉的航程缩短了200多公里，将往返荆州与潜江的航程缩短了600多公里，并连接了长江、汉江两大经济带，有助于促进江汉平原地区的发展。

063. 国务院印发《物流业发展中长期规划》

10月，国务院印发《物流业发展中长期规划（2014—2020年）》（以下简称《规划》），部署加快现代物流业发展，建立和完善现代物流服务体系，提升物流业发展水平，为全面建成小康社会提供物流服务保障。

《规划》指出，物流业是融合运输、仓储、货代、信息等产业的复合型服务业，是支撑国民经济发展的基础性、战略性产业。加快发展现代物流业，对于促进产业结构调整、转变发展方式、提高国民经济竞争力和建设生态文明具有重要意义。

《规划》提出，到2020年，要基本建立布局合理、技术先进、便捷高效、绿色环保、安全有序的现代物流服务体系，物流的社会化、专业化水平进一步提升，物流企业竞争力显著增强，物流基础设施及运作方式衔接更加顺畅，物流整体运行效率显著提高，全社会物流总费用与国内生产总值的比率由2013年的18%下降到16%左右，物流业对国民经济的支撑和保障能力进一步增强。

《规划》明确，要以着力降低物流成本、提升物流企业规模化集约化水平、加强物流基础设施网络建设为发展重点，大力提升物流社会化、专业化水平，进一步加强物流信息化建设，推进物流技术装备现代化，加强物流标准化建设，推进区域物流协调发展，积极推动国际物流发展，大力发展绿色物流，并提出了多式联运、物流园区、农产品物流、制造业物流与供应链管理等12项重点工程。

《规划》要求，要落实相关保障措施，深化改革开放，完善法规制度，规范市场秩序，加强安全监管，完善扶持政策，拓宽投资融资渠道，加强统计工作，强化理论研究和人才培养，发挥行业协会作用。各地区、各部门要充分

认识促进物流业健康发展的重大意义，采取有力措施，确保各项政策落到实处、见到实效。地方各级人民政府要加强组织领导，完善协调机制，结合本地实际抓紧制订具体落实方案，及时将实施过程中出现的新情况、新问题报送发展改革委和交通运输部、商务部等有关部门。国务院各有关部门要加强沟通，密切配合，根据职责分工完善各项配套政策措施。发展改革委要加强统筹协调，会同有关部门研究制订促进物流业发展三年行动计划。

064. 中国高端轨道车辆装备首次登陆美国

10 月 23 日，美国马萨诸塞州交通局正式批准向中国北车采购 284 辆地铁车辆，装备波士顿红线和橙线地铁。这是中国轨道交通装备企业在美国面向全球的招标中首次胜出。

据北车美国公司总经理卢西伟介绍，这 284 辆地铁列车包括 152 辆橙线车、132 辆红线车，于 2014 年 5 月面向全球招标，中国北车与全球轨道交通装备制造企业分别投标。最终中国北车胜出。这也是继中国北车 2011 年获得法国罐车的订单后，再次获得欧美国家的轨道交通装备整车订单。自此，中国北车轨道交通装备实现了亚洲、欧洲、非洲、北美洲、南美洲、大洋洲六大洲的覆盖。

这批地铁列车为马萨诸塞州交通局在波士顿及周边都市圈运行的快速运输车辆，车体采用不锈钢材质，采用全动车结构，其中橙线列车载客量类似于国内目前大量使用的 B 型车，红线列车载客量更大，类似于国内大型城市所使用的 A 型车。列车运营时速 102 公里。在定期维护和大修基础上，车辆设计能够每年运行 12.9 万公里，服务年限至少 30 年。列车的结构强度、控制安全要求等方面采用美国标准。

中国北车是世界最大的地铁车辆供应商，近五年来占据全球地铁车辆 22.4% 的市场份额。中国北车的地铁车辆能登陆美国，除了其经营业绩外，还依赖其领先的研发制造技术和可靠的生产工艺组织能力。

波士顿地铁始建于 1897 年，是世界上最早建成地铁的城市之一。作为世界上城市轨道交通历史最为悠久、线路最为密集的国家之一，美国对城市轨道交通车辆具有持续的需求。

065. 沪港通正式起跑

11 月 17 日 9 时 30 分，中共中央政治局委员、上海市委书记韩正，中国证监会主席肖钢共同为上海证券交易所当日交易鸣锣开市。这一锣声非同寻常——伴随沪港通试点正式启动，沪港两地证券市场成功实现联通，中国资本市场国际化进程迈入了新纪元。

自 2014 年 4 月 10 日中国证监会和香港证监会发布《联合公告》以来，沪港通试点历时 7 个多月筹备，于 11 月 10 日正式获批。17 日，沪港通开通仪式在上海和香港交易所同时举行。伴随两个市场同时鸣锣开市，沪股通和港股通首单交易“花落”伊利股份和长江实业。

中国证监会主席肖钢在开通仪式上致辞时表示，沪港通是资本市场的一项重大制度创新，意义重大、影响深远。沪港通的构想来源于市场，顺应了投资者的需求，是沪、港交易所敏锐把握大势、勇于开拓创新、长期精诚合作的成果。在中国资本项目尚未完全实现可兑换的情况下，开创了操作便利、风险可控的跨境证券投资新模式。

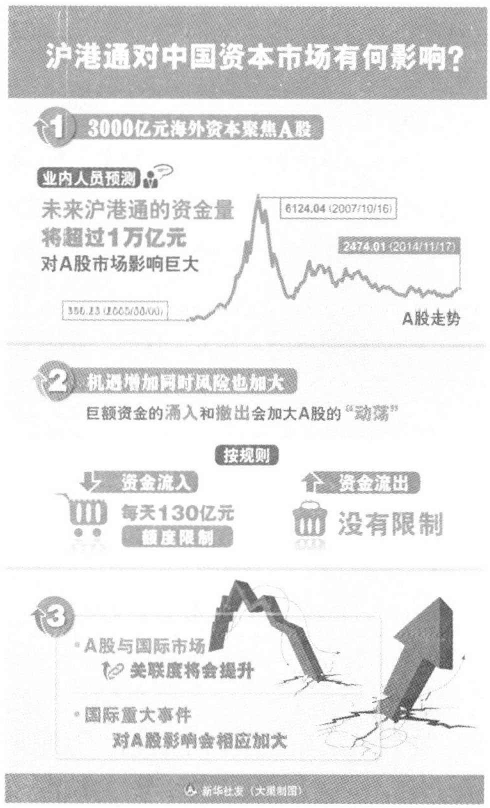

肖钢表示，沪港通丰富了交易品种，优化了市场结构，为境内外投资者投资 A 股和港股提供了便利和机会，有利于投资者共享两地经济发展成果，促进两地资本市场的共同繁荣发展；有利于拓展市场的广度和深度，巩固香港国际金融中心地位，加快建设上海国际金融中心，增强中国资本市场的整体实力；有利于推进人民币国际化，提高跨境资本和金融交易可兑换程度。

上海市市长杨雄在致辞时表

示，沪港通是中国资本市场对外开放的重要内容，有利于推动人民币国际化，有利于促进内地与香港资本市场共同发展，巩固上海和香港国际金融中心地位，更好地服务国家战略、服务实体经济。

杨雄说，建设国际金融中心，是国家对上海的战略定位，也是上海不懈努力的目标。上海要在证监会等国家金融监管部门的指导支持下，以沪港通为历史契机，进一步深化沪港两地金融合作，不断提升上海金融市场的国际竞争力和全球影响力。上海将强化创新，在风险可控的前提下，加快推出新产品、新业务，集聚发展新型机构，拓展市场的广度和深度；优化环境，改进政府服务管理，完善信用体系，集聚金融人才，打造更加国际化、市场化、法治化的营商环境。上海将一如既往，大力支持上海证券交易所等在沪金融市场机构的改革发展，共同推动上海国际金融中心建设迈上新台阶。

“沪港通能够顺利开通，凭借的是‘天时、地利、人和’。”上交所理事长桂敏杰说，中共十八大作出了全面深化改革开放的重大部署，十八届三中全会明确了推动资本市场双向开放和加快人民币资本项目下可兑换的任务目标，同时又恰逢上海自贸区建设深入推进的重要契机，为沪港通建设指明了目标和方向，这是“天时”；上交所和港交所一直保持着密切的关系，两个市场同属一个时区，规则、文化、习惯相互熟悉、彼此影响，为沪港通奠定了坚实的合作基础，这是“地利”；沪港通提出后，得到了国务院的关注和重视，得到有关各方的支持和指导，人心所向，众望所归，这是“人和”。

桂敏杰说，沪港通是国家开放战略的一部分，也是中国资本市场新一轮高水平双向开放的升级版，对上交所来说，更是朝着国际化目标迈出了重要一步。

业界普遍认为，沪港通的启动是内地资本市场开放的起点而非终点。其首日平稳运行，为资本市场今后继续推动双向开放奠定了良好基础。

066. 中国首次为飞行员有序流动制定行业公约

11月26日，中国38家航空运输企业、飞行员代表及相关行业协会在北京签署《航空公司飞行员有序流动公约》。我国第一次为飞行员流动制定行业自治性公约，成为维护飞行员合法权益、维持民航健康发展的新起点。

此次《公约》签约单位所完成航空运输量，占全行业95%，覆盖面较大。中国航空运输协会理事长李军说，《公约》明确了坚持持续安全，坚持自主流动，坚持有序流动，坚持有偿流动，坚持诚实守信等基本原则，是今后飞行员流动的基本点。签署和遵守这个《公约》是属于市场自治范畴的企业自律和协会引导行为。

《公约》规定了流出方和接收方的责任和权利，体现权责一致原则。在流出调控幅度上，原则不超过1%，以保持飞行队伍稳定，确保飞行安全和航班正常运行。本着合理补偿、市场决定原则，明确接收方对流出方的经济补偿原则。为保障监督协调，确保顺利施行，还规定设立监督协调委员会，对争议进行调解，尽可能避免和减少劳动争议仲裁和到法院诉讼，降低调处成本和影响。

在市场经济中，飞行员流动是正常现象。但20多年来，我国飞行员流动处于无序状态。在民航业发展速度加快的情况下，矛盾更加凸显，人员流失、闲置并存，直接削弱了民航安全的基础。

目前我国飞行员流动问题突出，一个主要原因是航空运输发展迅猛，而飞行员培养周期较长，导致长期供不应求。2013年，我国民航运输总周转量为美国的42%，运输飞机架数为美国的30%。美国持有各类执照的飞行员为59.91万人，而我国为3.55万人；扣除飞行学员后美国为47.88万人，我国为3.16万人，包括聘用约800名境外飞行员。

李军说，市场要在资源配置中起决定性作用，飞行员流动是大势所趋。飞行员作为流动主体，对《公约》实施至关重要。要切实尊重和保护飞行员合法权益，严禁任何形式的侵权行为。同时要加强飞行员宣传教育，特别要使他们充分了解飞行员流动的特殊性，将飞行员有序流动与确保航空安全、建设民航强国的目标统一起来。

067. 中国首次出口世界最高速度米轨动车组

11月30日，中国为马来西亚生产的世界运营速度最高的米轨动车组在南车株洲电力机车有限公司下线，预计2015年底前在马来西亚吉隆坡至怡保200多公里的线路上运营，远期计划从新山到巴东勿刹900多公里的线上运营。

中国南车株机公司董事长、总经理周清和介绍，列车车头采用“子弹头”模式设计，在马来西亚米轨铁路上以时速160公里奔驰，是目前世界上米轨动车组运营的最高速度。

周清和说，我国轨道采用标准轨，国内其他轨道交通装备企业生产的都是标准轨道的动车组，而中国南车株机公司依托为马来西亚研制城际动车组的经验，创新设计了我国首列最高速度的米轨动车组，同时是我国第一次出口最高速度的米轨动车组。

中国南车株机公司研制动车组已有10多年历史。自主创新的我国第一台时速200公里交流传动高速动车组“大白鲨”于1999年下线，之后研制了“蓝箭”“中原之星”“中华之星”等动车组，进行了大量的科研探索，具备了成熟的动车组研发平台和周边完整的产业配套。对于最高速度的米轨动车组研制，有关专家表示，它比标准轨道高速动车组难度更大，因为轨道越窄，对列车运行的平稳性、走行部分的转向架设计和车体强度等要求更高。

中国南车株机公司动车开发部部长林文君介绍说，单就列车的长度设计，项目人员反复论证不下15次。因为要考虑减小风的阻力等系列因素，就必须对司机室布置、司机视野、各区域重量平衡等5个方面作整体统筹。而类似对这种重要部位的论证，整列车还有10处之多。

除了设计本身充分保证列车安全可靠之外，列车还加装有轴温报警系统、横向稳定装置、车外状况监控系统等先进安全装备，为其高速运行穿上了“安全防护服”。

周清和介绍，此次下线的列车（共10列）合同签于2013年9月，能在短时间下线，展现了中国南车株机公司基于系统集成优势的快速研制能力。目前中国南车株机公司已与马来西亚签订5个项目共98列车订单，成为马来西亚轨道交通装备发展最大的推动者之一。

周清和表示，按照项目计划，部分列车将由中国南车株机公司在马来西亚的子公司完成制造。子公司将于2014年12月运行，具备每年新造100辆动车组的能力。

068. 成绵乐客运专线开通

12月20日，成（都）绵（阳）乐（山）铁路客运专线建成通车。线路开通后，成都至江油的运行时间由原来的2小时05分缩短至1小时14分，成都至峨眉山的运行时间由原来的2小时12分缩短至1小时22分。

该区段14次跨越河流，16次跨越高等级公路，5次跨越既有铁路线，施工难度大，安全要求高。在机场路5.5公里的城市高铁隧道施工中，运用了多项新技术，特别是在西南地区首次实施桥梁桩基托换技术，对影响隧道施工的墩身或桩基进行托换，成功实施十处桩基托换，没出现任何问题。

12 月 20 日，一辆开往峨眉山方向的动车驶离成都火车东站。

薛玉斌　摄（新华）

成绵乐铁路客运专线自江油起，经绵阳、德阳、广汉、成都、彭山、眉山、夹江、乐山至峨眉，全长 314 公里，设江油、绵阳、德阳、广汉北、成都南、双流西、眉山东、乐山、峨眉山等 21 个车站。建设标准为客运专线，初期运营时速 200 公里。运营初期开行动车组 17 对。

成绵乐客专建成后，将是西安—成都客运专线的连接点：向北延向广元、西安，与郑西、京广高铁相连，形成成都至北京 8 小时快速客运通道；向南延向宜宾、贵阳，连接贵广铁路，形成成都至广州 6 小时快速客运通道。

这一铁路的建成通车，标志着川渝地区城际铁路网建设取得重要成果，对加快成都经济圈的形成，更好地发挥川渝两地在西部大开发中的积极作用，方便沿线群众出行，促进区域经济发展具有重要意义。

069. 交通运输部首晒收费公路账本

12 月 23 日，交通运输部发布了 2013 年全国收费公路统计公报。这是交通运输部首次汇总发布全国收费公路统计公报，向全社会公开的内容除收支情况外，还包括里程规模、累计投资、债务余额、站点数量等。

全国有多少收费公路？截至 2013 年底，全国收费公路里程 15.65 万公里，占公路总里程 435.62 万公里的 3.6%。其中，高速公路 10.04 万公里，一级公路 2.35 万公里，二级公路 3.18 万公里，独立桥梁隧道 768.4 公里。

全国有多少个收费站？全国收费公路共有主线收费站 1728 个。其中，高速公路 736 个，一级公路 452 个，二级公路 451 个，独立桥梁隧道 89 个。

投了多少资、欠了多少债？截至 2013 年底，全国收费公路累计建设投资总额为 54432 亿元（不含已取消收费公路）。其中，高速公路 49067 亿元，其他公路 5365 亿元。

截至 2013 年底，全国收费公路累计债务性资金投入为 37556 亿元，其中银行贷款 35160 亿元，其他债务 2395 亿元。全国收费公路债务余额为 34308 亿元。其中高速公路 31286 亿元。

一年收了多少钱？2013 年度，全国收费公路通行费收入 3652 亿元。其中，高速公路 3316 亿元，一级公路 168 亿元，二级公路 74 亿元，独立桥梁隧道 94 亿元。

钱都去哪儿了？2013 年度，全国收费公路支出总额为 4313 亿元。其中，还本付息支出 3147 亿元，养护经费支出 390 亿元，运营管理支出 457 亿元，税费支出 214 亿元，其他费用支出 104 亿元。

070. 南车北车合并变身“中国中车”

12 月 30 日，世界最大的两家轨道交通装备制造商——中国北车和中国南车联合发布公告，宣布双方依循“对等合并、着眼未来、规范操作”的原则进行合并，以打造一家以轨道交通装备为核心、跨国经营、全球领先的大型综合性产业集团，推动中国高端装备制造进一步走向世界。

南北车表示，合并旨在发挥协同效应，通过整合两家公司各具优势的销售和市场资源、产品开发和技术研发能力，共同打造一家大型综合性产业集团，全面提升竞争优势，推动中国高端装备制造进一步走向世界和加速转型。

合并后新的“中国中车股份有限公司”将使用新的组织机构代码、股票简称和代码，并将承继及承接中国南车与中国北车的全部资产、负债、业务、人员、合同、资质及其他一切权利与义务。两家公司在交易完成之前将继续独立运作。

071. 2014年中国十大财经新闻

一、IPO重启　沪港通启动

从新年伊始至1月6日，约30家企业获批IPO重启后新股发行资格，创出2000年以来A股市场单周新股发行获批数量的最高纪录。11月17日，沪港通开通，不仅为境内外投资者投资A股和港股提供了便利和机会，倒逼A股完善制度性建设，更重要的是将推动我国资本市场双向开放和促进人民币国际化进程。

二、松绑限购　调整限贷

6月20日，呼和浩特市率先取消楼市限购政策，全国多个城市跟进，目前72个限购城市中仅有北上广深和三亚5个城市仍在执行限购政策。9月30日，中国人民银行和中国银监会下发《关于进一步做好住房金融服务工作的通知》，其中对首套房认定标准、贷款政策做调整，并要求各商业银行对住房贷款的利率、放款时间等根据自身条件进行调整。

三、成品油价连跌消费税连提

从7月22日起至12月13日，国家发展改革委连续十次下调成品油价格，国内油价创下史上“十连跌”纪录。在国内油价连续下调之际，经国务院常务会议研究批准，11月29日、12月13日，成品油等部分产品两次提高了消费税。

四、反垄断开出最大罚单

8月20日，国家发展改革委公布对日本8家汽车零部件企业和4家轴承企业价格垄断行为的处罚决定，罚款总额约12.4亿元，是迄今为止我国反垄断开出的最大罚单。9月11日，国家发展改革委等联合发布我国反垄断执法清单，共有335家中外企业受到查处。

五、预算法大修引领财税改革

8月31日，十二届全国人大常委会第十次会议表决通过修改后的《中华人民共和国预算法》。新预算法中的最大亮点是“规范政府收支行为”，它将政府从管理主体变为被监督对象，更强调让人民监督政府花钱。强调“预算

公开”、适度放开地方发债、明确转移支付的法律地位等也首次写入新预算法。

六、阿里巴巴创美国最大 IPO

美国当地时间 9 月 19 日，阿里巴巴登陆纽交所，首个交易日以 93.89 美元报收，成就了美国史上融资规模最大的 IPO。以收盘价计算，阿里巴巴当时市值达 2314 亿美元，成为位列苹果、谷歌、微软之后全球第四大市值科技公司，全球第二大市值互联网公司。

七、地方政府性债务管理意见出台

10 月 2 日，国务院发布《关于加强地方政府性债务管理的意见》，标志着我国地方政府性债务管理的完整制度框架基本建成。意见就规范地方政府举债融资、控制举债规模、防范债务风险、完善配套制度以及处理存量债务和在建项目后续融资等作出了部署。

八、时隔两年央行首度降息

11 月 22 日，中国人民银行下调金融机构人民币贷款和存款基准利率。这是 2012 年 7 月以来，央行首次降息。央行称，此次利率调整是为经济持续健康发展提供中性适度的货币环境。由于存款利率上浮空间扩大，此次利率调整被认为是非对称降息。

九、A 股成交量首破万亿元大关

12 月 5 日，A 股总成交量逾 1.07 万亿元，首破万亿元大关。中国股市从 9 月初开始走出一波牛市行情，A 股史上最大单日成交纪录被频频改写。时隔 44 个月，沪指于 12 月 8 日重新站上 3000 点。之后，多空双方展开了激烈的较量。

十、首家试点民营银行获准开业

12 月 12 日，中国银监会发布公告，批准深圳前海微众银行开业。这是首家获准开业的民营银行。7 月 25 日和 9 月 29 日，银监会先后批复深圳前海微众银行、温州民商银行、天津金城银行、上海华瑞银行股份有限公司和浙江网商银行股份有限公司五家民营银行筹建。

072. 李娜澳网夺冠创历史

1月25日21点20分，墨尔本公园拉沃尔球场，掌声热烈，红旗飘展，笑容灿烂。第三次站在澳网决赛主场的中国球手李娜，没有再次摔倒，当之无愧地捧起了女单冠军杯。

三次闯关终夺冠，李娜成为41年来首位超过30岁的澳网女单冠军，同时也是首位获得澳网单打冠军的亚洲球手。

2014年的澳网，李娜占尽天时、地利、人和运气。第一周炙热异常，李娜基本是第一场进行，避开了严酷天气；澳网一直是中国选手的福地，中国选手特有的冬训大多会在澳网得到回报；李娜与教练的合作找到“化学反应”，李娜的技战术和体能都处于生涯巅峰；澳网今年前六场，她没有遇到排名前20位的种子，身体没有被过度消耗，决赛的对手也只是20号种子。所有一切都预示，李娜必将夺冠。

1月26日，李娜在墨尔本海滩展示奖杯。

白雪 摄（新华）

首盘开局李娜即取得破发。第六局，李娜也有两次双误，齐布尔科娃反破，追至3平。此后两人交替破发，比赛拖入抢七。

抢七局，李娜打得果断坚决，很快取得5:1领先。齐布尔科娃依靠一个压线和穿越连得两分，此后齐布尔科娃连续受迫下网，李娜7:3抢七胜出。手拿一盘胜利，第二盘李娜势不可当，连下六局，零封齐布尔科娃。

获胜后，李娜跑到看台边跟丈夫姜山和教授卡洛斯握手庆祝。这一刻，她是世界上最幸福的人。

073. 教育部出台“小升初”新政

1 月 26 日，根据教育部公布《关于进一步做好小学升入初中免试就近入学工作的实施意见》，到 2016 年经省级教育行政部门批准招收特长生的学校所招收的特长生比例应降到 5% 以内。没有特长生招生方式的地方不再增设该方式。

“一些地方将特长与招生挂钩，加重了学生的课业负担。所以意见要求逐步减少特长招生。”教育部有关负责人说，免试就近入学是根据义务教育的性质和少年儿童身心发展规律所确定的基本原则，其目的是推进区域义务教育均衡发展，引导学校实施素质教育，促进学生全面发展。

意见明确了“小升初”工作流程，体现了义务教育“就近入学”的根本原则。如，在划定招生范围时，要求县级教育行政部门按照就近入学原则依街道、路段、门牌号、村组等，为每一所初中合理划定对口小学（单校划片）。对于城市老城区暂时难以实行单校划片的，可按照初中新生招生数和小学毕业生基本相当的原则为多所初中划定同一招生范围（多校划片）。优质初中要纳入多校划片范围。

多年来，“小升初”的乱象已成痼疾，民众质疑和批评的焦点直指“择校”过程中的“暗箱操作”。对此，意见强调单校划片学校采用对口直升方式招生，即一所初中对口片区内所有小学毕业生入学。多校划片学校，先征求入学志愿，对报名人数少于招生人数的初中，学生直接入学；对报名人数超过招生人数的初中，以随机派位的方式确定学生。要统一实施，县级教育部门统一组织小学生毕业

遏止　　新华社发 徐骏 作

信息登记、入学志愿征集，统一受理审核入学申请，集中公示招生录取结果。

教育部还在意见中要求加快配套政策制定，如将不低于50%的优质高中招生名额合理分配到区域内初中并完善操作办法；试行学区化办学，将初中和小学结合成片进行统筹管理，提倡多校协同、资源整合、九年一贯等。

074. 中国代表团索契收获3金4银2铜

2月7日至23日，第22届冬季奥林匹克运动会在俄罗斯联邦索契市举行。第10次出征冬奥会的中国代表团共有66名运动员参加了4个大项、49个小项的比赛，共获得3枚金牌、4枚银牌和2枚铜牌，位列金牌榜和奖牌榜第12位。虽然奖牌排名比上届有所下降，但在亚洲排名第一依然，保持在冬奥会第二集团。

突破和提高

本届冬奥会中国代表团在优势项目延续传统的同时，一些项目也实现了历史性的突破，质量和水平均有所提高。中国代表团副团长肖天表示，张虹获得速度滑冰女子1000米金牌，实现了中国在冬奥会基础大项上金牌零的突破，圆了中国几代冰雪人的夙愿，是一枚异常宝贵、极具价值的金牌；男子冰壶闯入冬奥会四强，创造了中国男子集体项目参加冬奥会历史最好成绩；闫涵在花样滑冰男子单人滑比赛中排名第七，创造了中国在这个项目上的冬奥最好成绩；单板滑雪U型场地技巧虽然未能获得奖牌，但男女共5名队员进入决赛，表现出中国在这个冬季新兴项目上的进步与潜力。

张虹在2014年索契冬奥会速度滑冰女子1000米比赛颁奖仪式上。

王丽莉　摄（新华）

差距和不足

由于受到经济、地域和自然条件等因素的制约，中国冰雪项目起步较晚，总体水平与世界冰雪强国还有较大差距。本届冬奥会共设有7个大项、15个分项、98 个小项的比赛，而中国代表团只参加了其中的 4 个大项、9 个分项、49 个小项的比赛，其中获得奖牌的只有 3 个大项、9 个小项。在参赛项目中，高山滑雪、越野滑雪和速度滑冰长距离只能算是重在参与。雪车、雪橇和北欧两项等项目在中国还尚未开展，肖天说："我们有高水平竞争实力的项目目前还集中在短道速滑等较少的几个项目上，这些项目也面临人才储备不足、训练观念与方法陈旧等问题。而高山滑雪、越野滑雪、男女冰球等项目，与世界水平存在巨大差距。"

此外，3 月 7 日至 16 日，第 11 届冬季残奥会在索契举行。这是中国代表团参加的第 4 届冬季残奥会，共有 10 名运动员参加轮椅冰壶和越野滑雪 2 个大项、5 个小项的比赛。中国运动员虽未实现奖牌"零"的突破，但首次出征残奥会的中国轮椅冰壶队获得第四名，创造历届冬季残奥会最好成绩。

075. 中国的两本书获称 2014 年"世界最美的书"

2 月中旬，中国的两本图书《刘小东在和田 & 新疆新观察》和《2010—2012 中国最美的书》，在德国莱比锡举办的"世界最美的书"评选中获得 2014"世界最美的书"称号。

此次评选共收到全球 567 本书参赛，最终选出了 14 本"世界最美的书"，它们来自 9 个国家或地区。

《刘小东在和田 & 新疆新观察》以笔记形式全程记载著名油画家刘小东的一次创作之旅，书籍装帧随意且富有现场感，带领读者随着画家的信笔涂鸦、素描、文字记录感受风景，传递出一种用笔记本封存了时光记忆般的美妙感受，可谓创意十足。《2010—2012 中国最美的书》则呈现 60 种最美书籍，全面展示了近三年中国书籍设计的最高水准。

076. 上海率先实现义务教育均衡发展

3 月，国家教育督导检查组对上海市义务教育均衡发展情况进行评估，认为其已达到国家规定标准。上海也由此成为全国率先整体实现县域义务教育均衡发展的省级行政区域。

此次国家教育督导组围绕上海区县义务教育学校办学基本标准达标情况、

义务教育校际间均衡情况、县级人民政府推进义务教育均衡发展工作情况、公众满意度等四方面进行检查。

在以“生均教学及辅助用房面积”“生均体育运动场馆面积”“生均图书册数”“师生比”“每百名学生拥有计算机台数”等为指标的义务教育校际间均衡状况评估中，上海17个区县小学综合差异系数在0.23至0.52之间，初中为0.26至0.42之间，均符合教育部规定的小学、初中综合差异系数分别小于或等于0.65和0.55的标准。

按照教育部《县域义务教育均衡发展督导评估暂行办法》，对县级人民政府推进义务教育均衡发展工作的评估主要从入学机会、保障机制、教师队伍、质量与管理四方面进行考量。最终，上海各区县政府得分均在92至98分之间，高于国家规定不低于85分的要求。

公众满意度方面，督导组就义务教育均衡发展相关问题，征求当地人大代表、政协委员、校长、教师、家长、学生等各方意见，并发放满意度调查问卷10593份，回收有效问卷10462份，结果显示，上海所有区县公众满意度均在88%以上。

综合各项评估结果，督导组认为，上海已整体实现县域义务教育均衡发展。教育部副部长刘利民说，上海市义务教育均衡发展取得的成绩，是上海深化教育领域总和改革、加快推进教育现代化的缩影，也是全国加快推进义务教育均衡发展工作的范例。

077. 中国海关博物馆开馆

3月30日，中国海关博物馆免费向社会开放。

中国海关博物馆位于北京市东城区建国门内大街2号，展区建筑面积9700平方米，是海关总署直属的国家级行业博物馆，也是全国海关唯一全面开放的博物馆。该馆展陈体系由“漫漫雄关道——中国海关历史文化展”基本陈列、“海关902”艇等3个专题陈列和3个临时展厅组成，以实物展示与图表、雕塑、多媒体等相结合的手段，全面反映中国海关的发展历程和建设成就，展现当代国门卫士的精神风貌，揭示了“国强则关兴、国弱则关衰”的历史规律。

博物馆共征集、收藏各类藏品18000余件，其中见证1992年邓小平同志南方谈话的“海关902”艇、新中国海关总署首任署长任命书、大龙邮票、粤海关十两银锭等珍贵的海关文物以及战国时期青铜剑、东北虎皮、象牙工艺品等海关查获的走私物品，都在开馆后逐一与观众见面。

开馆当日，海关博物馆为首位入场的观众颁发证书，并以学生专场、现场招募志愿者、举办学术讲座等别开生面的活动，代替了传统的揭牌、剪彩仪式。

078. 首个高校毕业就业质量报告发布

4 月初，75 所教育部直属高校分别在学校网站发布 2013 届毕业生就业质量年度报告，全国大学生就业公共服务立体化平台对各高校就业质量年度报告进行了链接发布。这是教育部首次组织编制和发布高校毕业生就业质量报告。

根据教育部的要求，各直属高校发布的高校毕业生就业质量年度报告主要内容包括，2013 届毕业生就业的基本情况、主要特点、相关分析、发展趋势等。部分高校还结合实际和学校特色发布了分层次、分学科、分院系、分专业、分地域的就业状况，以及就业状况对学校招生、专业设置、人才培养等方面的影响评价，并从就业状况、劳动报酬、就业满意度等维度构建了毕业生就业质量指标体系。从总体上看，2014 年发布的毕业生就业质量年度报告客观反映了各校就业基本情况、办学特色和工作成效。

就在各直属高校就业质量年度报告发布同时，北京的非官方学术机构——21 世纪教育研究院也对各相关高校报告的完备性、公信力等进行了“第三方评价”，指出：虽然各部属高校年报中均有备受关注的“就业率”数据，但存在就业率统计口径和截止时间不一的问题；仅有 11 所高校使用了第三方数据，大部分高校未注明、介绍数据来源。此外，从技术层面看，一些高校的报告很难搜索或下载，还有一些格式简陋、并不直观等。

079. 《中国好歌曲》成为中国首档输出海外的原创才艺模式节目

4 月 10 日，英国国际传媒集团在法国戛纳春季电视片交易会上订购了《中国好歌曲》的国际发行权和英国播出权。这意味着，《中国好歌曲》成为中国首档输出海外的原创才艺模式节目。一直对欧美电视综艺节目“亦步亦趋”的中国电视真人秀，终于实现了一次“逆袭”。

英国国际传媒集团曾经成功制作播出过众多节目，包括如《英国达人秀》《Takemeout》《Xfactor》等，不少节目目前都已引入中国。此次英国国际传媒集团不仅代理《中国好歌曲》模式全球发行，还将在两年内制作成“英国好歌曲”进行播出。

080. 大陆首个大型原创性音乐创作演出品牌走进宝岛

5月13日，“浪漫三峡台湾行——三峡人家之夜明星演唱会”在台北华山艺文中心成功举办。这是“歌游中国”品牌节目聚集两岸歌坛新星和著名音乐创作人在文化旅游大舞台上的首次亮相。

来自中央电视台全国青年电视歌手大赛、浙江卫视“中国好声音”、湖南卫视“中国最强音”的获奖选手和优秀歌手轮番献上了赞颂今日三峡美景、讴歌祖国秀丽山河的一大批新创作歌曲。

宝岛台湾知名歌手李圣杰、彭佳慧、莫凡、闽南语歌王翁立友等也纷纷登台，演唱了各自脍炙人口的成名曲《相见恨晚》《痴心绝对》等。“凤凰传奇”组合的曾毅和参加“中国好声音”的台湾女歌手叶玮庭共同表演和演唱了歌曲《最炫民族风》，带动了全场观众的共唱共舞，场面热烈，高潮迭起。演唱会举办的时间，恰逢“三峡——台湾”开通包机直航，吸引了不少三峡的游客和歌迷专程赴台北享受这文化旅游的盛宴。

“歌游中国”是国内首个大型原创性音乐创作演出品牌，是以中国的著名景区和文化名胜名城为对象，进行一系列的歌曲和音乐创作，用演唱会巡演和音频视频展播的形式，为著名景区和文化名胜名城打造名片，为美丽中国插上歌声的翅膀，唱响全国，传遍五洲，走向世界。“浪漫三峡台湾行”活动开创了两岸以文艺和旅游为主题的大型文化交流活动的先河，是首次由来自大陆的新作品和新歌手在台湾集体开唱，并成功推出了第一张景区名片。

081. 国内首例网络著作权犯罪宣判

5月15日，因未经著作权人许可，将电影、电视、音乐作品以种子形式上传至论坛供人下载，并制成硬盘在淘宝网销售，周志全、苏立源等 7 人被检察机关以侵犯著作权罪提起公诉。北京市海淀法院对 7 名被告人进行了公开宣判，其中一名主犯获刑 5 年。该案系全国首例国内数字高清网站盗版数字高清作品案。

2008 年 8 月，周志全注册成立北京心田一品科技有限公司，经营思路网站。2009 年 1 月至 2013 年 4 月间，周志全雇用苏立源、曹军、贾晶洋、李赋然等人，未经著作权人许可，以会员制方式，将他人享有著作权的大量影视、音乐等作品以种子形式上传该网站，并通过广告、销售网站注册邀请码和 VIP 会员资格营利。2012 年 5 月至 2013 年 4 月间，被告人寇宇杰雇用被告人崔兵等人，未经著作权人许可，复制他人享有著作权的电影至 4000 余份硬盘中，并通过淘宝网店予以销售。

经审理，7 名被告人的行为均已构成侵犯著作权罪。15 日下午，海淀法院宣判，以侵犯著作权罪判处周志全有期徒刑 5 年，并处罚金 100 万元。其他 6 名被告被判处有期徒刑 1 年到 3 年不等，并处相应罚金。

该案件是目前破获的国内最大的从事高清蓝光盗版的网站。本案的被告人基本都是本科学历，主犯还是硕士学历，具有专业知识和法律常识，作案方式也很有隐蔽性。案件审理过程中，明显看出被告人对自己的犯罪性质没有清楚的认识，认为上传盗版电影只是一个个人爱好的行为，一个会面临民事制裁的行为，而没有意识到该行为是触犯刑法的。

思路网已成立 10 年，这个号称“中国最大的数字高清门户网站”，可以说是国内最“顶尖”的蓝光高清网站，也是国内最“著名”的盗版高清电影网站。2013 年 4 月 26 日，北京市文化执法总队联合公安机关，一举破获此案。该案在国家文化部公布的 2013 年全国文化市场十大案件中被列为首位。

082. 新疆哈密首次发现三维保存翼龙蛋及大量翼龙化石

北京时间 6 月 6 日，国际知名期刊《现代生物学》在线出版及其印刷版上以封面文章报道。中国科学院古脊椎动物与古人类研究所（中科院古脊椎所）汪筱林研究员领衔的研究团队，通过近 10 年野外考察，在哈密地区发现的白垩纪翼龙动物群。这一翼龙化石分布区不但是世界上已知最大和最富集的翼龙化石产地，也是目前世界上唯一一处三维保存的翼龙蛋和雌、雄个体共生的翼龙化石遗址。

国际古生物学界对这一发现和研究给予高度评价。其中两位论文评审专家一致认为，“这是翼龙研究200年来最令人激动的发现之一”，具有巨大的科研价值。

这一新发现的翼龙被命名为“天山哈密翼龙”，以纪念化石发现地及天山2013年入选世界文化遗产名录。目前，汪筱林团队通过详细研究哈密发现的约40个同一属种的雌、雄翼龙个体和它们的5枚蛋化石，在翼龙的性双型、个体发育、翼龙蛋及其蛋壳显微结构、生殖和生态习性等方面都取得重要进展。

汪筱林介绍说，哈密翼龙化石埋藏在早白垩世的湖泊风暴沉积中，虽然目前还没有发现完整的化石骨架，但发现大量完整的头骨和下颌，而每一块分散保存的头后骨骼都保存完整，没有被搬运破坏的痕迹，代表了距今一亿多年前湖泊中的突发性大型风暴导致生活在湖边和翱翔于天空中的翼龙遭到毁灭性灾难事件而集群死亡，并和它们产在湖岸潮湿的沙滩软泥中的蛋快速埋藏在一起。哈密翼龙化石的数量巨大，但属种单一、多样性很低，目前在这一翼龙居群中仅发现同一属种的大量不同发育阶段的成年和幼年的雌、雄个体以及它们的蛋。

哈密翼龙属于大型翼龙类，其成年个体的翼展可达3.5米。大量不同发育阶段的幼年和成年雌、雄个体的发现，尤其保存完整的头骨和下颌，使科

这是哈密翼龙复原图。

赵闯　制图（新华）

学家对翼龙的个体发育特征有了全新的认识和了解。汪筱林称，哈密翼龙最明显的个体发育差异表现在上、下颌的前部，即随着个体发育从幼年到成年，上、下颌前部逐渐出现明显的侧向膨大。在较小的幼年个体中几乎见不到这一现象，而在较大的成年个体中这一膨大现象较为明显，而且随着个体年龄的增加其膨大越来越明显，“这一个体发育特征在已知的翼龙类群尚属第一次发现，可能和成年个体的捕食能力有关”。

这次研究的翼龙蛋为近两端对称的长椭圆形，长约 6 至 6.5 厘米，和现生的爬行动物和鸟蛋一样，蛋壳具有双层结构，即外层是一层薄的钙质硬壳，内层为较厚的革质状软壳膜，壳膜厚度可达钙质硬壳厚度的 3 倍。由于软的壳膜厚度大的原因，蛋化石都保存完整仅表现为明显的挤压变形，在同一枚蛋壳上可同时观察到塑性变形和脆性破裂。这一发现首次明确了翼龙蛋主要表现为柔韧的革质蛋壳，蛋壳外层具有薄的钙质硬层，它们与现生一些蛇类如锦蛇的蛋非常相似，从而填补了翼龙繁殖行为和生态习性研究上的一些空白。

翼龙是神秘的会飞的爬行动物，比鸟类早约 7000 万年飞向天空，也是最早飞向蓝天的三类脊椎动物（翼龙、鸟和蝙蝠）中唯一绝灭的类群。2005 年，中科院古脊椎所邱占祥研究员等前往新疆吐鲁番和哈密地区考察时，在野外发现几小块非常破碎的骨骼，认为可能属于翼龙化石，后经汪筱林鉴定确认，由此揭开哈密翼龙重大发现和研究的序幕，哈密也成为中国又一重要的翼龙化石宝库。

083. 云南发现志留纪最大脊椎动物钝齿宏颌鱼

6 月 12 日出版的《自然—科学报告》报道了中科院古脊椎动物与古人类研究所朱敏团队发现的迄今为止志留纪最大的脊椎动物——一种被命名为钝齿宏颌鱼（Megamastax amblyodus）的硬骨鱼。证据显示，4.23 亿年前的钝齿宏颌鱼体长可达 1.2 米，在食物链中占据较高位置。这一发现挑战了早泥盆世埃姆斯期前不存在大型脊椎动物的传统看法，同时促使研究者重新思考氧气含量变化与脊椎动物演化之间的关系。

朱敏团队是在中国云南省曲靖市麒麟区潇湘动物群中发现了钝齿宏颌鱼的两块下颌骨和一块上颌骨标本。它为脊椎动物的早期演化及古环境演化的热点议题提供了关键性证据。

钝齿宏颌鱼的下颌长10多厘米，按其他完整保存的早期硬骨鱼身体比例计算，其体长应超过1米，最大的可能达到了1.2米左右，远远超过了之前发现的所有志留纪脊椎动物，这就否定了早泥盆世埃姆斯期以前不存在大型脊椎动物的论断。古植物学研究也表明，至志留纪晚期，陆地维管植物已相当繁荣。这些发现都支持了古灰烬证据所显示的氧气含量变化模型，即古生代氧气含量增高事件发生在约4.2亿年前的志留纪晚期。

颌骨特征表明，钝齿宏颌鱼是一种典型的硬骨鱼。下颌骨由两列骨骼组成，内外颌骨上生长着牙齿。外侧的牙齿可能用来捕捉并紧紧抓住猎物，内侧的大型钝齿则用于压碎其硬壳。

传统观点认为，志留纪的水域为无脊椎动物所统治。而潇湘动物群的证据显示，最迟在志留纪晚期，当时的云南已存在鱼群。有颌脊椎动物已经分化出许多类群，占据了多个生态位，有些体型已经相当硕大，“鱼类时代”也许可以前推到志留纪。

084. 全国首批工士学位出炉

6月20日，湖北职业技术学院2014届毕业生工士学位（试点）授予仪式上，身穿导师服的特邀嘉宾、中国职业技术教育学会副会长俞仲文向毕业生授予“工士”学位证书。1103名应届毕业生穿着学校统一定制的新学位服，按照正规的学位授予仪式，依次从院长和导师手里接过相当于本科副学士学位的“工士”学位证书。这是国内首所高职院校试水为高职高专层次的学生授予学位。

脱颖而出　新华社发 朱慧卿 作

建立“工士”学位制度（试点）是湖北职院为推进现代职业教育体系进行的改革探索。它紧密结合目前高职教育生源多元化及学校实际，借鉴了国外和中国香港地区学位制度中设立第4层次学位即副学士学位的做法，为将来构建“工士—学士—硕士—博士”四级学位体系做准备。

设立“工士”学位的提出者、从事中外高等职业教育学位制度设计与比较研究的湖北职业教育发展研究院院长李梦卿说，武汉城市圈是省部共建教育综合改革试验区，有先行先试的条件和政策，湖北职业技术学院率先颁发“工士”学位的试点，为中国高等职业教育学位制度的探索提供了样本、开创了先例。“我们不能否认，专科层次高等职业教育同样也需要被测量和奖励学生的学习成绩，从这个意义上讲，它也应当有自己的学位。”

首批获得学位的学生要求达到“三证”“四合格”的标准。“三证”即在校期间获得执业资格证或技能资格证（中级）、英语等级证（三级）和计算机等级证。“四合格”是指思想道德素质合格、学业成绩平均在 70 分以上、毕业设计或调查报告合格、跟岗实习合格。学院成立了有别于本科院校的学术委员会，由包括行业专家在内的双师型教师组成，目的是在学位审核上不仅关注学生学业成绩，同时强调学生的技术技能。

此次获“工士”学位的同学占毕业生总数的 22%。会跟踪这批工士学位毕业生，希望能为国家职业教育学位制度建设提供样本。

085. 中国水陆两“路”同入遗

6 月 22 日，第 38 届世界遗产大会审议并通过中国提交的“大运河”申遗申请。至此，“大运河”作为文化遗产正式列入世界遗产名录。

图为京杭大运河杭州终点标志——拱宸桥。

李忠 摄（新华）

大会在听取了对“大运河”历史、作用以及现状等方面的陈述后，各方代表阐述了各自意见，大会主席、卡塔尔公主玛雅萨根据会议表决结果宣布中国提交的“大运河”申遗成功。伊拉克代表哈希姆说，中国和伊拉克一样历史悠久，大运河是中国人民勤劳、智慧的结晶，“大运河”申遗成功充实了世界遗产内容。

大运河具有河道距离长、流域范围广、修建年代久远、遗产类型丰富、利用功能多样、保存现状复杂等特点，保存下来的与大运河相关遗存总数已超过1100处。最终列入申遗范围的大运河遗产分布在中国2个直辖市、6个省、25个地级市。申报的系列遗产分别选取了各河段的典型河道段落和重要遗产点，包括河道遗产27段，总长度1011公里，相关遗产共计58处。

同日，第38届世界遗产大会批准通过“丝绸之路：起始段和天山廊道的路网”世界遗产名录申请报告。至此，中国与吉尔吉斯斯坦、哈萨克斯坦联合提交的这一文化遗产项目正式列入世界遗产名录。

游客在新疆拜城县克孜尔石窟游览。

新华社发

“丝绸之路：起始段和天山廊道的路网”是跨国系列文化遗产，属文化线路类型，线路跨度近5000公里，沿线包括中心城镇遗迹、商贸城市、交通遗迹、宗教遗迹和关联遗迹5类代表性遗迹共33处，申报遗产区总面积42680公顷，遗产区和缓冲区总面积234464公顷。中国境内有22处考古遗址、古建筑等遗迹，其中包括河南省4处、陕西省7处、甘肃省5处、新疆维吾尔自治区6处，遗产区总面积28421公顷，遗产区和缓冲区总面积204011公顷。哈萨克斯坦、吉尔吉斯斯坦境内各有8处和3处遗迹。

中国和吉尔吉斯斯坦、哈萨克斯坦联合提交的申请报告被会议批准意义重大，不仅向世界复原了早在2000年以前就形成的这一促进全球经济发展的经济动脉形象，还必将极大促进全球各种文明间的交流，有利于全球文明多样化，更为重要的是将提升沿线国家政府保护人类遗产的力度，形成一股以政府为主导的保护文物的强大力量，使古丝绸之路再显勃勃生机。

6月15日至25日，第38届世界遗产大会在卡塔尔首都多哈举行。世界遗产大会是联合国教科文组织世界遗产委员会的年会，全称为联合国教科文组织世界遗产委员会会议，每年举行一次。

086. 竖版中国地图问世发行

6月24日，湖南地图出版社与湖北省测绘学会共同编制的竖版《世界地势图》《世界知识地图》，湖南地图出版社独立绘制的《中国地势图》《中华人民共和国地图》得到国家测绘地理信息局的认可，获得审图号、书号，并正式出版发行。

竖版的《中华人民共和国地图》是国内首创的大幅面全开竖版地图。该地图比例1∶6 700 000，展开张贴后，宽0.86米，长1.16米。4次折叠后，符合A4纸的规格。南海海域和岛屿与大陆为同一比例尺，南海诸岛不再作为插图形式表示。使读者全面直观地认识中国全图，不会再误以为国家领土有主次之分，有利于国民的版图意识和海洋意识的树立。

这是6月23日拍摄的竖版《中华人民共和国地图》。

白禹　摄（新华）

在《中华人民共和国地图》中，对南海诸岛之岛屿、礁盘等地理信息详细标示，使国人更好地了解中国南海诸岛的东沙群岛、西沙群岛、中沙群岛和南沙群岛。地图中海南省、海南岛以及南海诸岛的地理关系及行政区划变得更为清晰明了。

竖版的《世界知识地图》是对传统横版《世界地图》的一种突破，这意味着使用了400多年的横版地图不再“一统天下”，在地图制图领域具有划时代的意义。克服了传统世界地图上南极洲和北冰洋变形极大的缺陷，同时对南北方向的阐述也更为直观，蓝色海域更为明晰。

《世界知识地图》图中地形均采用全数字化高程数据计算生成，不掺杂人为的描绘成分。用分层设色的方法，真实地把世界海洋的地势起伏逼真地表现了出来。

087. 国宝青铜器荣归“合体”

6月28日，流失海外近百年的“方罍之王”皿方罍器身，与湖南省博物馆珍藏的皿方罍器盖，在长沙举行了器身、器盖合体仪式。

当晚，在湖南卫视演播大厅，湖南省委书记徐守盛、省长杜家毫和文化部副部长、国家文物局局长励小捷共同为这件青铜器国宝“合体”。

曾经天各一方的国宝成功“合体”，不仅文物价值大大提升，而且从海外私人收藏转为中国公立博物馆馆藏，公众可以近距离目睹国宝的风采，领略中华文明的魅力。

1919年，湖南省桃源县出土了一件迄今所见最大、最精美的青铜方罍，因其铭文而被称为“皿方罍”。皿方罍器盖高28.9厘米，器身高63.6厘米。是目前发现商周方罍中最大的一件，有文物界人士称之为“方罍之王”。

6月28日夜，流失海外近百年的“方罍之王”皿方罍器身与湖南省博物馆珍藏的皿方罍器盖在长沙举行隆重的器身、器盖合体仪式。

白禹 摄（新华）

近百年前，中华大地兵荒马乱，皿方罍器身流落海外，辗转于数国古董商之手。而器盖则自 1956 年起藏于湖南省博物馆。

2014 年 3 月，在获悉皿方罍器身将在佳士得参与拍卖时，湖南省政府部门、相关单位、文博机构和民间收藏人士通力合作，多家企业和单位慷慨捐款，最终促成了皿方罍器身于 3 月 19 日成功洽购，海外“游子”得以踏上归国旅途。

088. 中国首次网上全文公布日本战犯笔供

7 月 3 日起，在卢沟桥事变 77 周年即将到来之际，中央档案馆首次在其官网陆续全文公布 45 名受审日本侵华战犯的亲笔供词，包括笔供的中英文内容提要、笔供原文和译文等。

1950 年至 1956 年间，中国先后在抚顺、太原两地关押了日本侵华战争罪犯 1109 名。1951 年至 1956 年 6 月，最高人民检察院对在押的日本侵华战犯

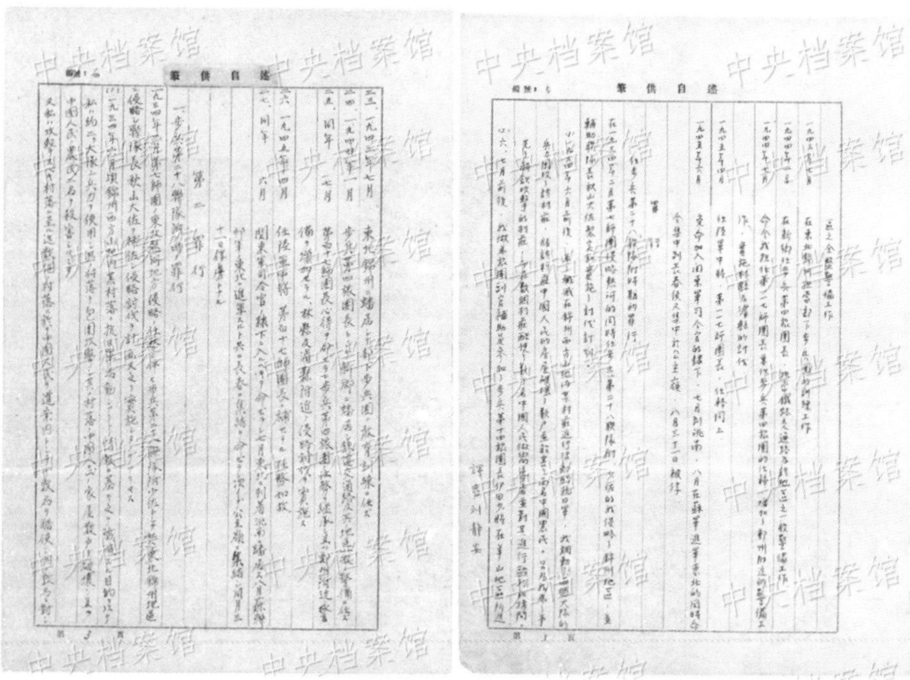

这是日本战犯铃木启久的部分笔供原文（左图）和铃木启久笔供的中文译文（右图）。

新华社发（中央档案馆供图）

的罪行进行了调查，并会同有关机关进行起诉、审判的准备。1956 年 4 月，全国人大常委会通过相关决定，决定以人道主义精神对在押的日本战犯实行区别对待、宽大处理的方针。根据全国人大常委会的决定，最高人民法院于 1956 年先后分三批对在押的 1017 名罪行相对较轻、悔罪表现较好的日本侵华战犯宣布免予起诉并立即释放，对职务较高、罪行较重的 45 名日本侵华战犯向最高人民法院特别军事法庭提起诉讼。法庭根据 45 名战犯的犯罪事实，犯罪情节和悔罪表现，分别判处了 8 年至 20 年有期徒刑。

中央档案馆收藏了这些侦查、审查、处理日本战犯的档案，主要包括纸质、照片、实物、录音、电影五种。1000 多名战犯笔供的日文原文和当时的中文译文资料共约 18 万页。此次在互联网上公布的正是 45 名受审判战犯对自己侵华罪行的笔供档案。此次每天公布一个战犯的笔供，计划 45 天完成。

从这批战犯笔供中，公众可以清楚地看到侵华日军犯下的累累罪行，包括策划推行侵略政策、制造细菌武器、施放毒气、进行人体活体试验、屠杀及掠夺资财、毁灭城镇、强征慰安妇、强奸妇女、驱逐和平居民等。此次公布的 45 名战犯笔供属原貌展示，仅对笔供中涉及的受性侵犯女子的姓名进行了虚化处理。

与此同时，中央档案馆正着手对 1017 名免予起诉的日本战犯的笔供档案进行整理。待公布完 45 名受审战犯的笔供档案后，将在适当时间以适当形式予以公布。

此前中央档案馆印刷出版过日军侵华战犯笔供，也向国内外相关组织、人士提供过笔供的部分内容，在互联网上进行全文公布，尚属首次。以无可辩驳的证据，揭露日本侵华期间犯下的反人道、反人类、反文明暴行。

089. 中国民间首次向日本皇室追讨中国文物

8 月 10 日，中国民间对日索赔联合会通过日本驻华大使木寺昌人，致函日本天皇明仁和日本政府，要求日本迅速归还所掠中国文物“中华唐鸿胪井刻石”。这是中国民间首次向日本皇室追讨文物。

“中华唐鸿胪井刻石”是日本从中国掠夺的最具分量的文物之一，现藏日本皇宫。它见证了唐朝册封管辖东北的过程，目睹了日本遣唐使西去东归学习盛唐的往事，记载了中国统一的历史进程，对中国东北史、民族史、文化史的研究具有重要的价值。

中国民间对日索赔联合会会长童增介绍，为了追讨“中华唐鸿胪井刻石”，中国民间对日索赔联合会专门成立了文物追讨部，组织专业队伍，对日本所掳中国文物进行集中追讨。

中国民间对日索赔联合会已通过函件方式敦促日本归还刻石，下一步还将组织专家赴日本考察。如果通过民间努力不能促成文物回归，还将参照韩国讨要“北关大捷碑”等国际先例，请求政府出面。

自甲午战争至抗日战争期间，日本自中国所掳金银、文物数量巨大。1945 年抗日战争结束后，中国政府统计被日本掠夺的文化财产共 1879 箱、360 万件，破坏的古迹达到 741 处，著名的“北京人”头盖骨化石也不见踪影，而民间流失的文物更是无法估计。

早在 1992 年日本天皇明仁访问中国前，童增就曾公开要求归还存放于日本皇宫内的所掠中国文物。他指出，此次首选“唐鸿胪井刻石”对日追讨，是因为 2014 年正逢刻石建立 1300 年，而通过若干中国学者的多年努力，掌握了日本掠夺刻石及刻石现存处所等大量证据，有利于追讨成功。

解决这一历史遗留问题，国际法早有规定。早在 1968 年，联合国大会通过《战争罪及危害人类罪不适用法定时效公约》规定：“残害人类战争罪，不论其犯罪日期，不适用法定时效，可以永远追究其责任。”

090. 首届中国慈善论坛举行

8 月 16 日，首届中国慈善论坛在北京举行，全国人大常委会副委员长陈昌智出席开幕式并讲话。

陈昌智表示，近三十年来，中国慈善事业取得了长足进步，在扶贫济困、抗震救灾等方面发挥了重要作用，并逐步扩大服务领域，初步形成了现代意义上的“大慈善”格局。当前，中国正处在全面深化改革的攻坚阶段、社会经济发展的关键转型期和各类矛盾的凸显期，这也正是慈善组织和慈善工作者履行使命、大展身手的历史机遇期。

陈昌智指出，要以慈善文化为载体，培育和践行社会主义核心价值观，以扶贫济困为重点，拓展慈善事业服务领域，以加强能力建设为基础，提升慈善组织的社会公信力，不断推动中国慈善组织以更加积极的姿态参与改革和社会事务。

同时，中民慈善捐助信息中心发布了第三届“中国城市公益慈善指数”，北京蝉联“首善城市”。

此次，全国27个省、自治区、直辖市的109个县级以上城市入选了“中国城市公益慈善百强榜”。在北京、上海、深圳三强之外，慈善指数高于90分的还有南京、无锡、广州、苏州等8个城市。本届慈善指数综合分析了社会捐赠、志愿服务、慈善组织、经济贡献、政府支持、慈善文化六个方面的29个指标，对全国294个直辖市、地级市和县级市2012年至2013年间城市慈善事业发展水平进行了评价和排名。

091. 青春中国 南京青奥

8月16日至28日，第二届青年奥林匹克运动会在中国南京举行，来自世界200多个国家和地区的3700多名运动员在南京相聚，进行体育与文化的交流，飞扬青春，畅谈梦想，共享快乐，在奥林匹克历史上谱写了人类和平友谊的新篇章。

南京青奥会坚持“青春活力、参与共享、文化融合、绿色节俭”的理念，为世界呈现了一个快乐精彩、中国特色的体育盛会，“南京模式”为未来的青奥会提供了不少可供借鉴的成功经验。

青年奥林匹克运动会是由国际奥委会前任主席罗格倡议创办，旨在扩大奥林匹克精神在青年人中的影响，鼓励他们建立健康的生活方式，参赛运动员年龄为15～18岁，青少年是青奥会的主体。

为了体现青奥会的特色，让青少年满意，南京青奥会坚持“青年的赛事，由青年挑大梁”。在南京青奥组委会中，18名部长助理全部都是80后，40%以上的正式员工是80后、90后，2万名志愿者绝大多数都

图为南京青奥会摔跤比赛落下帷幕后志愿者与俄罗斯运动员合影留念。

赵鹏　摄（新华）

是90后，开幕式99%的演员都是青少年……无论是会徽、口号还是开闭幕式创意，青少年都成为握有“决定权”的人群。青少年成为青奥策划主体、参与主体、受益主体和延续主体，实现了让青年人当家做主。

青奥会不仅是体育的盛会，也是文化的盛会，交流的盛会，快乐的盛会。来自全球各地、各种肤色、各种语言、各种文化的青少年们在这个绿色的“地球村”融合世界，共享快乐。

在筹备中，南京青奥会围绕“奥林匹克主义”“技能发展”“幸福与健康的生活方式”“社会责任”“表达”等主题，用活力表达卓越，用欢乐分享友谊，用赞赏感受尊重，致力于打造一场体育文化盛宴。

在尊重奥林匹克精神的同时，青奥会不设奖牌榜，而是精心设计了一系列文化教育活动，使青奥会真正成为体育的盛会、青春的盛会、文化的盛会，让来自世界各地的青年人在参与中共享快乐，在交流中实现融合。

南京青奥会还制定了青年的节日等6大系列文化教育活动，开展了青奥会歌征集、我要上青奥、国际绘画大赛等一系列征集活动，举办“世界文化村、闪亮的青春、触摸南京和城市文化体验”等20项主题活动，设计了“奥运梦之旅”“世界梦之旅”和“中国梦之旅”“青春梦之旅”……让青少年感受多元文化，分享成长快乐，体验幸福健康的生活方式。

为扩大参与交流，青年人为青奥带来的一大创新就是吉祥物“砳砳”带着“虚拟火炬”跋涉千山万水，跨越五洲四洋，伴“嫦娥”登月、随“蛟龙”入海，“走过”204个国家和地区的258个传递站点，在全球网络传递超过1亿人次。

南京青奥会是一个展示中国梦的舞台、追逐世界梦的舞台、放飞青春梦的舞台。为了让更多的青年人成为青奥会的参与者，南京106所青奥示范学校和世界各地学校结成“同心结”学校，通过视频连线，通过网络，向各国朋友介绍南京、青奥和中国的历史文化，通过交流实现文化融合。

虽然规模上超过了在新加坡举办的第一届青奥会，但本届南京青奥会的预算却缩减了10%。坚持“能改不建、能修不换、能租不买、能借不租”的原则，35个比赛和训练体育场馆只新建了青奥体育公园1个场馆群，其余场馆均是已有场馆维修改造的，受到国际奥委会主席巴赫的称赞。

南京青奥会的精彩，不仅是青年赛会竞技和多元文化融合的精彩，更表现在赛会和城市的融合，绿色惠民。

南京，为青奥会竖起了一个标杆！青奥，让南京更具国际范儿！

092. 中国搜索发布个性化“国搜新闻”

9月10日，中国搜索正式推出“国搜新闻”客户端，力争打造国内全新个性化新闻阅读模式。

据市场研究机构赛诺发布的《2013年中国手机市场新闻客户端研究报告》，2013年超过68.5%的手机用户通过新闻客户端来获取新闻资讯，新闻客户端已经成为移动网民看新闻的最主要方式。

“国搜新闻”客户端是中国搜索旗下的首款移动新媒体产品，依托人民日报、新华社、中央电视台、光明日报社、经济日报社、中国日报社、中国新闻社7家股东媒体遍布全国和世界各地的新闻采集网络，通过中国搜索海量信息精选，突出原创内容，为用户24小时提供权威、快捷、深度、丰富的新闻信息和大量贴近社会与民生的服务资讯。

国搜移动端产品负责人高宗涛表示，新闻客户端具有碎片化阅读特点，用户不受时间、地域限制便可快速获取海量信息。基于对用户使用习惯的分

3月21日，嘉宾在中国搜索正式上线开通启动仪式上。

王晔　摄（新华）

析，国搜新闻客户端在产品设计初期就确定了以用户为核心的理念，致力于为用户量身打造“权威深度＋实时新闻＋个性定制”的一站式新闻资讯应用，满足其个性多元的新闻消费需求。

链　接

3月21日，国家级搜索平台中国搜索正式上线开通，英文域名为 chinaso.com。

中国搜索是由盘古搜索和即刻搜索合并而成，是在“搜索国家队”重新整合后新推出的产品，和普通商业搜索相比增加侧重国情、理论等垂直搜索内容。中国搜索由中国搜索信息科技股份有限公司创办运营。该公司是由中国七大新闻机构联合设立的互联网企业。

093. 中国尚有4亿多人不能用普通话交流

9月21日，全国推广普通话宣传周重点活动在河北省滦平县举行。中国教育部副部长、国家语言文字工作委员会主任李卫红透露，全国现在还有30%即4亿多人口不能用普通话交流。

2014年是国务院确定全国推广普通话宣传周17周年。李卫红说，“17年来，国民语言文字应用能力显著增强，目前全国有70%以上的人口具备普通话应用能力，95%以上的识字人口使用规范汉字，中华民族几千年书同字、语同音的梦想正在逐步成为现实。但是，会说普通话的70%人口中，只有10%的人口可以用标准普通话顺畅沟通。”

9月18日，安徽合肥市朝霞小学开展“我当普通话推广员”活动。小学生们通过为家长上一堂汉语拼音读写课，以实际行动推广普通话的使用。图为小学生为家长上汉语拼音读写课。

刘军喜　摄（新华）

普通话是以北京话语音为标准音，以北方话为基础方言，以典范的现代白话文著作为语法规范的现代汉民族共同语。与会专家认为，推广普通话不是要人为地消灭方言，而是为了消除不同方言的隔阂，以利于社会交际。

此次全国推广普通话宣传周重点活动由中国教育部、国家语言文字工作委员会与河北省政府共同举办。

094. 中国创亚运会金牌九连冠

10月4日，第十七届亚运会在“韩流”歌星打造的PARTY气氛中落幕。

本届亚运会从2010年广州的42个大项、476个小项“瘦身”至36个大项、439个小项。随着乒乓球选手包揽当日的男、女单打冠军，派出近900名运动员的中国体育代表团以151枚金牌轻松实现亚运金牌榜九连冠，奖牌总数达到342块，是除广州亚运会之外最多的一次。

中国队在游泳、田径两个基础大项的重点小项上取得突破，宁泽涛在男子100米自由泳中游出了今年世界第三好成绩，他和队友合作在4×100米混合泳接力中创造了今年世界第二好成绩，田径男子4×100米接力的新亚洲纪录可以排伦敦奥运会第三，赵庆刚在男子标枪中投出了世锦赛可以夺冠的成绩。但备受关注的三大球一金未入，创下1974年首次参加亚运会之后的最差战绩。

9月20日，在仁川亚运会女子10米气手枪团体比赛中，由郭文珺、张梦圆、周庆媛组成的中国队以1146环的总成绩获得冠军，斩获本届亚运会和中国代表团首金。图为中国队选手周庆媛在比赛中。

张帆　摄（新华）

东道主韩国以79枚金牌、234块奖牌连续第五次占据金牌榜次席；日本以47金、200块奖牌稳居第三。亚洲体坛总体格局未有大的变化迹象。

在45个参赛国家和地区中，有37个代表团获得奖牌，金榜题名的代表团达到28个，仅次于上届的29个。

本届亚运会涌现了一批好成绩，14项世界纪录被打破，27项亚洲纪录和88项亚运会纪录被刷新，为近三届亚运会打破各项纪录最多的一次。中国泳将宁泽涛和沈铎、日本泳将萩野公介，以及中国体操女将姚金男各收获4金，并列“多金王”。其中20岁的日本新星萩野凭借在7个单项上收获4金1银2铜并打破一项亚洲纪录和一项亚运会纪录的表现，当选最有价值运动员。

本届亚运会共进行了1900多例兴奋剂检测，为亚运史上最多的一次。赛会期间公布兴奋剂违规事件6起，其中中国女子链球名将张文秀尿检呈阳性，成为中国近20年来在国际综合性运动会上的第一起兴奋剂阳性事件。

095. 首届世界互联网大会举行

11月19日至21日，首届世界互联网大会在浙江乌镇举办。这是我国举办的规模最大、层次最高的互联网大会。

此次大会的主题是“互通互联　共享共治”。大会旨在为中国与世界互联互通搭建国际平台，为国际互联网共享共治搭建中国平台，让全世界互联网巨头在这个平台上交流思想、探索规律、凝聚共识。

首届世界互联网大会体现出四个“第一次”：第一次由中国举办世界互联网盛会，第一次会集全球网络界领军人物共商发展大计，第一次全景展示中国互联发展理念和成果，第一次以千年古镇命名世界网络峰会，大会将永久会址确定在乌镇，因此也可以把世界互联网大会称为网络空间的“乌镇峰会”。

11月21日，首届世界互联网大会闭幕式现场。
韩传号　摄（新华）

经过20年发展，中国已拥有6.3亿网民，12亿手机用户，5亿微博、微信用户，每天信息发送量超过200亿条。

全球互联网公司十强中，中国占了 4 家，中国已成为名副其实的互联网大国。

首届世界互联网大会由国家互联网信息办公室和浙江省人民政府共同主办。大会设置了国际互联网治理、移动互联网、互联网新媒体、跨境电子商务、网络安全、打击网络恐怖主义等多个分论坛。

096. 奥赛等 6 项高考加分取消

12 月 17 日，教育部等 5 部门联合下发《关于进一步减少和规范高考加分项目和分值的意见》，规定自 2015 年 1 月 1 日起，取消重大体育比赛获奖者、二级运动员统测合格者、省级优秀学生、思想政治品德突出事迹者、奥赛获奖者、科技类竞赛获奖者等 6 项全国性加分项目。

对于 2015 年 1 月 1 日之前在高级中等教育阶段已取得有关奖项、名次、称号的考生，意见规定，是否具有加分资格由生源所在地省级高校招生委员会研究决定，确有必要保留的按本省（区、市）原有规定执行，加分分值不超过 5 分，体育部门要重新对二级运动员资质进行复核复测。

同时，意见对“烈士子女”“边疆、山区、牧区、少数民族聚居地区少数民族考生”“归侨、华侨子女、归侨子女和台湾省籍考生”“自主就业退役士兵”“在服役期间荣立二等功（含）以上或被大军区（含）以上单位授予荣誉称号的退役军人”等全国性加分项目予以保留。

对一些地方性加分项目，如地方性体育、艺术、科技、三好学生、优秀学生干部等，意见决定予以取消；对确有必要保留的地方性加分项目，意见要求要合理设置加分分值，由省级人民政府确定并报教育部备案，原则上只适用于本省（区、市）所属高校在本省（区、市）招生。

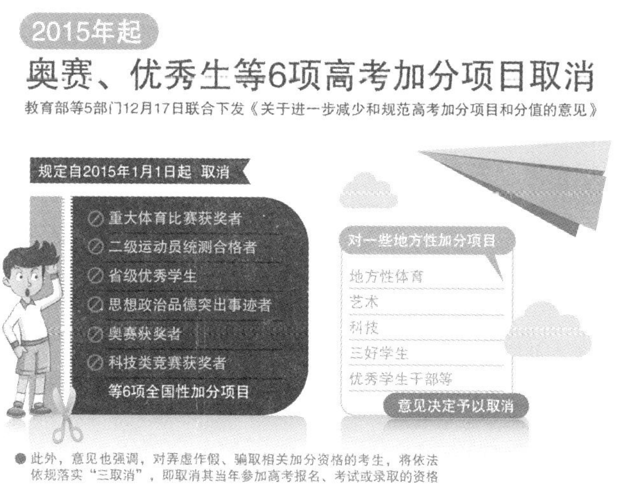

新华社发（大巢制图）

值得注意的是，

取消加分项目后，考生的一些特长和取得的荣誉在高招过程中并非毫无作用。考生的体育、艺术、学科等特长将如实记入学生综合素质档案或考生档案，供高校录取时参考；考生的相关学科特长和创新潜质，可作为自主招生试点高校优先给予初审通过的条件。对学科特长或创新潜质特别突出的个别优秀考生，经向社会公示后，由试点高校向生源所在省级招生考试机构提出破格录取申请，经生源所在省级高校招生委员会核准后录取。

此外，意见也强调，对弄虚作假、骗取相关加分资格的考生，将依法依规落实“三取消”，即取消其当年参加高考报名、考试或录取的资格，可同时给予暂停参加各种国家教育考试 1 至 3 年的处理，考生的违规事实记入国家教育考试诚信档案。

097. 2014 年中国十大文化新闻

一、深化文化体制改革实施方案推出

2 月 28 日，中央全面深化改革领导小组第二次会议审议通过了《深化文化体制改革实施方案》。改革方案提出，要完善文化管理体制和生产经营机制，促进基本公共文化服务标准化、均等化，提高文化产业规模化、专业化水平，解决文化创意与实体经济等方面全方位、深层次、宽领域的融合发展问题。

二、演艺圈失德违法现象引关注

3 月 17 日，歌手李代沫因涉毒被抓。此后，一些知名演艺人士因涉黄涉毒被公安机关查处。对此，北京演出行业协会、新闻出版广电总局先后要求，对劣迹艺人采取限制措施，整肃失范艺人，重寻艺德。

三、“一剧两星”等规范电视发展

4 月 15 日，新闻出版广电总局宣布自 2015 年起用“一剧两星”取代过去的“一剧四星”，即一部电视剧最多只能同时在两家上星频道播出。此举有望改变电视

千台一面　　新华社发 朱慧卿 作

剧行业“千台一剧”的局面。此后，电视“视频盒子”被严管，旨在堵住低俗不良节目及侵权盗版节目大量进入电视渠道。

四、乐曲《小苹果》引发热潮

5月29日，“筷子兄弟”推出原创歌曲《小苹果》。从一部电影营销的宣传歌曲到青奥会活动的必选歌曲，从广场舞大妈的伴奏到征兵视频、消防员宣传片，《小苹果》以其通俗的歌词和旋律深入到社会各角落。

五、文化部制止艺术团出国“镀金”

6月11日，文化部印发《关于坚决制止国内艺术团组赴国外“镀金”的通知》，对国内各级各类艺术团到金色大厅等国外著名演展场所或国际组织总部办公场所“镀金”现象予以坚决制止。规定今后院团在规划海外巡演时，要更加讲求文化传播的有效性，切实提高文化走出去的含金量。

六、大运河、丝绸之路成功“申遗”

6月25日，第38届世界遗产大会闭幕，中国提交的“大运河”“中国南方喀斯特二期”以及与哈萨克斯坦、吉尔吉斯斯坦联合提交的“丝绸之路：起始段和天山廊道的路网”成功入选世界遗产名录。至此，中国获准加入世界遗产名录的项目已达47个，位列全球第二。

七、鲁迅文学奖再引争议

8月11日，第六届鲁迅文学奖公布获奖作品名单。作家阿来耗时8年完成的作品《瞻对：一个两百年的康巴传奇》以0张选票落选；周啸天凭借诗词选《将进茶》获诗歌奖，引发争议。作为我国重要文学奖项之一，鲁迅文学奖近年屡陷争议。

八、媒体融合发展提升至国家战略层面

8月18日，中央全面深化改革领导小组第四次会议提出，推动传统媒体和新兴媒体融合发展，要遵循新闻传播规律和新兴媒体发展规律，强化互联网思维，坚持传统媒体和新兴媒体优势互补、一体发展。这是国家层面首次明确提出媒体融合发展战略。

九、中央召开文艺工作座谈会

10月15日，习近平总书记在京主持召开文艺工作座谈会，指明了新时期文艺工作的发展方向。习近平勉励广大文艺工作者从时代和国家的高度认识文艺的地位和作用，坚持以人民为中心的创作导向，努力创作更多无愧于时代的优秀作品，鼓舞全国各族人民朝气蓬勃迈向未来。

十、首届世界互联网大会举行

11月19日，首届世界互联网大会在浙江乌镇举办。大会以“互联互通共享共治”为主题，吸引了来自100多个国家和地区的互联网人士，就国际互联网治理、网络空间法治化、网络名人、跨境电子商务、网络安全、打击网络恐怖主义等10多个分议题深入交换意见，并达成共识。

098. 2014年中国十大体育新闻

一、张虹夺取冬奥会中国速滑第一金

3月13日，张虹夺取索契冬奥会女子1000米速度滑冰金牌，这是中国代表团在冬奥会历史上获得的第一枚速滑金牌。1992年法国阿尔贝维尔冬奥会上，叶乔波获得两枚速滑银牌，为中国实现冬奥会奖牌“零”的突破。22年之后，初次征战冬奥会的张虹终于改写历史。

二、阿里巴巴入股广州恒大

6月5日，恒大集团和阿里巴巴集团宣布达成战略合作协议，阿里巴巴出资12亿元入股，与恒大分别持有广州恒大足球俱乐部50%的股份。阿里巴巴成为首个投资中国足球的电商，其加入有助于优化中国职业足球俱乐部投资结构。

6月5日，阿里巴巴董事局主席马云（右）和恒大集团董事局主席许家印在广州共同出席恒大集团和阿里巴巴集团足球战略合作签约仪式。

新华社发

三、北京正式入围2022年冬奥会申办候选城市

7月7日，国际奥委会主席巴赫宣布，中国北京与挪威奥斯陆、哈萨克斯坦阿拉木图三座城市正式入围2022年冬奥会申办候选城市。10月1日，挪威政府拒绝为冬奥会提供财政保障，奥斯陆退出申办。国际奥委会将于2015年7月31日在马来西亚首都吉隆坡举行的国际奥委会全体会议上，投票产生2022年冬奥会举办城市。

四、南京青奥会成功举办

8月16日至28日，第二届夏季青年奥林匹克运动会在江苏省南京市举行，国家主席习近平出席开幕式并宣布运动会开幕。这是继2008年北京奥运会后，在中国举办的又一项具有国际影响的奥林匹克盛事。来自世界各地的3700多名15岁至18岁的运动员聚会南京，参加了28个大项、222个小项的比赛，同时还全程参加了20项青奥会文化教育活动。国际奥委会主席巴赫称赞本届青奥会的组织工作完美无缺，树立了可持续赛事组织的优秀典范。

五、李娜退役

9月19日，32岁的李娜通过个人微博发表退役告别信，表示因膝盖伤势难以恢复而选择正式退役。从中国第一个女子网球协会（WTA）女单冠军、第一个跻身WTA世界排名前十的运动员，到获得首个大满贯赛亚军，再到法网、澳网两夺大满贯赛冠军和取得世界第二的排名，李娜一次次改写了中国、乃至亚洲的网球历史。

六、亚运会中国军团九连冠

在9月19日至10月4日举行的仁川亚运会上，中国运动员赢得151块金牌，连续第九次高居金牌榜首，但“三大球”一金未入，回到中国40年前首次参加亚运会的原点。

七、国务院发文强力助推体育产业

10月20日，国务院印发《关于加快发展体育产业促进体育消费的若干意见》，提出取消商业性和群众性体育赛事活动审批，鼓励社会资本进入体育产业，放宽赛事转播权限制等具体措施。到2025年，基本建立布局合理、功能完善、门类齐全的体育产业体系，体育产业总规模超过5万亿元。12月29日，全国体育局长会议提出以运动项目管理中心和单项体育协会改革试点为突破口，把足球改革作为体育管理体制改革的排头兵，积极推动体育事业全面深化改革，努力树立“大体育文化观”。

八、陈盆滨成为中国首位征服七大洲极限马拉松的运动员

11月20日，中国知名极限马拉松运动员陈盆滨在南极100公里极限马拉松赛中获得冠军。这名来自浙江渔村的36岁青年用双脚完成了自己的“中国梦”，成为首位赢得国际性极限马拉松冠军的中国人，同时也是全世界第一个完成七大洲极限马拉松的跑者。

九、孙杨登上反兴奋剂“黑名单”

11月24日，国家体育总局反兴奋剂中心公布奥运游泳冠军孙杨在5月举行的全国游泳冠军赛兴奋剂检测中呈阳性，但因涉及治疗用药而从轻处罚，禁赛3个月。此事被推迟半年公布，引发外界质疑。12月10日，国家体育总局《反兴奋剂管理办法》公布，并将于2015年1月1日施行，取代已有17

年历史的《关于严格禁止在体育运动中使用兴奋剂行为的规定（暂行）》，标志着中国的反兴奋剂工作亮出更加锐利的法律之剑。

十、教育部主管校园足球并推出多项具体措施

11 月 26 日，全国青少年校园足球工作电视电话会议要求，把足球纳入学校体育课程教学体系，作为体育课必修内容，为学生提供学习足球的机会。目前校园足球定点学校有 5000 多所，力争到 2017 年在全国扶持建设 2 万所左右中小学校足球特色学校和 200 个高校高水平足球队。

科技篇

099. “雪龙”神奇破冰

中国极地科学考察船“雪龙”号于2013年12月25日在执行科学考察任务的过程中，接到俄罗斯“绍卡利斯基院士”号在南极被浮水围困的紧急求救信号，日夜兼程、千里驰援，第一个赶到密集浮冰区。2014年1月2日，“雪龙”号上的“雪鹰12”直升机成功将俄罗斯被困船只的52名人员援救到澳大利亚“南极光”号，3日撤离这片密集浮冰区之际，自身却被阻受困。

在“雪龙”号受阻后，党中央、国务院高度重视。中共中央总书记、国家主席、中央军委主席习近平立即作出重要指示，要求各有关方面协调配合，指导帮助中国南极科考队暨“雪龙”号脱困，确保人员安全。在“雪龙”号设法摆脱困境的同时，船上部分科考项目仍然照常进行。

2013年12月28日，“雪龙”号停泊在俄罗斯船附近等待救援时机。

张建松　摄（新华）

6日凌晨，“雪龙”号启动主发动机开始拓宽“破冰跑道”，为突围做准备。但由于碎冰和低潮位影响，移动十分艰难。6日晚，“雪龙”号所在海域受北方一股暖湿气流影响，风向改为西风，风力逐渐加大，吹动“雪龙”号四周浮冰整体快速东移，浮冰区开始向外围扩散，其边缘浮冰已呈融化之态。7日17时50分，“雪龙”号在一记有力的破冰力量冲击下，将前方一块大浮冰轰然撞裂，突入一条水道，进而成功突破浮冰的重围。此前受困的俄罗斯客船也同时自行从集浮冰中突围成功。

100. 中国研究学者首次记录球状闪电光谱

1月下旬，国际知名物理期刊《物理学评论快报》刊登了中国研究学者首次记录球状闪电光谱的文章，该成果被认为是迄今为止自然界球状闪电的首次科学记录，引起广泛关注。

球状闪电俗称滚地雷，是一种神秘且罕见的自然现象，关于它的报道大部分来自目击者。很多科学家试图用理论和实验来解释球状闪电，但至今没有一个公认的说法。

西北师范大学袁萍教授带领的科研小组此前在自然界拍摄到一次球状闪电的全过程及其发射光谱。光球从地面升起，变成一道闪电，在地上穿行15米，然后消失。其直径约5米，只出现了不到两秒钟。该记录证实了球状闪电的真实存在性，并提供了球状闪电如何存在的重要线索。研究人员使用高精度科学实验仪器证实了自然界中球状闪电的产生形式以及主要成分。这些新发现将有助于从理论和实验上对球状闪电开展进一步研究。

101. 中国首次深海300米饱和潜水作业成功

1月25日9时，靠泊在深圳赤湾码头的中国首艘饱和潜水工作母船“深潜号”上，在生活舱里生活了380小时的6名饱和潜水员完成减压依序出舱，安全返回正常生活，潜水员身体状况良好。交通运输部上海打捞局局长沈灏在此间宣布：中国首次300米饱和潜水首次作业画上圆满句号。

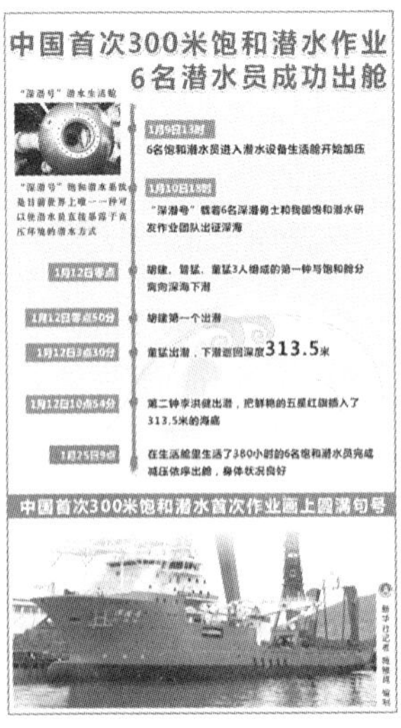

1月12日凌晨，交通运输部上海打捞局胡建、管猛、董猛、谭辉、罗小明、李洪健6名饱和潜水员在南中国海海域，完成在海底出钟巡回潜水作业，潜水作业深度达到313.5米。

沈灏介绍，在世界饱和潜水史上，下潜深海300米是一道难以逾越的门槛，目前只有少数国家掌握并进行技术封锁。饱和潜水技术是潜水行业顶级核心技术，也是人类向海洋空间和生命极限挑战的前沿技术。这次中国人首次 300 米深海作业成功，标志着我国海上大深度饱和潜水作业能力实现了历史性的突破，对我国深海海洋资源开发、海上安全应急救助、海洋国防建设具有重大意义。

102. 中国第 4 个南极科考站泰山站建成开站

2 月 8 日，国家海洋局宣布，中国南极泰山站正式建成开站。泰山站位于东南极内陆冰盖腹地，居中山站与昆仑站之间的伊丽莎白公主地，年平均温度零下 36.6 摄氏度。

从位于西南极洲南设得兰群岛乔治王岛南部的长城站，到位于东南极大陆拉斯曼丘陵的中山站和位于南极内陆冰盖的最高点冰穹 A 地区的昆仑站，再到位于中山站和昆仑站之间的泰山站，中国南极考察站正在逐步完成从点到线再到面的布局。

泰山站设计建筑面积 1 千平方米，其中主体建筑 410 平方米，采用拼装式模块化轻型金属材料建设，底部支撑采用整体架空式。泰山站可满足 20 人度夏考察、生活的需要，具备科学观测、人员住宿、发电、物资储备、机械维修、通信及应急避难等功能，并配有储油设施。同时建有固定翼飞机冰雪跑道，配备 400 吨级内陆运输车队设备。

作为中国第 4 座南极科学考察站，同时又是国际上在南极大陆的 7 座内陆考察站之一，泰山站是一座夏季使用的考察站。它主要承担中山站至昆仑站之间的“中继站”任务，同时为南极内陆格罗夫山考察提供支持。完善的科学观测、人员住宿、

发电、物资储备、机械维修、通信及应急避难设备，将极大改善科考队员们的生活条件，提升考察队运输能力和工作效率。

103. 中国唯一自主三代核电品牌“华龙一号”设计成功

3 月，中国唯一具有完全自主知识产权的核电技术“华龙一号”研发设计成功，完成 360 项专利申请，进入施工设计阶段。4 月 10 日至 13 日，作为军民融合具有里程碑意义的重大核能创新成果，“华龙一号”模型首次亮相第十一届中国重庆高新技术交易会暨第七届中国国际军民两用技术博览会。

“华龙一号”是中核集团与中国广核集团合作研发设计的三代核电机型。为了实现完整自主知识产权，中核集团先后开展了 54 项科研课题，与 64 家国内外大学、科研院所和相关企业开展了 117 项合作；已完成 360 项专利申请工作，并已在海外市场开发的目标国进行专利布局；开发了核电设计分析软件 41 个；与核电设备制造企业合作，自主研制的核电设备能够满足国内外工程所需。

104. 中国首型商用“海上飞船”正式“起飞”

4 月 3 日，中国首型商用“海上飞船”——“翔州 1”地效翼船在三亚顺利完成海上试验，获得中国船级社的检验证书。这标志着该型地效翼船已完成入级登记手续，正式进入规模化商用阶段。

图为中国首型商用“海上飞船”——“翔州 1”地效翼船。

王敏　摄（新华）

“翔州 1”地效翼船由中船重工 702 所下属中船重工（海南）飞船发展有限公司研制，采用组合翼总体布局，单发动机驱动推力桨，船身设有水密舱，舱内可乘坐 7 名乘员，并排双驾驶布置。总长 12.7m，总宽 11m，总高 3.9m，最大起飞重量 2.5 吨，巡航速度 140—160km/h，最大速度 210km/h，这也是中国目前运行速度最快的地效翼船。

据了解，地效翼船按性能可分两类。A 类仅限制在地效区内飞行，主要适用于在相对平静的水面上航行；B 类不仅能在地效区内飞行，还可拉高越出地效区飞行。中国自 1967 年开始研制地效翼船，共研制 10 余艘，多集中在内河区域，多属于 A 类地效翼船。“翔州 1”属于 B 类地效翼船，既能在贴近水面的地效区飞行，充分利用地面效应，达到节能和隐蔽的目的，又能爬升到 30—50 米的高度飞行，达到瞭望或者躲避障碍的目的。起降抗浪高度 0.5m，最大航程 400km。

105. 中国首台自主研发深海遥控潜水器通过验收

4 月 18 日，中国自主研制的首台 4500 米级深海遥控无人潜水器作业系统“海马号”搭乘“海洋六号”综合科学考察船分三个航段在南海进行海上试验，通过了由 863 海洋技术领域办公室委派的海试现场专家组进行的海上验收。

5 月 14 日，媒体记者在上海交通大学海洋水下工程科学研究院水下环境条件模拟实验室内参观“海马号”。

赖鑫琳 摄（新华）

“海马号”的研制是科技部通过 863 计划支持的重点项目，是中国迄今为止自主研发的下潜深度最大、国产化率最高的无人遥控潜水器系统，并实现了关键核心技术国产化。经过近 6 年的研发攻关，突破了本体结构、浮力材料、液压动力和推进、作业机械手和工具、观通导航、控制软硬件、升沉补偿装置等关键技术，先后完成了总装联调、水池试验和海上摸底试验等工作，并针对试验中暴露出的问题和故障进行了技术改进。

在三个阶段的海试中，“海马号”共完成 17 次下潜，3 次到达南海中央海盆底部进行作业试验，最大下潜深度 4502 米。完成水下布缆、沉积物取样、热流探针试验、OBS（海底地震仪）海底布放、海底自拍摄、标志物布放等多项任务，成功实现与水下升降装置（Lander）联合作业，通过了定向、定高、定深航行等 91 项技术指标的现场考核。此次海试的成功标志着中国掌握了大深度无人遥控潜水器的关键技术，并在关键技术国产化方面取得实质性的进展，是中国深海高技术领域继“蛟龙号”之后又一标志性成果。

106. 中国首台太赫兹安检仪发布

5 月 8 日，中国电子科技集团公司（CETC）第 38 研究所在北京发布了中国首台太赫兹安检仪，填补了我国安检产业的空白。太赫兹是一种波长介于红外线与微波之间的电磁波，具有很强的穿透性，人体自身会产生这种电磁波并向外辐射。太赫兹技术被誉为“改变未来世界十大技术”之一，此前太赫兹安检核心技术只有欧美少数几个国家掌握，并一直垄断着市场。CETC 第 38 所利用 3 年时间研制成功，打破了国外的技术垄断。目前，中国力量已经在太赫兹科学技术这一“真空地带”有所建树，此次技术突破有望令太赫兹概念股获得提振。

近年来，全国暴力恐怖活动呈现递增态势，安检预防工作成了不容有失的第一道防线。在 5 月 8 日举行的第九届中国国际国防电子展览会上，由合肥公共安全技术研究院成功研发出的中国首台太赫兹人体安检仪备受关注，它能在最短时间完成安检，且准确率非常高。同时，这项技术还打破了欧美等发达国家的技术垄断。

合肥公共安全研究院技术团队用 3 年时间，经过强力技术攻关，一举打破了欧美等发达国家的技术垄断。公安部研究所专家表示，目前国际上太赫兹技术还处于研发阶段，若该仪器通过了市场检验，它将推动中国安检领域的科技进步，同时也为中国的“反暴恐”安全工作提供了强有力的保障。

链 接

太赫兹是一种波长介于红外线与微波之间的电磁波，具有很强的穿透性，可以由人体产生并向外辐射。在城市及反恐作战中，借助太赫兹特有的“穿墙术”，可以对“墙后”物体进行三维立体成像，探测隐蔽的武器、伪装埋伏的武装人员和显示沙尘或烟雾中的坦克、火炮等装备。另外，太赫兹成像技术在塑料凶器、陶瓷手枪、塑胶炸弹、流体炸药和人体炸弹的检测和识别上，更是“明察秋毫”。与耗资较高、作用距离较短、无法识别具体爆炸物的X射线扫描仪相比，太赫兹成像具有独特优势，目前已经初步应用于检查邮件、识别炸药及无损探伤等安全领域。

“博微太赫兹安检仪”采用了被誉为“改变未来世界十大技术”之一的太赫兹技术，由中国电子科技集团公司第38研究所研制完成。太赫兹安检仪扫描一下就能完成整个人体安检，人均约1秒，是传统安检仪效率的5倍以上。“博微太赫兹人体安检仪”是通过被动接收人体发出的太赫兹波，经处理显影人体的二维“快照”。当人体所穿衣物中隐藏有物品时，该区域辐射出的太赫兹波即被阻拦，并在“快照”中产生与其他身体部位不一致的阴影，从而探知隐藏物品的所在位置。

博微太赫兹人体安检仪和传统人体安检手段相比具有四大特点。一是更安全。太赫兹安检仪不同于传统安检仪主动发射探测，采用被动探测发射，设备不存在任何的电离或电磁辐射，对被检测人员绝对安全。二是更可靠。太赫兹安检仪不仅可以探测到金属物质，还可以探测到诸如陶瓷刀具、毒品粉末、液态炸药、胶体炸弹等非金属危险物质。三是更文明。设备检测方式为非接触式检查，充分保护被检人员个人隐私。四是更高效。设备每小时可检测通过500人，是传统人工检测的5倍。

107. “月宫一号”长期多人密闭试验成功

5月20日，北京航空航天大学校园内，谢倍珍等三位志愿者伴随着众人的掌声，从“月宫一号”密闭舱中走出来，105天的试验获得成功，标志着月球基地生命保障人工闭合生态系统地基实验装置“月宫一号”成功完成中国首次长期多人密闭试验。

“月宫一号”是能与地球媲美的“微型生物圈”，可实现航天员在远离地球的太空长期生活的目标，由1个综合舱和2个植物舱组成，总面积160平方米，总体积500立方米。其中，综合舱包括居住间、人员交流和工作间、洗漱间、废物处理和昆虫间。每个植物舱分隔为2个植物间，可根据不同植物

5月20日，"月宫一号"舰长谢倍珍（中）、乘员王敏娟（右）、董琛（左）出舱前在植物舱内合影。

公磊　摄（新华）

生长需要独立控制环境条件。

试验中，栽培筛选出5种粮食作物、15种蔬菜作物、1种水果。利用植物不可食生物量培养黄粉虫为人提供部分动物蛋白。志愿者收获粮食、蔬菜、水果和黄粉虫，在系统中自己进行加工并食用，而不可食用生物量与人的粪及食物残渣等废物一起采用所研发的生物技术处理制备类土壤基质循环用于植物栽培。综合舱中人、动物和废物处理产生的富二氧化碳空气经过净化后送达植物舱，供植物光合作用；植物舱产生的富氧空气经空气净化后供人和动物呼吸，并提供废物处理所需氧气。植物舱中植物蒸腾作用产生的冷凝水通过净化后，一部分由系统补充微量元素后满足人的生活用水，其余与净化后的生活废水和尿液一起用于植物栽培。由此，形成一个闭环回路生命保障系统。

"月宫一号"的核心为生物再生生命保障系统（BLSS），是目前世界上最先进的闭环回路生命保障技术，也是人类实现在外太空长期生存的核心技术。其特点是载人飞行器进入外太空后可不再需要或很少需要地面物质支持，氧气、水和食物在系统内通过生物技术实现再生，航天员可长期在站内工作和生活，使得长期载人航天和行星探测成为可能。

"月宫一号"是中国建立的第一个、世界上第三个生物再生生命保障地基有人综合密闭实验系统，它的建立使中国在生物再生生命保障领域的研究水平进入到国际先进行列，对保障中国载人登月、月球基地及火星探测等航天计划的顺利进行、保障航天员生命安全和生活质量具有重大意义。

108. 中国高速列车重大项目通过国家验收

6月7日，由科技部组织的"十一五"国家科技支撑计划"中国高速列车关键技术研究及装备研制”重大项目现场结题验收会，正式通过了国家组织的验收。项目重大标志性成果——时速350公里高速动车组已成为中国京沪、京广等主要高铁线路的主力装备，并已实现安全运营超过4亿公里。

“中国高速列车关键技术研究及装备研制”项目是科技部和原铁道部共同签署并共同组织实施的《中国高速列车自主创新联合行动计划》主要内容，目标是依托京沪高速铁路的建设，自主研制运行速度350公里的中国高速列车，建立和完善具有自主知识产权、国际竞争力和可持续发展能力的中国高速列车装备与创新能力体系。

该项目共设置了10个课题，包含了高速列车的核心和关键技术、牵引供电系统、运行控制系统及运输组织系统。项目自2008年2月启动以来，在科技部和原铁道部的共同主导下，以中国南车、中国北车下属的10家核心企业为创新主体，68名院士、500多名教授，25家重点高校、11家科研院所、51家国家重点实验室和工程研究中心紧密合作，形成了以政产学研用为特色的世界规模最大的中国高速列车技术创新“联合舰队”。

2010年8月，中国南车四方股份公司率先研制成功了被誉为中国装备制造业自主创新的典范产品——CRH380A型高速动车组，实现了系统集成、头型、轻量化车体、转向架、减振降噪等关键技术的重大突破。同年12月，CRH380A型高速动车组在京沪高铁先导段试验中创下了时速486.1公里的世界铁路运营试验最高速。

在项目的实施过程中，中国成功搭建了世界一流水平的高速列车技术平台以及以自主创新为核心的运作管理机制，形成了设计、制造、检测评估、运营维护高速列车技术体系，培养和造就了一大批覆盖高铁各领域、各门类的人才队伍，建成了涵盖轨道交通装备技术的仿真平台和试验验证平台，形成了遍布全国22个省市自治区的高铁产业链。

截至2013年年底，中国高速铁路运营里程已突破1万公里，占全球高速铁路运营总里程的50%。中国拥有世界上最庞大的高速铁路网络，最复杂的高铁运行环境和最庞大的高铁乘客数量。中国已研发了29个品种高速动车组产品，涵盖时速200—380公里不同速度等级、不同编组形式、不同运用环境的动车组谱系化产品。

109. 国内最快新型电力机车投运

6月25日，国内速度最快的HXD3D型电力机车入驻呼和浩特铁路局，标志着草原铁路牵引动力再上新台阶，将有效提升草原铁路的运能运力。

作为中国目前单机功率最大、时速最快的大功率交流传动客运电力机车，HXD3D型机车性能显著。与现有的HXD3C型客运机车相比，它的牵引性能有了大幅提高，速度提高了30%；而与相同速度的SS9型客运机车相比，它的加速时间和加速距离又缩短了至少一半，从启动到加速至160公里，只需要5分钟，极大地提高了机车运用和车站运转的效率。和谐3D型客运电力机车具有更加聪明的“大脑”，可以对故障进行自我诊断，确保列车可靠运行。同时，机车还配置了最先进的电子控制制动系统，在进行加、减速动作时缓冲很小，避免了传统旅客列车速度变化时，旅客摇摇晃晃“站不住脚”的现象。和谐3D型电力机车还可以充当发电机，在下坡和制动时能把多余的动能转化为电能回馈电网，实现节能效果。

6月下旬，呼铁局集宁机务段陆续接回了5台时速160km/h的HXD3D型电力机车。这批机车将在暑运期间投入运行。

110. 中国遥感无人机创造续航新纪录

7月9日，随着多架次翼展3.4米、机长2.3米，飞行高度5000米，续航30小时的无人机在内蒙古库伦平稳落地，由国家测绘地理信息局主导的又一科技创新项目——超长航时无人机遥感系统宣告成功，标志着中国超长航时无人机遥感系统研制成功，这批自主研制的无人机续航时间达到30小时，打破了中国无人机最长续航16小时的纪录。

此次无人机作业还首次采用同空域多架次在线飞行，突破了基于无线电通信技术多频、多ID的同步在线技术难题，可实现同空域范围内多架飞机有序飞行，互不干扰，避免了撞击的风险。多架飞机同时作业，大大提高了工作效率，为抢险救灾更加快速获得资料提供了可能。

此次由中国测绘科学研究院所属中测新图公司研制的无人机遥感系统，除续航时间长外，还在实现稀少或者无地面控制点的快速测图、利用北斗搭建轻小型无人机监管平台、同空域多架次在线飞行等方面均有创新，其各项技术指标均达到了国内领先水平。

111. 中国首次在北太平洋海域布放锚碇浮标

7 月 20 日，中国第六次北极科学考察队在北纬 55 度 59 分，东经 172 度 60 分的北太平洋海域成功布放一套锚碇浮标，这是中国首次在北太平洋海域布放锚碇观测浮标。

它的成功布放对于中国科研人员获取北极中高纬度海气界面的长期连续观测数据，了解北极定点海气界面要素变化特征，分析其对全球气候系统，特别是对中国气候变化所产生的影响具有重要意义。

船时 20 日上午 8 时 30 分左右（北京时间 7 月 20 日上午 5 时 30 分），正在白令海区域进行定点海洋综合调查作业的“雪龙”号停船漂航，开始浮标布放作业。此处海域水深 3800 多米，是较理想的布放区域。

船时 10 时 50 分左右，随着重达 4.4 吨的拖底锚链和水泥重块的入海，船上响起一片欢呼声。船时 11 时，从国内传来的信息显示，浮标工作正常，已能传输信号数据。

112. 全球首例大熊猫三胞胎存活

7 月 29 日凌晨，卧龙大熊猫“菊笑”在广州长隆野生动物世界顺利产下三胞胎熊猫宝宝。这是迄今为止中国保护大熊猫研究中心大熊猫第二次产下三胞胎，也是圈养大熊猫人工繁育史上有记载的第四个三胞胎。研究中心 2014 年已繁育大熊猫 8 胎 13 仔，存活 12 仔。

2014 年春季，“菊笑”出现发情迹象，研究中心派出繁育专家王承东、周应敏到广州为其配种。分别于 3 月 26 日、27 日用雄性大熊猫“琳琳”的鲜精为“菊笑”成功进行两次人工授精。

7 月 4 日，研究中心驻长隆饲养员董超发现“菊笑”有减食等产前行为，到 7 月中旬筑巢、焦躁等行为越发明显，工作人员随即开始对“菊笑”进行二十四小时的陪产守候。经过十多个不眠的日日夜夜，终于在 7 月 29 日凌晨 1 点 10 分迎来新生命的诞生；凌晨 3 点 47 分，“菊笑”再产一仔；4 点 34 分，令人喜出望外的第三只熊猫宝宝也顺利诞生。

大熊猫“妈妈”菊笑通过整晚的努力诞下三只幼仔，因为连续产子后体

图为三胞胎大熊猫幼仔出生第三十一天的照片。

刘大伟　摄（新华）

力不支，不能亲自照顾宝宝，三只幼仔被迅速送进育幼箱，经检查，第一只幼仔体重为90.5克、第二只体重为83克、第三只体重为124.4克。

整个过程研究中心和长隆保持着密切的沟通，面对突如其来的三胞胎，欢欣之余幼仔存活的压力也随之而来，之前的三个三胞胎存活率都较低，而出生后的几天更是幼仔最危险的时期。研究中心为此增派了两位经验丰富的育幼人员赶往长隆野生动物世界开展人工育幼，同时也远程保持着及时的沟通，随时提供各种必要的支持和帮助。

在研究中心工作人员的精心照料下，目前熊猫母子情况基本稳定。工作人员采用母兽带仔加人工育幼相结合的方式，让幼仔轮流回到妈妈身边。目前，三只幼仔的体重分别增长到230.6克、245.3克和333.4克。

大熊猫“菊笑”，2002年出生于卧龙，曾于2010年产下一对双胞胎熊猫宝宝，并于2012年前往广州长隆野生动物世界开展科研合作。长隆野生动物世界为卧龙大熊猫提供了一流的生活环境和精心的照顾。本次“菊笑”产仔是研究中心大熊猫在长隆野生动物世界的第二次产仔，也是研究中心开展大熊猫饲养繁育技术输出的又一个成功案例，有利于为大熊猫科研保护事业整合更多社会力量，实现行业整体技术水平提升，促进公众教育推广工作的发展。根据研究中心与长隆野生动物世界的协议，三胞胎幼仔将在四岁后返回研究中心。

113. 中国首个极深地下实验室扩建

8月1日，清华大学与雅砻江流域水电开发有限公司在成都签署共同建设中国锦屏地下实验室二期的合作协议。这标志着中国第一个极深地下实验室的扩建工作正式启动。

中国锦屏地下实验室二期工程将包括 4 组共 8 个实验室及其辅助设施，预计将于 2015 年年底完成土建工作，总容积将从目前的 4000 立方米扩容到 12 万立方米，能够容纳更多的深地科学领域实验项目同时开展，建成后将有望逐步发展成为国家级的面向世界开放的基础研究平台。

中国锦屏地下实验室是目前世界上最深的地下实验室，垂直岩石覆盖达 2400 米。在这样的极深地下实验室里，高能量的宇宙线能够被尽可能地屏蔽，为暗物质探测等重大基础性前沿课题研究提供尽量“干净”的辐射环境。经过测量发现，锦屏地下实验室周围的岩石纯度非常高，这是一个“干净”的地下实验室所必须具备的另一项重要指标。

2010 年 12 月，一则《世界最深地下实验室在我国投入使用，我国科学家启程探寻暗物质》的消息引发全世界的关注。这意味着中国在锦屏拥有了首个极深地下实验室，也拥有了当前世界最深的地下实验室，无论是开展暗物质的探寻还是开展其他需要极“纯净”环境的高精尖实验，中国都拥有了最好的环境。

114. 中国攻克直升机风洞试验关键技术

8 月上旬，随着某型直升机试验在总装驻川某所 8 米 ×6 米风洞圆满完成，国内首次实现对直升机前飞状态的载荷自动配平，标志着中国成功解决了直升机风洞试验中的自动配平技术难题，使中国直升机研制从此拥有了更加安全高效的试验研究平台。

在风洞试验中，当风速确定时，直升机模型对应的倾斜角度无法精确预知，需要根据数据监控系统反馈的大平载荷来进行烦琐的调节，逐渐逼近并最终使模型保持平衡状态。长期以来，中国都是靠人工手动来完成调节，不仅耗时耗力，而且稍有差错，就可能直接损坏模型和试验平台。伴随着信息技术的发展，总装驻川某所基于人工神经网络的自动配平技术思路逐渐清晰。在直升机 4 米试验平台大修过程中，这个所通过设备改造升级，成功建立直升机试验信息网络系统，并先后解决动态装置调试、系统间数据实时共享、调节精度修正等关键技术难题，使得该系统能够自动进行精确的载荷平衡调节。试验结果表明，这项技术的成功应用，将大大提高直升机风洞试验效率，减少发生人为调节失误的概率，是中国直升机试验技术的一项重大进步。

115. 中国首颗视频成像体制微卫星入轨

9月8日上午11时22分，在太原卫星发射中心，“天拓二号”视频微卫星由长征四号乙运载火箭以“一箭双星”方式，与我国“遥感卫星二十一号”一同发射升空，并准确进入预定轨道。

“天拓二号”由国防科技大学自主设计与研制，是我国首颗采用视频成像体制的微卫星，重量为67千克，有效载荷为4台不同性能的摄像机。其主要任务是进行视频成像与实时传输、动态目标连续跟踪观测等科学试验，为发展高分辨率视频成像卫星奠定技术基础。

“天拓二号”的研制成功并进入预定轨道运行，是国防科大继研制成功世界上首颗单板纳星——“天拓一号”后，在航天领域取得的又一重要创新成果。“天拓二号”采用视频成像和视频图像实时传输的工作方式，具有实时视频成像、人在回路交互式操作、基于网络的远程操作控制等功能，能实现对动态运动过程的连续观测和跟踪，获取观测区域的视频数据。

图为搭载遥感卫星二十一号的长征四号乙运载火箭点火升空。

燕雁　摄（新华）

“天拓二号”采用了80%的工业级元器件和70%的商业现货部组件，科研人员通过空间环境适应性改造、加固、筛选与环境实验，实现了卫星研制的低成本和高可靠，在视频成像体制、交互式操作、网络操控等方面取得了一系列关键技术突破。

作为一种新型对地观测卫星，“天拓二号”视频卫星在资源普查、灾害监测、动态事件观测等方面具有广泛的应用前景。

116. 恐龙时代“神兽”出土

侏罗纪除了恐龙，还有“神兽”和“仙兽”！只是，它们的身型似乎与威猛名字不太相称，只有今天的耗子和松鼠般大小，长着细长的手指、长长的尾巴。9月11日，中国考古学家在英国《自然》杂志上发表文章，介绍了在中国新发现的三种完整动物化石，分别命名为“陆氏神兽”“玲珑仙兽”和“宋氏仙兽”，在距今1.6亿年前的侏罗纪时代的砂岩中被发现。它们均属于已经灭绝的“贼兽目”。与今天的哺乳动物相比，“贼兽”们长着截然不同的臼齿，加上先前从未出土过完整的化石，古生物学家一直搞不清楚它们的“身份”。如今，根据新出土的化石，古生物学家们认定它们是哺乳动物，而且似乎曾在恐龙的“阴影”下生活得有声有色。

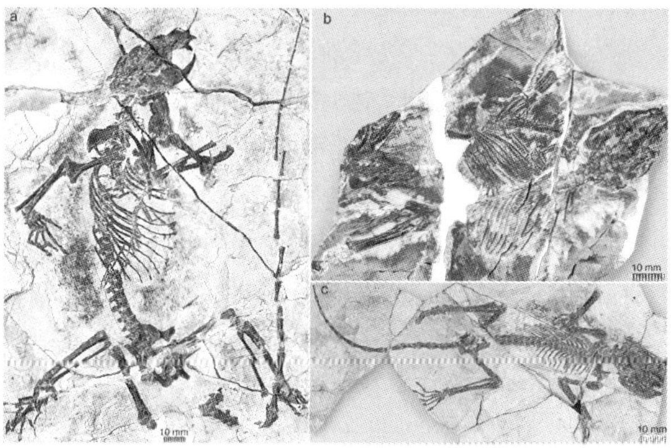

图为生活在1.6亿年前的神兽、仙兽化石，a图为陆氏神兽，b图为玲珑仙兽，c图为宋氏仙兽。

新华社发

在哺乳动物的起源研究中，一种生活在中生代的动物类群“贼兽”是关键的一环。但科学家们一直争执不下的是，贼兽究竟是比哺乳动物更原始的哺乳形动物，还是最早的哺乳动物？我国科学家日前最新的发现为解开这一谜题提供了佐证。

中科院古脊椎动物与古人类研究所研究人员毕顺东、王元青和孟津等人对出土于辽宁建昌玲珑塔地区的6件化石标本进行了研究。他们认为，这6件标本均为哺乳动物，生活于一亿六千万年前，属于贼兽目。科学家们认为，它们是从未发现过的动物，是三个新种，分属两个新属。科学家将这两个新属命名为神兽、仙兽，三个新种命名为陆氏神兽、玲珑仙兽和宋氏仙兽。

这让古生物学家首次了解到贼兽目动物的整体形态和身体结构，并为贼兽就是哺乳动物提供了佐证。

王元青介绍，古生物学家们在哺乳动物系统发育和起源的时间上有很大分歧，分歧的焦点就是贼兽到底是不是哺乳动物。此前有两项独立的研究提出了两种不同的观点。一种观点认为，贼兽处于哺乳动物冠群之外，属于哺乳形类动物，而真正的哺乳动物以一种爆发式的形式，于中侏罗世早期（大约一亿六千万年前）演化发展出来。另一项研究则认为贼兽就是哺乳动物，而哺乳动物在三叠纪晚期（两亿八百万年前）就以爆发式演化辐射出现。但因为贼兽化石保存下来的极少，而且大多为单个的牙齿，科学家们始终无法进行深入研究。

这 6 件标本不同程度保存了头骨和骨架，让古生物学家们首次有机会全面了解贼兽的形态。王元青介绍，神兽和仙兽体形不大，类似小的松鼠或家鼠，体重大约为 40 克到 300 克。它们生活在树上，主要以昆虫、坚果和水果等为食。“它们具有典型的树栖动物的特征。”王元青说，比如它们的骨骼纤细，非常灵巧，适于在树间攀缘；手脚都有短的掌骨和长的指（趾）骨，可以抓握树枝；有长尾巴，可以缠卷。

尽管仍然有些原始的特征，神兽和仙兽更多地表现出典型的哺乳动物特征，比如典型的哺乳动物中耳结构以及齿骨—鳞骨颌关节，明确分化的胸腰椎和胸骨、肋骨等。这说明它们已经拥有了哺乳动物胸腔中特有的横膈膜，可以让它们在快速运动中呼吸。此外，和很多中生代哺乳动物一样，它们脚上具有与鸭嘴兽类似的毒刺。

古生物学家们就此澄清了很多有关贼兽牙齿同源性、定位、咬合关系等争议问题，建立了一个新的哺乳动物支系——真贼兽类，使对哺乳动物早期演化的认识得到进一步完善。此外，根据最早的哺乳动物及其近亲类群的系统发育关系以及时代与古地理分布，研究者认为哺乳动物可能起源于北半球劳亚大陆，在早—中侏罗世已经高度分化。

链　接

贼兽：贼兽化石最早出现于晚三叠纪，在达尔文时代就有关于它们的报道。贼兽与中生代最为繁盛的多瘤齿兽牙齿类似，构造奇特，齿冠具有多个齿尖，呈两行纵向排列，与其他早期以及现生哺乳动物牙齿结构明显不同。

117. 中国超高产水稻百亩片单产过千公斤

由湖南杂交水稻研究中心牵头的国家“十二五”“863”计划课题“超高产水稻分子育种与品种创制”最近取得重大突破，袁隆平团队与创世纪种业有限公司合作研究的最新成果“Y 两优 900”在湖南省隆回县的百亩高产示范片，经以谢华安院士为组长的专家组现场测产，平均亩产达到 1006.1 公斤，首次实现了超级稻百亩片过千公斤的目标。

9 月 24 日，由湖南省科技厅组织福建省农业科学院、中国农业大学、中国水稻研究所、安徽省农业科学院水稻研究所等单位的专家，对位于湖南省隆回县羊古坳乡牛形村的超高产水稻组合“Y 两优 900”高产攻关片进行了现场测产。专家组由中国科学院谢华安院士担任组长，中国农业大学孙传清教授、中国水稻研究所章秀福研究员担任副组长。

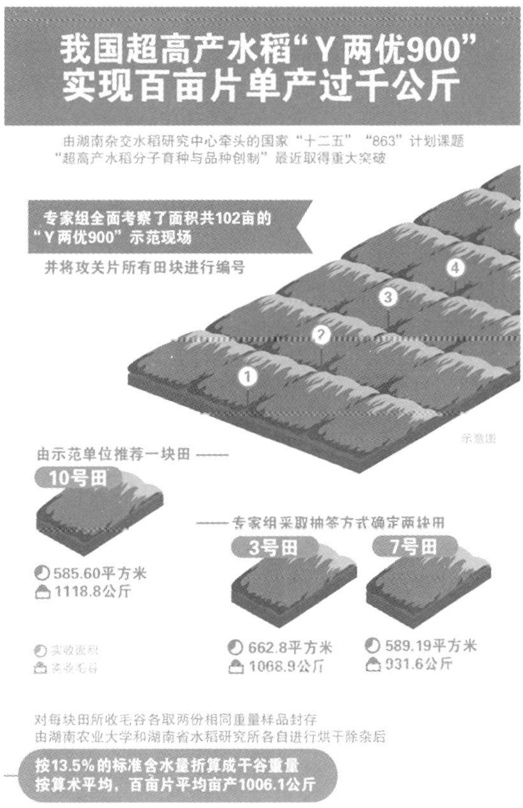

新华社发（大巢制图）

据杂交水稻国家重点实验室首席科学家、“Y 两优 900”品种选育人邓启云介绍，该示范片种植任务由该村 42 户农民承担。专家组全面考察了面积共 102 亩的“Y 两优 900”示范现场，并将攻关片所有田块进行编号，由示范单位推荐一块田（10 号田），专家组采取抽签方式确定两块田（3 号田和 7 号田）。其中 10 号田实收面积 585.60 方米，实收毛谷 1118.8 公斤；3 号田实收面积 662.8 平方米，实收毛谷 1068.9 公斤；7 号田实收面积 589.19 平方米，实收毛谷 931.6 公斤。对每块田所收毛谷各取两份相同重量样品封存，由湖南农业大学和湖南省水稻研究所各自进行烘干除杂后，按 13.5% 的标准含水量折算成干谷重量，按算术平均，百亩片平均亩产 1006.1 公斤。

2013 年，经农业部专家组测产验收，“Y 两优 900”就曾在湖南隆回羊古坳乡百亩高产片创造了平均亩产 988.1 公斤的成绩。2014 年，在袁隆平院士的支持下，“Y 两优 900”在全国 13 个省、自治区、直辖市的 30 个示范片进行高产示范攻关。目前，除隆回示范片外，湖南溆浦县和湖北随州也有可能突破亩产千公斤。这将标志着第四期超级稻研究的重大突破。

118. 探月工程三期再入返回飞行试验器发射成功

10 月 24 日 02 时 00 分，我国自行研制的探月工程三期再入返回飞行试验器，在西昌卫星发射中心用长征三号丙运载火箭发射升空，准确进入近地点高度为 209 公里、远地点高度 41.3 万公里的地月转移轨道。我国探月工程首次实施的再入返回飞行试验首战告捷。

此次任务是我国探月工程三期一次重要的验证飞行试验，主要目的是突破和掌握探月航天器再入返回的关键技术，为嫦娥五号任务提供技术支持。试验任务由飞行试验器、运载火箭、发射场、测控与回收四大系统组成。

探月工程由国家国防科技工业局牵头组织实施。飞行试验器由中国航天科技集团公司空间技术研究院研制，由服务舱和返回器两部分组成，服务舱以嫦娥二号卫星平台为基础研制，具备留轨开展科研试验功能；返回器为新研产品，具备返回着陆功能。用于发射任务的长征三号丙运载火箭由中国航天科技集团公司运载火箭技术研究院为主研制，在以往基础上进行了多项技术改进，进一步提高了可靠性和安全性。

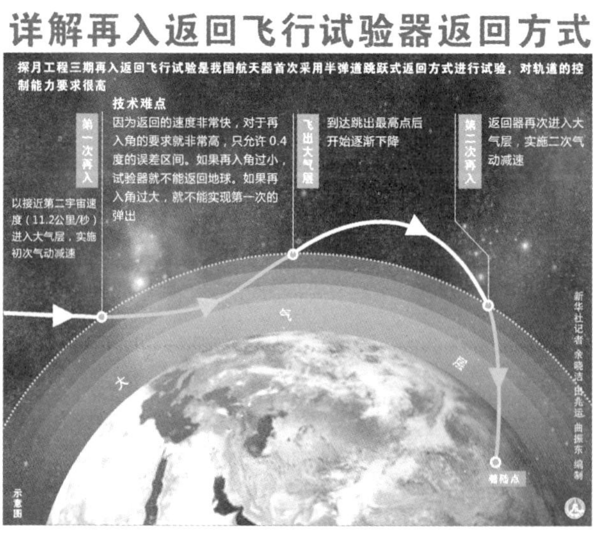

根据计划，飞行试验器飞行过程约 8 天，在经历地月转移、月球

近旁转向、月地转移、再入返回、着陆回收五个阶段后，返回我国内蒙古中部地区。任务实施期间，我国“远望”号测量船队、国内外陆基测控站，以及北京飞行控制中心和西安卫星测控中心，共同组成航天测控通信网，为任务提供持续跟踪、测量与控制。

本次任务还搭载发射了一颗卢森堡4M小卫星，主要用于验证卫星长效电池工作情况。

119. 中国低轨移动通信卫星研制取得突破

10月26日，清华大学与信威集团在北京联合宣布，由清华大学—信威通信空天信息网络技术联合研究中心研制的灵巧通信试验卫星完成全部在轨测试，工程任务取得成功，中国首颗低轨移动通信卫星取得突破。

低轨移动通信卫星是运行轨道比地球同步轨道低得多的卫星，可实现移动用户之间或移动用户与固定用户之间的通信。据介绍，灵巧通信试验卫星于9月4日在酒泉卫星发射中心成功搭载发射，通信覆盖区直径约2400公里，实现了覆盖区内卫星手持终端语音业务、数据业务和移动互联网业务，主要指标达到国际领先水平。

清华大学—信威通信空天信息网络技术联合研究中心主任陆建华说，灵巧通信试验卫星工程的实施，促进了中国自主可控、低成本小卫星技术的持续发展，为后续开展小卫星通信新技术和新方法试验提供了创新平台。灵巧通信试验卫星工程取得的突破，有助于加速推进中国通信网络建设，并在此基础上提供不受地点和时间限制、低成本、百姓用得起的全球通信和移动互联网服务。

120. 中国科学家确证“暗物质”尚未找到

11月13日，由清华大学主导的中国暗物质实验合作组在美国《物理评论D》杂志上发表了最新暗物质实验结果，确定性地排除了美国一个实验组几年前给出的暗物质存在区域，人类探测器迄今尚无一真正发现这种看不见的物质。

中国暗物质实验合作组在论文中写道，他们的探测技术与美国CoGeNT实验组相同，但却“复制不了”其实验结果，“强有力地否定”了 CoGeNT 实验组 2011 年发现的所谓暗物质存在的证据。

暗物质是指那些自身不发射电磁辐射，无法通过现有观测工具直接观测到的物质。迄今的研究和分析表明，暗物质在宇宙中所占的份额远远超过目前人类可以看到的物质。宇宙中最重要的成分是暗物质和暗能量，暗物质占宇宙质量的 25%，暗能量占 70%，我们通常所观测到的普通物质只占宇宙质量的 5%。

121. “天河二号”荣获全球超级计算机四连冠

11 月 17 日，一个负责测量计算机运算速度的国际组织在美国发布了全球超级计算机 500 强最新排行榜，中国国防科技大学研制的“天河二号”超级计算机，以每秒 33.86 千万亿次的浮点运算速度获得四连冠。

美国能源部下属橡树岭国家实验室的“泰坦”则连续 4 次屈居亚军，其浮点运算速度为每秒 17.59 千万亿次。

第三名至第五名与上次榜单一样，分别是美国劳伦斯－利弗莫尔国家实验室的“红杉”、日本理化研究所的“京”和美国阿尔贡国家实验室的“米拉”超级计算机。

这个名为 TOP500 的国际组织每半年发布一次最新排行榜。最近两期榜单前十名的唯一变化均是第十名，此次新入选的是安装地点未知的美国政府机构超级计算机“克雷”，其运算速度为每秒 3.57 千万亿次。

11 月 18 日，在美国新奥尔良，“天河二号”主任设计师卢宇彤（中）在颁奖仪式上手捧证书。

杨磊　摄（新华）

从整个榜单来看，美国进入前 500 强的超级计算机总量从一年前的 265 台和半年前的 233 台下降至本期的 231 台，但优势依然明显。中国、日本、英国、法国和德国分列第二至第六名。

超级计算机是国家

科研的重要基础工具，在地质、气象、石油勘探等领域的研究中发挥关键作用，也是汽车、航空、化工、制药等行业的重要科研工具。

TOP500 榜单是对全球已安装的超级计算机“排座次”的最知名排行榜，从 1993 年起，由 TOP500 国际组织以实测计算速度为基准每年发布两次。

122. 北斗获国际组织认可

11 月 24 日，国际海事组织海上安全委员会第 94 次会议审议通过了对北斗卫星导航系统认可的航行安全通函，这是北斗导航系统标准首获国际组织的系统认可，标志着北斗卫星导航系统正式成为全球无线电导航系统的组成部分。这次认可是北斗卫星导航系统国际标准工作的重要里程碑。

交通运输部有关负责人指出，我国作为国际海事组织 A 类理事国，此次国际海事组织对北斗卫星导航系统的认可，使北斗卫星导航系统成为继全球定位系统（GPS）、格洛纳斯卫星导航系统（GLONASS）后第三个全球卫星导航系统，服务世界航海用户。这必将带动北斗卫星导航系统在航海领域的国际化、产业化。

此次国际海事组织认可后，我国将继续全面推进国际电工委员会、国际航标组织、国际海事无线电技术委员会、国际电信联盟等国际技术组织的标准、规范、指南文件的制定和修订，以实现北斗系统进一步在国际海事领域的全方位应用。

进军国际的同时，国内的北斗导航产业也在不断发展。2014 年 11 月，国家发展改革委批复 2014 年北斗卫星导航产业区域重大应用示范发展专项，成都市、绵阳市等入选国家首批北斗卫星导航产业区域重大应用示范城市。

此外，公开信息显示，根据中国卫星导航定位协会的预测数据，到 2015 年，中国卫星导航与位置服务产业产值将超过 2250 亿元，至 2020 年则将超过 4000 亿元。

123. 高铁列车将实现百分百“中国创造”

11 月 25 日，装载“中国创造”牵引电传动系统和网络控制系统的中国北车 CRH5A 型动车组进入“5000 公里正线试验”的最后阶段。这是国内首

从“中国制造”到“中国创造”，中国北车长春轨道客车股份有限公司正以创新实现转型，制造开往全球的列车。图为8月11日，工人在长客客车制造中心转向架车间工作。

张楠　摄（新华）

列实现牵引电传动系统和网络控制系统完全自主创新的高速动车组，标志着中国高铁列车核心技术正实现由“国产化”向“自主化”的转变。

中国北车有关负责人指出，牵引电传动系统和网络控制系统是高铁列车最核心的部件。牵引电传动系统就是“高铁之心”，宛若人的心脏，是列车的动力之源，决定高铁列车能否高性能、高舒适地运行；网络控制系统则是“高铁之脑”，决定和指挥着列车的一举一动。能否实现两大核心技术的自主研发是衡量高铁列车制造企业是否具备核心创造能力的根本性指标。

124. 中外科学家联手揭示喉癌易感基因

中外专家通过全基因组关联研究（GWAS）鉴定出了中国人群中喉鳞状细胞癌（LSCC）的3个易感基因位点，其结果发表在国际权威学术刊物《自然·遗传学》杂志2014年10月第10期。

这是国际上首次通过GWAS对喉癌进行研究，其结果将推进对喉癌机制的深入研究，对喉癌的早期预警、早期诊断及分子靶向治疗具有重要价值。

课题由解放军总医院耳鼻咽喉头颈外科刘明波、王嘉陵、杨仕明团队与中国医学科学院肿瘤研究所院士林东昕、吴晨团队及复旦大学肿瘤研究所魏庆义团队等国内外十余家单位合作完成，30多位中外专家参与研究。

喉鳞状细胞癌是头颈部第二高发的鳞状细胞癌，虽然吸烟、饮酒、喉咽返流等被考虑为其危险因素，但喉癌病因至今尚不明确，因此基因的作用可能参与了喉癌的发生。为确定喉鳞状细胞癌的遗传标记物，研究者对中国人群中993

例喉癌患者和1995例无癌对照进行了全基因组关联研究，并鉴定了11q12（rs174549），6p21（rs2857595）和12q24（rs10492336）3个易感基因位点。

125. 中外科学家全面破解鸟类起源演化之谜

鸟类是如何起源的？为何有鲜艳的羽毛？怎么学会了鸣叫？历经4年努力，中国科学家主导的一个国际团队于12月11日公布了迄今最可靠的鸟类“生命之树”，全面还原了地球生物演化史上的一个重要篇章。

现代鸟类的演化历史和亲缘关系是困扰学界数世纪的未解之谜。为回答这些问题，由华大基因的张国捷和国外同行领导的国际鸟类基因组联盟对48个鸟类物种进行基因组测序、组装和全基因组比较分析，这些鸟类物种包括乌鸦、鸭、隼、鹦鹉、企鹅、朱鹮、啄木鸟和鹰等，囊括了现代鸟类的主要分支。

鸟类是6500万年前白垩纪物种大灭绝事件中的幸存者，那次事件灭绝了地球上的恐龙，只有部分鸟类的祖先存活了下来。而基于基因组数据的新研究表明，恐龙灭绝后1000万年至1500万年间，鸟类经历了一次“超级物种大爆发”，后来逐渐演化出了1万多种被称为新鸟纲的鸟类，95%的现存鸟类来自这一新鸟纲鸟类。

研究还表明，鸟类的祖先从爬行动物中分化出来后丢失了成百上千的基因，这些基因在人类中都有很重要的功能，比如在维持生殖系统，骨骼生成和肺部系统等方面不可或缺。“这是个非常有趣的发现，因为人们通常认为，生物演化出新特征依靠的是产生新的遗传物质，而不是基因的丢失。”张国捷说。

此外，具有鸣唱学习能力的鸟类（包括鸣禽、鹦鹉和蜂鸟），它们大脑中与鸣唱学习相关的脑基因调控回路，跟人类大脑中语言相关的区域呈现出相似特征。其中鹦鹉具有一套独特的鸣唱学习系统，这也许是它们可以模仿人类语言的原因。

其他一些重要发现还包括：鳄鱼是鸟类的“近亲”，它们的共同祖先可追溯至2.4亿年前，但鳄鱼的基因组演化速率较慢，而鸟类基因组演化速率较快；鸟类的牙齿是在约1.16亿年前失去的，因为鸟类共同祖先中5个牙齿相关的基因在那个时间被“关闭”；水生鸟类有3次独立的起源；主要的陆生鸟类，如鹦鹉、啄木鸟、猫头鹰、鹰和隼等，都来自同一祖先，这种祖先鸟类是顶级的捕食者，它同时也是一种在美洲已灭绝的巨型恐鸟的祖先；最早的企鹅出现在约6000万年前。

羽毛漂亮的雄鸟在求偶过程中会比竞争对手更具有优势，而新研究也发现，与羽毛颜色相关的基因比其他基因演化速度要快得多。此外，相比哺乳动物，鸟类基因组可能较不容易被病毒入侵，或者能较好地清除病毒序列。

来自世界上20多个国家80多家机构的200多名科学家参与了这一研究项目，他们的研究成果以专刊形式发布，其中8篇刊登在美国《科学》杂志上。

126. 2014年中国十大科技新闻

一、发现甲烷直接转化的办法

中科院大连化学物理研究所的包信和院士团队，2014年在甲烷高效转化相关研究中获重大突破，成功实现了甲烷一步高效生产乙烯、芳烃和氢气等高值化学品。其成果刊登在美国《科学》杂志上。

以天然气替代石油生产液体燃料和基础化学品，是学术界和产业界研究和发展的重点。由于具有四面体对称性的甲烷分子是自然界中最稳定的有机小分子。它的转化是一个世界性难题，被称为催化乃至化学领域的“圣杯”。过去，要让甲烷这种不爱交际的分子变得活跃起来，一般要用到氧分子做中间人，需要的能源消耗很高，排出大量二氧化碳影响生态环境。

在20多年甲烷催化转化研究的基础上，中国科学家提出基于“纳米限域催化”的新概念，创造性地构建了一种新的铁催化剂，成功实现了甲烷在无氧条件下选择活化，一步高效生产乙烯、芳烃和氢气等高值化学品。与传统路线相比，这种技术耗能低，缩短了工艺路线，反应过程实现了碳原子100%利用，二氧化碳零排放。

该技术一出，震惊学界和业界。这是一项“即将改变世界”的新技术，未来的推广应用将为天然气、页岩气的高效利用开辟一条全新的途径。国内外多家能源和化学公司等都对这一产业变革性技术表现出极大的兴趣。或许未来，我们的手机、服装、燃料都会因为这种新技术而降价呢。

二、科技体制改革多项举措推出

2014年，国家相关部门出台多项措施，包括科研经费改革、“科技新政”、科技成果转化、科技资源共享等一系列“组合拳”，使得科技体制改革逐步走向深入，引起科研工作者的普遍关注。

3 月，国务院印发《关于改进加强中央财政科研项目和资金管理的若干意见》，对改进加强中央财政民口科研项目和资金管理作出全面部署。《意见》提出诸多改革举措，一是加强科研项目和资金配置的统筹协调。二是实行科研项目分类管理。三是改进科研项目管理流程。四是改进科研项目资金管理。五是加强科研项目和资金监管。六是建立健全信息公开、科技报告等基础性制度。七是进一步调动科研人员积极性。八是强化项目承担单位法人责任和有关部门的管理和服务责任。

另外，《关于深化中央财政科技计划（专项、基金等）管理改革的方案》则构建新的科技计划布局，意在优化整合。《方案》提出了新的科技计划体系，将我国现有的林林总总各类中央财政科技计划归为五类。今后，五类科技计划（专项、基金等）都要纳入公开统一的国家科技管理平台，中央财政加大支持。预计至 2017 年将全面按照优化整合后的五类科技计划（专项、基金等）运行，现有各类科技计划（专项、基金等）经费渠道将不再保留。

另外，国家科技报告服务系统网站 2014 年 3 月正式开通运行，实现万份科技报告的开放共享。这标志着我国科技报告制度建设取得实质性进展。提交科技报告，将被纳入科研课题的计划任务书，受公众监督。公众只需登录网站即可检索国家科技计划项目所产生的科技报告，实名注册用户可在线浏览公开科技报告全文。今后，财政科技投入形成的科技信息资源将全面保存和共享，为科研人员提供科研基础信息，为科技管理者提供决策支持，为社会公众了解和利用国家科研成果提供服务平台。

此外，备受瞩目的院士遴选方面，也在 2014 年中科院大会上表决通过了新章程，取消了一些机构的推荐资格，增加了全体院士投票终选环节。新章程还规定：当院士违反科学道德、品行不端、损害院士群体和学部声誉时，劝其放弃院士称号；特别严重的撤销院士称号。

三、首个人类早期胚胎 DNA 甲基化全景观图谱绘就

父母亲的基因很大程度上决定下一代的面貌特性。实际上，除了精子卵子的 DNA，卵子 DNA 的“甲基化”也携带了一部分遗传信息，是哺乳动物上一代传给下一代的“记忆”。

北京大学第三医院的乔杰研究组与北京大学的汤富酬研究组合作，发表于《自然》杂志的论文，绘就了世界首个人类早期胚胎 DNA 甲基化全景观图谱。

甲基是由 1 个碳原子和 3 个氢原子组成的化学团，通常情况下它会结合在 DNA 胞嘧啶上，这就是甲基化。甲基化后的基因一般会被关闭。父母的 DNA 甲基化需要在精子和卵细胞结合后被擦除，只保留特定的部分传递给下一代的个体。这是遗传机制一个尚未揭示的侧面。近几年，陆续有研究表明，DNA 甲基化擦除的不同，部分影响到哺乳动物下一代的性状。比如说，母老鼠的生长环境优劣，可以影响到它的孩子的基因表达。这一过程也叫表观遗传调控。

小白鼠和斑马鱼的 DNA 甲基化现象容易研究，人类的类似课题却很难开展。此前，一直没有关于人类早期胚胎 DNA 甲基化组的研究报道。中国研究者使用一种前沿的基因测序技术，让以前不被注意的处于边缘位置的卵母细胞，也可以提供足够的基因物质供检测，打开了研究的大门。

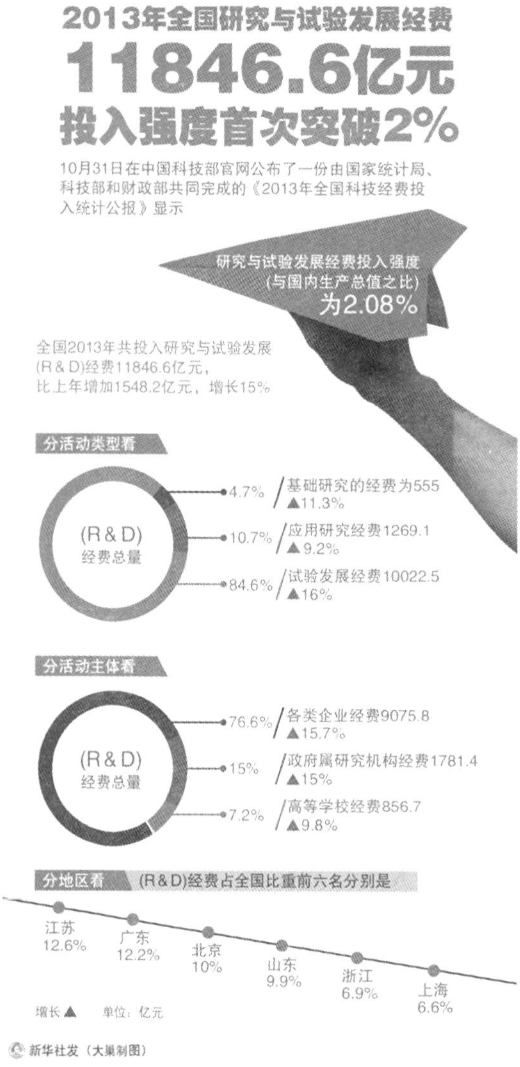

中国研究者绘制的完整图像，让人们认识到了精子和卵母细胞在受精前后，甲基化擦除的完整变化过程，为人类认识自身早期胚胎发育过程中表观遗传调控机制提供了基础。未来，相关研究结果进一步改善试管婴儿等辅助生殖技术的安全和成功率。不仅如此，DNA 甲基化也是人衰老和患癌症过程中一个关键现象，今后搞清楚这方面的科学原理，或许能为人类抗衰老提供办法。

四、中国 R&D 经费投入强度首破 2%

10 月，国家统计局、科学技术部、财政部联合发布《2013 年全国科技经费投入公报》数据显示，2013 年全社会研究与试验发展（简称研发或 R&D）经费继续保持增长，R&D 经费投入强度，也就是 R&D 经费投入与国内生产总值之比首次突破 2%。这显示中国不仅国民生产总值飞速增长，在研发力度上也缩小了与发达国家的距离。

公报显示，2013 年我国共投入研究与试验发展经费 11846.6 亿元，比上年增长 15%；R&D 经费投入强度为 2.08%，比上年的 1.98% 提高 0.1 个百分点，首次突破了 2%。

从数据上看，北京 R&D 投入强度为 6%，高踞首位，上海为 3.6%，居全国第二。从产业分布看，计算机、通信和其他电子设备制造业研发投入最大，为 1252.5 亿元；铁路、船舶、航空航天和其他运输设备制造业的 R&D 投入强度最高，为 2.41%；而非金属矿采选业 R&D 投入强度最低，仅为 0.15%。

有评论指出，由于企业的研发投入与生产直接相关，这些数据也如实反映出中国近年来不同行业的研发投入。高科技行业研发投入高，而一些传统产业和低价值链行业仍然受附加值低、研发乏力的困扰。而从专利、新产品产值与工业总产值之比。我国研发目前还有“投入大，产出小”的问题。国家自然基金委副主任沈文庆则认为，R&D 投入强度突破 2% 固然可喜，但基础研究的投入仍然偏低；多数发达国家基础研究投入占 R&D 投入往往在 10% 以上，我国在基础研究领域的投入明显不足。

五、高分二号发射，我国卫星观测分辨率精确到 1 米

8 月 19 日，高分二号在太原发射中心冉冉升起，是目前我国分辨率最高的光学对地观测卫星，具备米级空间分辨率、高辐射精度、高定位精度和快速姿态机动能力。作为中国航天科技集团公司的拳头产品，高分二号在许多方面突破极限，千万里外明察秋毫。

高分二号，是中国进入亚米级时代的启明星。亚米级，也就是不到一步长的物体，都能在照片上显示出来。在千万里之外，高分二号可以辨识日常生活中大多数物件，比如正行驶的自行车。

尤其值得一提的是，高分二号全色成像分辨率优于 1 米，多光谱成像分辨率优于 4 米，创造了我国遥感卫星分辨率最高纪录；成像宽度达 45 公里，在全世界同等分辨率卫星中幅宽最大。

在高分二号帮助下，综合地域分布、地物类型、目标关注度等多种因素，国防科工局公布我国首批亚米级高分辨率卫星影像图，包括 1 米全色、4 米多光谱、1 米全色与 4 米多光谱融合 3 类 15 幅。这批图像纹理清晰、层次分明、信息丰富。

高分二号的成功发射，是高分专项建设取得的重大阶段性成果。预计在未来两到三年的时间内，三、四、五号卫星将会发射。高分二号，开启了中国卫星的“高富帅”摄影流派。

六、阿里巴巴赴美上市受全球追捧

9月19日，阿里巴巴正式在纽约证券交易所上市，截至当日收盘市值2314.39亿美元，成为仅次于谷歌的全球第二大互联网公司。阿里巴巴上市，对资本市场以及全球电子商务行业都是备受瞩目的大事。其实，阿里巴巴上市不仅是商界重大新闻，更是科技领域的大事件。

与许多其他上市明星公司不同，马云和阿里巴巴传奇的核心是科技。自成立伊始，阿里巴巴便建立了领先的电子商务、网上支付、B2B网上交易市场及云计算业务。最近更是积极开拓无线应用、手机操作、云计算等领域。

网络科技改变众多人群的生活和消费方式。即使是最宅的宅男，对网购也不陌生。马云亦成众多家庭主妇心目中魅力十足的"男神"。2013年，淘宝和天猫共产生了50亿个包裹，占中国当年包裹总量一半还多。而2014年，仅"双十一"这一天，阿里巴巴的交易额便达到571亿元，其中近一半是移动互联网下单。

英雄造时势，时势造英雄。在首届世界互联网大会上，马云表示，互联网已经影响人类社会，将进一步影响方方面面，是人类进步的机会。也是人类需要共同承担的责任。毫无疑问，阿里巴巴没有辜负这个时代。

七、杂交水稻大田亩产破1000公斤

9月，超级杂交稻"Y两优900"通过农业部委派的专家组验收，袁隆平带领的超级杂交稻第四期亩产千公斤攻关取得成功，我国杂交水稻育种技术再上新台阶。

在十四年里，我国杂交水稻育种研究取得了令世界瞩目的"四连跳"：从2000年第一期目标的亩产700公斤、2004年第二期的亩产800公斤、2011年第三期亩产926.6公斤，到2014年的亩产1026.70公斤！

大田亩产破吨，意味着杂交水稻将大大拓展它的"势力范围"。可以肯定的是，以企业为主体的整个商业化育种水平会紧跟其后。杂交水稻在推广过程中还需要简化种植技术，确立一套适合大田栽培的方法。超级杂交稻的普及推广将是一个综合性的工程。

八、中国成为回收绕月飞行器的第三个国家

尽管时间长达8天，飞行距离约84万公里，中国探月工程三期再入返回飞行试验依然精准完成。绕月飞行器是中国历来发射的飞行路线最复杂、控制最难的空间器。这是中国首次迎来从月球上空返回的飞行器。继苏联和美国之后，中国成为世界上成功回收绕月飞行器的第三个国家。中国全面突破和掌握航天器以接近第二宇宙速度的高速再入返回关键技术，为确保嫦娥五号任务顺利实施和探月工程持续推进打下坚实基础。

这次试验的目的是通过真实飞行，获取试验数据，验证未来探月三期主任务星嫦娥五号以接近第二宇宙速度（11.2 公里/秒）再入返回地球的相关轨道设计、气动、热防护、制导导航与控制等关键技术。就本次试验任务而言，发射和再入返回是最重要的两个环节。成功发射是进行后续试验任务的基础；半弹道跳跃式高速再入大气（类似于打水漂一样接触大气层）是我国首次使用，以往没有任何数据可以参照，将为嫦娥五号工程提供数据。

对于中国探月新举动，有国外媒体用了“雄心勃勃”“神秘”之类的形容词。嫦娥系列飞行器象征了中国的空间实力，寄托了中国人的期望——在太空赢得更多的话语权和发展空间。

九、寻找暗物质：中国锦屏地下实验室获最灵敏结果

在 2400 多米深的一个黑暗山洞中，中国人探寻着黑暗世界的蛛丝马迹。

暗物质组成了宇宙 85% 的质量，我们却看不见、摸不着它。就好比我们身处一盆面汤里，却看不见一滴水，只看见了面粉。好奇心驱使我们探索，看不见的东西到底是什么？为此大家提出了各种各样的猜想，各种奇怪的粒子模型。比如今年科学家用一根长铁丝首次制造出的约马拉费米子，就是其中之一。

本世纪以来，全球各个发达国家建立了多个暗物质实验小组，美国一个小组 2011 年发现，在较低能量区域存在暗物质。而这个结论被锦屏山洞里的证据给推翻了。

国际瞩目的中国锦屏暗物质实验室，2014 年作出了初步成果，进一步缩小了暗物质可能存在的区域。它用了 4 年时间，用一块很纯的锗（半导体，你的电脑上有很多锗）直接探测能量较低的暗物质，得出了无数数据，需要计算机群一个个分析。

锦屏实验室的探测器有一个独特的优势，他们利用水电站工程开凿的天然山洞，做暗物质的探测，几千米厚的岩石，可以隔绝宇宙射线的干扰。话说二滩水电站只是中国西南上百个新建水电站中普通的一个。但它在建设时，在锦屏山凿开了一个辅助用的通道，成就了暗物质探测的天然场所。

中国人采用国际上纯度最高的锗晶体材料制成的探测器。飞速而来的粒子，会跟锗反应，形成微小的热量变化。时间积累数据，一点点异常靠着强大的计算能力被筛选出来，物理学家就能确认有粒子撞了上来。

锦屏实验室 2014 年的发现尽管让美国同行的预测落了空，但它未来会给出更多有利于暗物质发现的数据。

2014 年，丁肇中领衔的阿尔法磁谱仪团队，依靠几年前发射到太空里的一块大磁铁（中国制造）捕捉信号，也分析出了重要结果，确定了暗物质跟宇宙中众多正电子之间的亲密关系。

在粒子物理和天文探测的竞争中，中国选手已经占据若干跑道的前列。比如 2012 年大亚湾中微子实验的成功，就成为当年世界自然科学十大进展之一。而在中国贵州，利用天然溶坑所铺建的 500 米口径的 FAST 射电天线望远镜，预计将在 2016 年竣工，成为世界上最大的“天线锅”。毫无疑问，中国随着财富增加，将更多贡献于人类基础科学。

十、“天河二号”荣膺世界超算“四连冠”

11 月 20 日，第 44 届世界超级计算机 500 强排行榜揭晓，中国国防科技大学研制的“天河二号”超级计算机再次位居榜首。这是继 2013 年 6 月第一次夺冠以来，“天河二号”连续第四次摘得全球最快的桂冠。

作为国家“863”计划和“核高基”国家科技重大专项项目，“天河二号”以其超大的存储容量和难以想象的计算速度，无可争议地成为国家科研的重要基础工具，在诸多领域发挥着重要作用。

超级计算机的军备竞赛，涉及多项技术比拼，如芯片、存储架构、系统管理等。针对大数据处理、智慧城市建设等方面的应用急需，“天河人”创造性地提出异构多态体系，是各领域计算全能的一柄利器。“天河二号”的应用领域因而极其广泛：云计算、新材料、智慧城市、生物医药、电子商务等，它在生命科学、材料科学、大气科学、地球物理、经济学，以及大型基因组组装、基因测序、污染治理等一系列事关国计民生的科学工程中大显身手。它的机箱上绿光闪烁，白花花的财富就创造出来了。顺便还一块块金牌往家里揣，“天河二号”，就是这么任性。

民生篇

127. 中国全面推开城乡居民大病保险试点

1月28日，国务院医改办发出关于加快推进城乡居民大病保险工作的通知，要求严格贯彻落实指导意见要求。已开展城乡居民大病保险试点的省份切实抓好有关各项工作，及时研究解决试点中存在的问题，在总结经验的基础上逐步扩大实施范围；尚未开展试点的省份，要在2014年6月底前启动试点工作。大病保险筹资标准、待遇水平、年度收支情况等要向社会公开，接受社会监督。

通知要求各地建立健全由医改办牵头，发展改革、财政、人力资源社会保障、民政、卫生计生、保监等部门参与的协调推进工作机制。尚未制订大病保险工作实施方案的省份，要在2014年5月底前出台有关文件；要做好城乡居民大病保险的宣传和政策解读，使群众真正了解这项政策的实惠，能够“求助有门”；加大对合规医疗费用界定等重大问题的研究力度，加强对医疗服务质量和医疗费用的监管，控制不合理医疗行为和费用。

通知要求建立完善以保障水平和参保人员满意度等为主要内容的商业保险机构考核评价办法。加强对商业保险机构的监管，督促其提高服务质量和水平，对违法违约行为及时处理。鼓励商业保险机构利用全国网络优势，为参保人员提供“一站式”即时结算、异地结算等服务，确保群众方便及时得到大病保险补偿。

保障　　新华社发　徐骏 作

128. 全国统一城乡居民基本养老保险制度

2月21日，国务院印发《关于建立统一的城乡居民基本养老保险制度的意见》，决定将现行新型农村社会养老保险制度与城镇居民社会养老保险制度合并实施，建立全国统一的城乡居民基本养老保险制度。

新型城乡居民养老保险继续实行个人缴费、集体补助、政府补贴相结合的筹资方式。个人缴费标准统一归并调整为每年100元至2000元12个档次，省级政府可以根据实际情况增设缴费档次，参保的城乡居民自主选择缴费档次，多缴多得。集体补助方面，在原有政策基础上增加了公益慈善组织的资助，以利于进一步拓宽筹资渠道，提高参保人员的待遇水平。政府补贴方面，意见强调对选择较高档次标准缴费的人员适当增加补贴金额，并明确规定对选择500元及以上缴费档次的补贴标准不低于每人每年60元，进一步强化了多缴多补的激励机制。

意见明确，国家为每个参保人员建立终身记录的养老保险个人账户，无论在哪儿缴费，也无论是否间断性缴费，个人账户都累计记录参保人权益。

养老公平　　新华社发 朱慧卿 作

城乡居民养老保险待遇由基础养老金和个人账户养老金组成，并支付终身。参加城乡居民养老保险的人员，在缴费期间户籍迁移，可跨地区转移城乡居民养老保险关系，一次性转移个人账户全部储存额，继续参保缴费的，缴费年限累计计算。

继国务院统

一新型农村养老保险和城镇居民养老保险之后，24 日，人社部、财政部又出台《城乡养老保险制度衔接暂行办法》，首次明确城乡居保和城镇职工养老保险之间可以转移衔接。养老保险两大平台衔接的这一举措，是中国统筹城乡社会保障体系改革的重要一步。

129. 中国医院协会器官获取组织联盟成立

3 月 20 日，中国医院协会人体器官获取组织联盟（简称 OPO 联盟）在广州成立。这标志着中国人体器官捐献与移植工作体系迈出重要一步。中国的器官获取组织有了行业管理组织，有利于统一管理和行业自律。“器官捐献志愿者登记网”也于 19 日在广州启动。

OPO 联盟主席黄洁夫说，联盟专注于中国器官获取组织的行业管理，将严格依据《人体器官移植条例》规定，积极协助国家卫生行政主管部门，制定 OPO 行业准入标准和技术规范，实施 OPO 资质行业认证，对地方 OPO 实行业务指导与行业监督，参与人体器官捐献人道主义救助工作，为联盟会员提供技术培训、组织国内外学术交流活动等。

130. 全国首家“绿色银行”开业

4 月 5 日是首都第 30 个全民义务植树日，全国首家“绿色银行”在京西门头沟宣布开业。

4 月 5 日，志愿者展示他们的“绿色存折”。
李欣 摄（新华）

企业、团体、家庭和个人可以到“绿色银行”官方网站（greenbank. chinamtg. com）、微信（京西门头沟）、微博（@京西门头沟）注册开户，开户后将获得银行发放的“绿色存折”，他们的植树护绿成果将作为“绿色资产”存入“绿色银行”的账户中。每植一棵树可获得 200 绿币的“存款”，每捐 1 元人民币可获得 10 绿币的“存款”，“绿色银行”将负责把这些“绿色捐款”用于各类植绿护绿事业，并向“储户”定期公布支出情况，当“绿色资产”总额达到 1000 绿币以上，市民就可兑换门头沟景区门票，而“企业林”可供企业用于向国家相关部门申请碳汇，用于碳交易。

为了鼓励市民更多、更好地履行公民环保责任，“绿色银行”还将定期发布“绿色资产排行榜”，排名靠前的“储户”将有机会被授予“绿色企业”“绿色达人”等称号。

131. 首个《中国家庭发展报告》发布

5 月 14 日，国家卫生计生委发布首个《中国家庭发展报告》，对中国家庭 60 多年来变迁的特点和趋势作出系统分析。

首先，《中国家庭发展报告》显示，20 世纪 80 年代以来，家庭户平均规模缩小的趋势更加显著，1990 年缩减到 3.96 人，2010 年缩减到 3.10 人。根据国家统计局数据，2012 年居民家庭户的平均规模为 3.02 人。中国已是平均家庭规模较小的国家。

家庭户规模小型化是社会、经济、文化、人口等多方面因素共同作用的结果。从人口变化的角度看，结婚年龄的推迟，不婚率和离婚率的提高，低生育率、寿命的延长、人口流动等，都导致家庭户规模的不断缩小。2000 年以来，生育率下降对家庭户缩小的影响正在减弱，持续的大规模人口迁移流动正在成为家庭规模缩小的重要推力。家庭观念的变化、生活水平的提高、生活方式的现代化、居住条件的改善等经济社会发展因素也直接促进了家庭规模的小型化。

其次，进入 21 世纪以来，中国 1 人户和 2 人户的微型家庭数量迅速增加。2000—2010 年，1 人户数量翻倍，2 人户数量增加 68%。2000 年这两类家庭户占全部家庭户的 1/4，到 2010 年已接近 40%，共计 1.6 亿户。在未来一个时期，微型家庭数量将继续保持快速增长的势头，平均家庭规模将会进一步缩小。

导致家庭微型化的原因主要包括初婚年龄的推迟导致青年单人户增加，人口迁移和流动导致 1 人户和 2 人户的增加，老年夫妇家庭的增加导致 2 人户的增加。近年来，由夫妇二人组成的核心家庭比重大幅提高，占全国家庭的比例提高了 2 倍。这主要是由于中老年夫妇不与他们的成年子女同住，以及更多的年轻夫妇选择推迟生育甚至不生育等原因。

单人家庭的迅速增长，已经成为城乡家庭变化的普遍趋势。2000—2010年，城市的单人户增加1.5倍，镇的单人家庭增加1.2倍，农村的单人家庭也增加近40%。单人家庭数量增长主要是由于30岁以上大龄未婚人口增长、离婚率提高和丧偶独居老人数增长。

2010年30岁以上未婚人口中有43.2%是独居，这个比例在城市中为45.4%。大龄未婚独居家庭增多的原因，一方面是由于接受高等教育、自我实现需求的发展以及职业竞争的加剧，使得一些人不得不推迟结婚年龄；另一方面是由于一些人没有找到结婚对象；还有一些人是因为生活方式、婚姻和家庭观念的变化，主动选择了单身生活。

此外，80岁及以上的高龄老人中有四成以上是单人家庭户主。

再次，赡养老人是家庭的重要功能。中国90%以上的老年人是在家庭中养老。随着老年人口的快速增长和老年人寿命的延长，家庭的养老需求已经进入迅速增长阶段，老年人生活照料需求也迅速上升。

《中国家庭发展报告》显示，中国共有家庭4.3亿户左右。目前，中国有65岁以上老人的家庭已超过8800万户，占全国家庭户的比重超过20%。根据全国城乡失能老年人状况研究显示，2013年全国失能老年人数达3750万，预计2015年失能老年人数将超过4000万。

与家庭养老需求迅速增长形成鲜明对照的是，由于家庭规模缩小，时间资源紧张，家庭的养老能力被削弱。其中，农村留守老年人家庭、独居老人家庭的养老问题最为突出。

最后，老人需要赡养，儿孙需要抚育——如今，老年人家庭与子女家庭甚至孙子女家庭重新组合而成的新型直系家庭越来越多，其形成方式已经与传统的直系家庭完全不同。

随着老年人寿命的延长和高龄老年人数量的增长，尤其是当老年人丧偶或失能之后，对家庭照料的需求迅速增长；紧张的工作节奏使青年父母无暇照顾幼子。于是，本来各自独立的两个家庭合二为一，住到一个屋檐下。

《中国家庭发展报告》显示，直系家庭在家庭类型排序上长期处于第二位。直系家庭占全部家庭的比重，在2000年之前一直保持在21%左右，几乎没有变化。但是，2000年之后，这种稳定局面开始被打破。2010年直系家庭总数为9240万户，比2000年增加了25%，占全部家庭户的比例从21%提高到23%。未来一个时期，直系家庭的数量和比重都将出现更为显著的增长。

132. 江苏法院发出全国首份《督促令》

5月21日下午，六年级的小佳（化名）和弟弟在法官的陪同下，在南京五塘村的某建筑工地门前见到了自己多年未见的父亲，同来的盱眙县人民法院法官向其父亲送达了一份“督促令”。这也是江苏省法院针对“留守儿童”问题向久不归家的父母发放的全国首张关注留守儿童《督促令》，督促这些多年外出务工的父母抽空回到家乡，履行法定抚养、教育孩子的义务。

缺　　新华社发　商海春　作

江苏省盱眙县有30万人外出务工，有大量的留守儿童。盱眙县人民法院的法官在办案中发现，16—18岁的青少年案件中，绝大部分都是“留守儿童”家庭成长起来的孩子。据统计，该县2013年青少年案件中，87.5%是父母不在身边的“留守儿童”，其中以盗窃和寻衅滋事为主，已经成为了青少年犯罪的主要群体。为此，2014年以来，该院在辖区内多所小学进行了调查，发现留守儿童的比例非常高，更让人没想到的是，很多在校学生都是多年没有见过父母。为此，盱眙县人民法院深入校园，了解这些留守儿童的生活状况，并组织了一系列对留守儿童的关爱活动。

133. 首次发布不同岗位平均工资数据

5月27日，为反映单位内部不同岗位间的工资差距情况，2013年国家统计局对工资统计调查制度进行了改进，首次发布了分岗位平均工资数据。调查数据显示，单位负责人平均工资最高，商业、服务业人员平均工资最低，前者是后者的2.73倍。

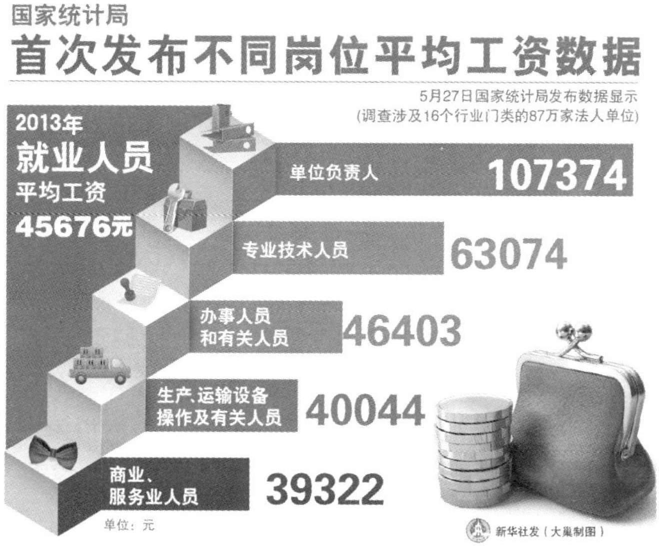

国家统计局此项调查涉及16个行业门类的87万家法人单位。调查单位的就业人员按岗位分为单位负责人，专业技术人员，办事人员和有关人员，商业、服务业人员，生产、运输设备操作人员及有关人员5类。

调查显示，2013年全部调查单位就业人员平均工资为45676元，其中，单位负责人107374元，专业技术人员63074元，办事人员和有关人员46403元，商业、服务业人员39322元，生产、运输设备操作人员及有关人员40044元。

分区域看，东部地区岗位间工资差距最大，岗位平均工资最高与最低之比为3.09；中部地区岗位工资差距最小，最高与最低之比为2.23。

从不同行业看，租赁和商务服务业岗位工资差距最大，岗位平均工资最高与最低之比为5.65；建筑业岗位工资差距最小，最高与最低之比为2.17。

分企业登记注册类型看，外商投资企业岗位工资差距最大，最高是最低的5.35倍；其次是港澳台商投资企业，最高与最低之比为4.01；第三是国有单位，最高与最低之比是3.19。私营单位和集体单位岗位工资差距最小，最高与最低之比分别为2.17和2.21。

134. 水质监测首次引入"百姓观感"指标

6月12日，市民打开广州市环保局官方网站观看全市60条河涌水质监测信息时，跃入眼帘的不仅有各类数据、符号，还有更加直观的指标——“是否黑臭”，而原本“混在一起”的劣V类水质，也被更清楚地分为5个级别，以清晰的电子地图方式呈现在人们面前。

“我们从1年前开始发布河涌水质监测信息，在这一年中，群众反映最多、要求最多的，就是希望看得懂、看得清各式各样的监测数据，希望能更清晰地了解水质到底怎么样，我们综合考虑之后，决定改进我们的发布方式，强化监测数据与人体直接感受的对接，首次让‘百姓观感’成为我们的评价指标。”广州市环保局副局长谢明说。

此次广州环保局官网水质信息发布“大调整”，除了将发布水质信息的河涌数量从50条增加为60条、监测点从64个增加到121个外，主要是调整改进了评价方式、优化了发布内容，包括调整取消浓度较低的砷、铅、六价铬等指标，增加反映水质表观状态的透明度指标，增加“是否黑臭”等评价内容、增加电子地图等。

“评价指标里加上‘黑臭’，能够更客观反映水质变化情况，进一步满足广大群众更清晰了解水质信息的需求，也能让我们更深刻地感受到社会对我们的敦促，推动治水工作向深入开展。”谢明说。

135. 中联航成国内首家国有廉价航空

7月2日，东航旗下的中国联合航空公司（简称“中联航”）宣布，这家以北京南苑机场为主营基地的航空公司正式转型成低成本航空公司，此举也使得中联航成为国内首家国有经济型航空公司。中联航方面表示，未来公司旗下机票的价格将会下调20%至40%，亦不排除取消免费机上餐食和行李托运。

所谓低成本航空，又称廉价航空，是指通过提高舱位密度、不提供免费餐食和行李托运、降低场站服务费用等措施降低成本，进而为旅客提供更加便宜的机票服务的航空公司。

中联航转型低成本航空公司后，公司将在低票价、差异化服务、集约管理方面做重点调整。根据航线、季节、促销力度的不同进行调价，机票价格降幅将在20%至40%之间。未来也不排除不提供免费餐食和行李托运的可能性。

事实上，成本控制是低成本航空运营的关键。为了达到降低成本、高效运营的目标，未来中联航购买的飞机将只设经济舱，取消现在飞机上头等舱、公务舱的两舱设计。这样将会使飞机内的座椅数量由现有的160个增加到180个左右。

此外，出于对飞行员培养和飞机维修成本的考虑，中联航方面表示，所有运营的飞机将均为波音737机型。到2019年首都第二机场建成后，中联航将整体搬迁，届时旗下运营的飞机数量将达到81架。

在国内三大经济带（长三角、珠三角、京津冀）中，上海、广州两地都有低成本航空，只有北京尚存市场空白。考虑到中联航在航线、机场、空管方面都具资源优势，具备高效运营低成本航空的条件，因此，东航在经过两年的调查和讨论之后，决定将其转型为低成本航空。

数据显示，全球低成本航空公司超过170家，全球市场份额超过26%。在欧盟，中短航程已全部采用低成本运营模式，在亚太，低成本航空的市场份额也接近30%。不过，在中国这一数字仅占不到7%，市场潜力巨大。

136. 中国儿童生长发育迟缓发生率达9.9%

8月10日，“中国儿童生长发育健康教育系列活动启动仪式”在北京举行。目前中国儿童生长发育迟缓发生率高达9.9%，总数居全球第二。来自多个领域的专家联合呼吁，将每年8月定为中国儿童生长发育健康教育月，每年8月18日设立为中国儿童生长发育健康教育日。

目前，社会对生长发育迟缓的认知明显不足，对相关疾病的诊断及规范化治疗缺乏必要了解。据中华医学会儿科内分泌遗传代谢学组组长罗小平介绍，调查显示，97%的家长不知道儿童生长发育的基本规律；65%的家长在孩子身高偏低时，会考虑使用增高保健品；30%的家长在孩子生长发育迟缓时盲目乐观，固守“晚长”的观念。罗小平建议，家长要定期监测孩子的身高生长曲线，发现偏离及时去正规专科医疗机构就诊。治疗需在骨骺闭合前进行，即女孩骨龄不超过15岁，男孩骨龄不超过17岁。

据联合国儿童基金会《关于儿童和母亲营养状况的进展跟踪报告》显示，目前中国5岁以下生长发育迟缓儿童有1270万名，儿童生长发育迟缓发生率为9.9%，总数居全球第二。近年来，虽然中国开展了一些儿童生长发育促进项目，如西部儿童营养改善项目、城市儿童身高促进项目、儿童早期发展项目等，但部分基层医护人员对生长发育迟缓尚未做到有效地确诊、转诊，知识技能需要提高，同时儿童生长发育的专业科室和医生数量不足。

根据中华医学会统计，全国 4—15 岁生长发育迟缓的矮小患儿总数约为 700 万人，目前，每年真正接受合理治疗的患者不到 3 万名。调查显示，97% 的家长不知道儿童生长发育的基本规律；30% 的家长在孩子生长发育迟缓时盲目乐观，固守“晚长”的老观念。

137. 全国盲人医疗按摩考试首次采用计算机语音试卷

9 月 20 日，2014 年全国盲人医疗按摩考试在 27 个考区同时举行。考试分综合笔试和实践技能考试 2 个单元，共有 1339 名视力残疾人参加考试。此次考试的综合笔试用卷首次新增计算机语音化考试方式，全国 22 个考区的 41 名全盲考生集中在北京参加了首次计算机语音试卷考试。

据中国残联有关负责人介绍，一直以来，综合笔试使用特制试卷，分为现行盲文卷、双拼盲文卷和汉文大字版卷，3 种类别试卷满足了大部分盲人的考试需求。但是，少部分符合考试报名条件的盲人，因全盲又不懂盲文而无法参加考试，错失了通过考试进入医疗按摩行业的机会。为充分保障每位盲人的考试权利，在国家医学考试中心的大力支持下，中国残联以医师资格计算机化考试系统为基础，建立了无障碍的盲人医疗按摩人员计算机化考试系统。2014 年试点成功后，各省（区、市）也可自行组织盲人医疗按摩人员计算机化考试。

盲人医疗按摩人员考试是评价盲人医疗按摩人员申请者是否具备在医疗机构中从事医疗按摩活动所必备的专业水平和技能的考试，属于国家机密级医学考试，成绩均合格者取得《盲人医疗按摩人员考试合格证书》，方可申请在医疗机构中从事医疗按摩活动或开办盲人医疗按摩所。

中国残联受卫生部等部门委托负责组织实施盲人医疗按摩人员考试，目前已组织实施了辽宁试点考试和 2010—2013 年全国统一考试，5 次考试共有 7813 人取得考试资格，2000 余名盲人考取了国家认证的医疗按摩人员考试合格证。

138. 流浪乞讨儿童也可被寄养

9月24日，民政部正式出台《家庭寄养管理办法》。相比于2003年制定的《家庭寄养管理暂行办法》，新规更加突出人性化、专业化、规范化。

在人性化方面，管理办法扩大了寄养儿童范围，不仅规定未满十八周岁、监护权在县级以上地方人民政府民政部门的孤儿、查找不到生父母的弃婴和儿童可以被寄养，还提出“对流浪乞讨等生活无着未成年人承担临时监护责任的未成年人救助保护机构开展家庭寄养，参照本办法执行”。

民政部社会福利和慈善事业促进司副司长徐建中在通报会上指出，按照管理办法，对暂时查找不到父母或其他监护人的流浪未成年人，在继续查找的同时，要通过家庭寄养等多种方式予以妥善照顾。

在规范化方面，管理办法提高了寄养家庭的准入“门槛”。为了让适合寄养的儿童回归到更具稳定性且健全功能的家庭，管理办法明确了寄养家庭在居住条件、收入水平、健康状况、道德品行、主要照料人年龄等方面应当具备的条件。管理办法还提出，每个寄养家庭寄养儿童的人数不得超过二人，且该家庭无未满六周岁的儿童。寄养残疾儿童，应当优先在具备医疗、特殊教育、康复训练条件的社区中为其选择寄养家庭。

与此同时，管理办法还对寄养关系确立和解除程序进行了规范。在专业化方面，管理办法对儿童福利机构主要承担的职责进行了明确。

139. 国务院出台四大措施助农民工“融城”

9月，国务院印发《关于进一步做好为农民工服务工作的意见》（以下简称《意见》），部署进一步做好新形势下为农民工服务工作，切实解决农民工面临的突出问题，有序推进农民工市民化。

《意见》明确，有序推进农民工市民化，要坚持以人为本、公平对待，坚持统筹兼顾、优化布局，坚持城乡一体、改革创新，坚持分类推进、逐步实施。到2020年，转移农业劳动力总量继续增加，每年开展农民工职业技能培训2000万人次，农民工综合素质显著提高、劳动条件明显改善、工资基本无拖欠并稳定增长、参加社会保险全覆盖，引导约1亿人在中西部地区就近城镇化，努力实现1亿左右农业转移人口和其他常住人口在城镇落户，未落户的也能享受城镇基本公共服务，农民工群体逐步融入城镇，为实现农民工市民化目标打下坚实基础。

《意见》提出了四个方面的政策措施。一是着力稳定和扩大农民工就业创业。实施农民工职业技能提升计划，努力实现未升入普通高中、普通高等院校的农村应届初高中毕业生都能接受职业教育；大力发展服务业特别是家庭服务业和中小微企业，开发适合农民工的就业岗位；将农民工纳入创业政策扶持范围。

二是着力维护农民工的劳动保障权益。落实农民工与城镇职工同工同酬原则；扩大农民工参加城镇社会保险覆盖面；实施农民工职业病防治和帮扶行动，保障符合条件的无法追溯用人单位及用人单位无法承担相应责任的农民工职业病患者享受相应的生活和医疗待遇。

三是着力推动农民工逐步实现平等享受城镇基本公共服务和在城镇落户。公办义务教育学校要普遍对农民工随迁子女开放；完善社区卫生计生服务网络，将农民工纳入服务范围；统筹规划城镇常住人口规模和建设用地面积，将解决农民工住房问题纳入住房发展规划；有序推进农民工在城镇落户。

四是着力促进农民工社会融合。把农民工纳入城市公共文化服务体系；加强对农民工的人文关怀；通过依托各类学校开设农民工夜校等方式，开展新市民培训。

140. 中国再次提高部分优抚对象抚恤补助标准

民政部、财政部发出通知，10月1日起再次提高优抚对象等人员抚恤和生活补助标准。

伤残人员（残疾军人、伤残人民警察、伤残国家机关工作人员、伤残民兵民工）残疾抚恤金标准、城镇“三属”（烈士遗属、因公牺牲军人遗属、病故军人遗属）定期抚恤金标准、“三红”（在乡退伍红军老战士、在乡西路军红军老战士、红军失散人员）生活补助标准，在现行基础上提高20%，农村“三属”定期抚恤金标准在现行基础上提高40%；在乡老复员军人定期定量补助标准在现行基础上每人每年提高1200元，以上提标经费由中央财政承担。带病回乡退伍军人、参战参试人员的生活补助标准由现行每人每月320

元提高至 360 元，中央财政和地方财政按比例承担经费。

同时，国家还对 2011 年纳入优抚保障范围的烈士老年子女和农村籍老义务兵生活补助标准进行了首次调整，烈士老年子女中央财政补助标准每人每月增加 70 元，农村籍老义务兵每服一年义务兵役每月增加补助 5 元。

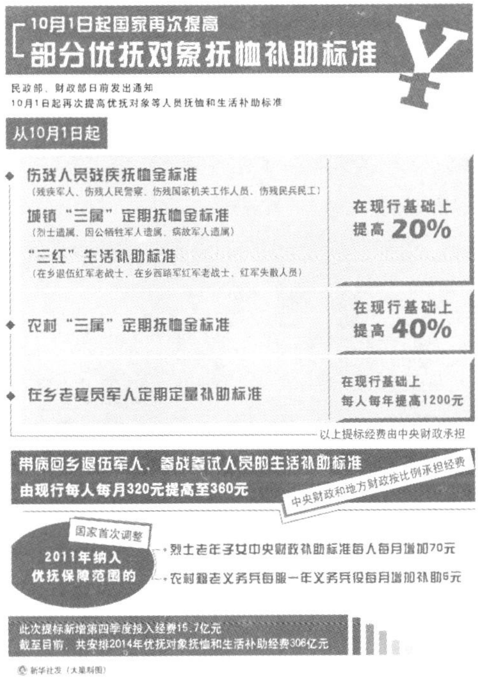

调整后，一级因战、因公、因病残疾军人抚恤金标准为每人每年 52360 元、50700 元、49040 元，分别比 2013 年提高了 8730 元、8450 元、8170 元。

居住在城镇的烈属定期抚恤金标准提高到每人每年 16630 元；居住在农村的烈属提高到每人每年 11160 元。在乡退伍红军老战士及在乡西路军红军老战士和红军失散人员生活补助标准，分别提高到每人每年 36300 元、36300 元和 16380 元。

这是自改革开放以来，国家第 21 次提高残疾军人残疾抚恤金标准，第 24 次提高烈属定期抚恤金标准和在乡退伍红军老战士生活补助标准，也是近年来优抚对象提标幅度较大的一次。今年中央财政继续加大资金支持力度，此次提标新增第四季度投入经费 15.7 亿元，截至目前，共安排 2014 年优抚对象抚恤和生活补助经费 306 亿元。

141. 全民健身成为国家战略

10 月 20 日，国务院公布了《关于加快发展体育产业促进体育消费的若干意见》（以下简称《意见》），吹响了振兴中国体育产业的号角。

这是全国人民盼望已久的战略决策。体育不再仅仅囿于金牌和胜负，各类各样的体育活动将走进人们日常生活，成为生活方式的一部分，成为改善人民体质的动力和幸福生活的保障，这个理念正被越来越多的人

10 月 21 日，山东大型纺织企业青岛即发集团的女工在缝纫机台旁做工间操。

梁孝鹏　摄（新华）

接受。

体育关系到国民健康，关系到国家经济持续发展，关系到人民生活质量和民族强盛。没有健全的体魄，中华民族的复兴之路将有灵无肉，有骨无血，徒具躯壳。

改革开放以来，中国经济高速发展，成为世界第二大经济体，金牌总数在北京奥运会上荣膺第一，但奇迹也伴随着遗憾的发生，国民身体素质持续滑坡，中小学生的体质连续 25 年下降，全国慢病人口近 3 亿，亚健康人口比例惊人。体育和教育脱节，体育和健康脱节，体育和生活脱节，体育和产业脱节，如果这种现象再不改变，“东亚病夫”将再次逆袭中国。

庆幸的是，改变正在发生。这次巨大的推动力来自国家层面。《意见》提出了总体要求和主要任务，制定了具体的政策措施和实施办法，政策上提到如何吸引社会投资、完善健身消费政策和税费价格政策、完善规划布局和土地政策、完善人才培养和就业政策、完善无形资产开发保护和创新驱动政策，以及优化市场环境。另外，在实施方面要求健全工作机制、加强行业管理、加强督查落实。在六大任务中，还具体提到要实行工间、课间健身制度，确保学生校内每天体育活动时间不少于 1 小时。

工间操，一个多么熟悉又恍如隔世的字眼儿。假如能真正落实这个提议，办公室里必能减少大量亚健康患者。《意见》印发后，关键是如何落实。比如：学生每天在校锻炼时间要保证 1 小时，这条要求在几年前的国务院文件中就明确规定过，但据去年权威数字统计，全国达标的中小学不到 30%。另外，中小学的体育教师存在巨大缺口，体育课无法保障的现象在全国相当普遍。解决这类问题仅靠《意见》显然不够，还需要出台配套的解决方案。

《意见》为振兴体育产业指明了方向，令人振奋。富裕起来的中国人对健康有着极大需求，开发体育产业，促进身体健康是人心所向、大势所趋。从9000亿到5万亿，中国的体育产业是片尚待开发的沃土，潜力极大。期待体育产业井喷期早日到来。

142. 中国全面建立临时救助制度

10月，国务院印发《关于全面建立临时救助制度的通知》（以下简称《通知》），部署进一步发挥社会救助托底线、救急难作用，解决城乡困难群众突发性、紧迫性、临时性生活困难。

《通知》指出，临时救助是国家对遭遇突发事件、意外伤害、重大疾病或其他特殊原因导致基本生活陷入困境，其他社会救助制度暂时无法覆盖或救助之后基本生活暂时仍有严重困难的家庭或个人给予的应急性、过渡性救助。全面建立临时救助制度，对于填补社会救助体系空白，补“短板”、扫“盲区”，编实织密困难群众基本生活安全网，具有重要意义。

《通知》强调，临时救助制度实行地方各级人民政府负责制。国务院民政部门统筹全国临时救助制度建设。国务院民政、卫生计生、教育、住房城乡建设、人力资源社会保障、财政等部门，按照各自职责做好相关工作。开展临时救助要坚持应救尽救，确保有困难的群众都能求助有门，并按规定得到及时救助；坚持适度救助，既要尽力而为，又要量力而行；坚持资源统筹，做到政府救助、社会帮扶、家庭自救有机结合。

《通知》对临时救助的对象范围、申请受理、审核审批、救助方式等制度内容进行了规范。凡认为符合救助条件的城乡居民家庭或个人均可以向所在地乡镇人民政府（街道办事处）提出临时救助申请；对于具有本地户籍、持有当地居住证的，由当地乡镇人民政府（街道办事处）受理；上述情形以外的，当地乡镇人民政府（街道办事处）应当协助其向县级人民政府设立的救助管理机构申请救助。为确保临时救助制度全面实施，《通知》要求各地建立“一门受理、协同办理”机制、社会救助信息共享机制、社会力量参与机制以及临时救助资金筹集机制等工作机制。

《通知》强调，地方各级人民政府要将建立完善临时救助制度列入重要议事日程，抓紧完善配套政策措施，确保2014年底前全面建制；要将临时救助等社会救助工作列入地方领导班子和领导干部政绩考核评价指标体系，考核结果纳入政府领导班子和相关领导干部综合考核评价的重要内容，作为干部选拔任用、管理监督的重要依据。《通知》对加强临时救助能力建设、监督管理和政策宣传也提出了明确要求。

143. 建立健全经济困难高龄失能老人补贴制度

10 月 23 日，民政部网站发布消息称，财政部已会同民政部、全国老龄办联合下发《关于建立健全经济困难的高龄、失能等老年人补贴制度的通知》，要求进一步加大公共财政支持力度，切实解决经济困难的高龄、失能等老年人的后顾之忧，推动实现基本养老服务均等化。

目前，我国人口老龄化问题严峻，60 岁以上的老年人口数已超过 2 亿，其中失能老年人口数达到 3700 多万。虽然近几年通过基本养老保险、基本医疗保险、城乡低保等社会保障制度解决了老年人的基本生活问题，但经济困难的高龄、失能等老年人的养老服务问题还缺乏制度性保障。

为此，通知要求，省级财政部门要会同民政部门、老龄工作部门，结合当地实际，及时制定经济困难的高龄、失能等老年人补贴制度的资金管理办法和具体实施方案，明确具体补助项目、补助范围、补助标准、资金筹集渠道、申请条件和审查公示、发放程序以及监督管理措施等内容。已经出台了相关补贴政策的地区，要进一步完善补助政策，强化资金管理，不断提高资金使用效益。

通知要求，按照事权与支出责任相匹配的原则，经济困难的高龄、失能等老年人的养老服务补贴经费由地方财政负担。各地财政部门应准确测算养老服务补贴所需资金，列入年度财政预算。

通知指出，要通过建立健全经济困难的高龄、失能等老年人补贴制度，有效缓解部分老年人的实际困难，形成多元化的投入格局，充分发挥财政资金的引导和示范效应，力争到“十二五”末在全国范围内基本建成覆盖广泛、内涵丰富、衔接紧密的经济困难的高龄、失能等老年人补贴制度。

144. 财政部公开 200 多项收费目录

10 月 31 日，财政部向社会公布了 200 多项行政事业性收费和政府性基金目录，并提出目录清单之外的行政事业性收费和政府性基金，一律不得执行，公民、法人和其他组织有权拒绝缴纳。

财政部表示，为提高行政事业性收费和政府性基金政策透明度，加强社会监督，有效制止各种乱收费，按照国务院有关规定，对按照法律、行政法规和国家有关政策规定设立的行政事业性收费和政府性基金实行目录清单管理。

治“乱”　新华社发 徐骏 作

此次公开的目录清单主要涉及《全国性及中央部门和单位行政事业性收费目录清单》《全国性及中央部门和单位涉企行政事业性收费目录清单》和《全国政府性基金目录清单》三份清单。

其中，全国性考试考务费目录清单共涉及 103 项收费，包括“专业技术人员计算机应用能力考试”等 69 项专业技术人员职业资格考试考务费、“职业技能鉴定考试”等 9 项职业技能鉴定考试考务费、“高等教育自学考试”等 25 项教育考试考务费。

全国性及中央部门和单位涉企行政事业性收费目录清单主要包括“机动车号牌工本费”等 87 项收费，涉及 29 个部门。此次公布的清单还标识出了对小型微型企业免予征收的收费项目。

此次公布的全国政府性基金目录清单主要涉及“铁路建设基金”“民航发展基金”等 25 项基金。

财政部要求，各省、自治区、直辖市财政部门要公布本地区实施的行政事业性收费目录清单。目录清单之外的行政事业性收费和政府性基金，一律不得执行，公民、法人和其他组织有权拒绝缴纳。执行中行政事业性收费和政府性基金项目发生变化，财政部和省级财政部门将及时更新目录清单内容。

145. 2014 中国最具幸福感城市

10 月 31 日，在“中国城市未来发展国际论坛”上，“2014 中国最具幸福感城市”系列榜单发布。

“中国最具幸福感城市”调查推选活动由新华社《瞭望东方周刊》联合中国市长协会《中国城市发展报告》共同主办，迄今已连续举办8年，是目前中国最具影响力和公信力的城市调查推选活动。

本届推选活动从8月份启动后，累计2300多万人次参加了公众调查和抽样调查。经过活动组委会评审，成都、杭州、南京、西安、天津、长春、长沙、岳阳、珠海、大连十座城市荣获“2014中国最具幸福感城市”荣誉称号。

与往届不同，本届推选活动与“中国城市文化软实力”评价活动同时进行。最终，南京、成都、西安、杭州、天津、长春、长沙、岳阳、北京、重庆十座城市获得“2014中国最具文化软实力城市”称号。今晚报、中广天择传媒、重庆火锅天下宴博物馆、西安城墙景区、西安印刷包装产业基地荣获了“2014中国最具文化软实力品牌”称号。重庆铜梁区荣获“2014中国最具文化魅力城区”，重庆安居镇获得“2014中国最具文化魅力古城”称号。

据介绍，为了突出“中国文化·影响世界”这一主题，组委会广泛吸取国内外专家学者意见，特别制定了“中国城市幸福感、文化软实力评价体系”，涵盖城市文化魅力、城市文化活力、城市文化实力、城市文化传播力、城市形象、城市幸福感六大体系70个指标。

主办方表示，在首个“世界城市日”发布“中国最具幸福感城市”系列榜单，对于提升中国城市形象，推动中国城市走向世界具有示范作用。

146. 全国流动人口达2.45亿

11月18日，国家卫生计生委发布《中国流动人口发展报告2014》。报告指出，到2013年末，全国流动人口的总量为2.45亿，超过总人口的六分之一。

国家卫计委流动人口司司长王谦说，这是我国连续第五年发布流动人口发展报告。报告主要基于2013年国家卫计委组织的全国流动人口动态监测调查数据，以流动人口卫生计生服务管理为重点，分专题对流动人口迁移和城镇化、流动人口的生存发展与社会融合、流动人口基本公共服务、流动人口卫生计生服务管理和流动人口的生育等进行了分析和探讨。

报告指出，现在全国流动人口的总量是2.45亿，流动人口的总的流向趋

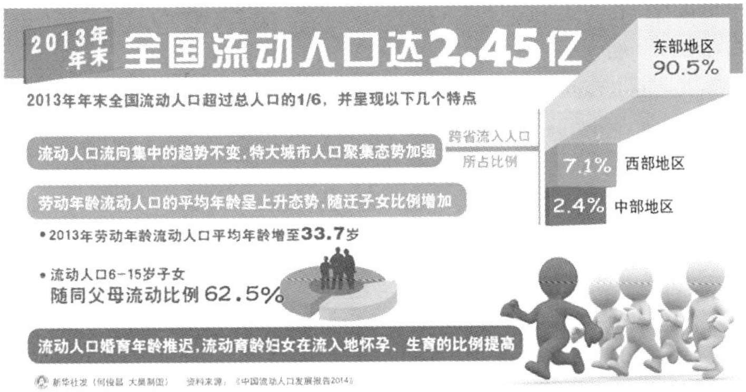

势并没有改变，特别是特大城市人口聚集态势还在加强。劳动年龄流动人口的平均年龄进一步上升，随迁子女比例增加。2013 年劳动年龄流动人口平均年龄从 2011 年的 33.1 岁提高到 33.7 岁，流动人口 6—15 岁子女随同父母流动的比例在 2013 年达到 62.5%，比 2011 年上升了 5.2 个百分点。

报告还显示，我国流动人口的婚育年龄推迟，流动育龄妇女在流入地怀孕和生育的比例提高。2012 年流动妇女平均初婚年龄为 23.7 岁，平均初育年龄为 25.5 岁，与 2000 年相比分别提高 1.3 岁和 1.6 岁，其中农村户籍流动妇女平均初婚年龄提高 1.7 岁，平均初育年龄提高 1.4 岁。2012 年流动人口中怀孕妇女孕期一直在流入地生活的比例达到 57.6%，在流入地生育的比例是 59.2%，这个比例比 2011 年分别上升了 5.9 个百分点和 7 个百分点。

王谦说，这些变化意味着流动人口在流入地卫生计生服务的需求进一步增强，这也要求流入地要进一步加强流动人口基本公共卫生和计划生育服务均等化工作。

他介绍，2013 年 12 月，国家卫计委在全国 40 个城市启动流动人口基本公共卫生计生服务均等化的试点工作，明确将建立健康档案、开展健康教育、预防接种、传染病防控、妇幼保健以及计划生育服务列为试点工作的基本项目。一些城市还在流动人口中拓展了慢病防治、老年保健、中医药等服务项目。初步的情况显示，全国和试点城市关于流动人口在居民健康档案建档、产前建档、产后访视、健康检查、儿保手册建册方面的指标都比上一年有所提高。

147. 中国机动车驾驶人数量突破 3 亿

11 月 27 日，从中国公安部交管局获悉，截至目前，中国机动车驾驶人数

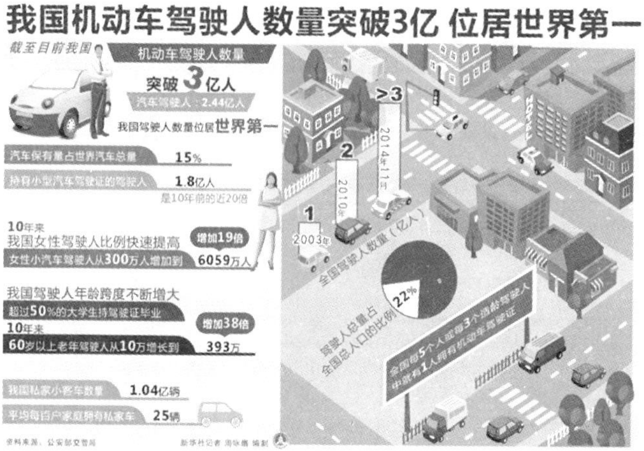

量突破3亿人，其中汽车驾驶人2.44亿人。中国驾驶人数量位居世界第一。

数据显示，中国民用机动车保有量已达2.64亿辆，其中汽车1.54亿辆，汽车数量仅次于美国居世界第二位。目前中国汽车保有量占世界汽车总量的15%。持有小型汽车驾驶证的驾驶人达到了1.8亿人，是10年前的近20倍。

2003年中国驾驶人数量达到1亿人，2010年快速增加达到2亿，2014年11月突破3亿大关。截至目前，中国驾驶人总量占中国总人口的22%，占适龄驾驶人（18—70周岁）的30%。

中国女性驾驶人比例快速提高。10年来，中国女性小汽车驾驶人从300万人增加到6059万人，增加11倍，而同期男性小汽车驾驶人仅增长了7.4倍。

此外，中国驾驶人年龄跨度不断增大。据调查，15%的大学生在校期间取得机动车驾驶证，超过50%的大学生持驾驶证毕业。老年人也越来越多地开始持有驾驶证，10年来，51—60岁年龄段的小汽车驾驶证增长速度最快，60岁以上老年驾驶人从10万增长到393万，增长38倍。

截至目前，中国私家小客车数量已达到1.04亿辆，是2000年的35倍，平均每百户家庭拥有25辆私家车。北京平均每百户家庭拥有63辆私家车，广州、成都等大城市每百户家庭拥有私家车超过40辆。中国35个城市汽车超过百万辆，北京、成都、深圳等10个城市汽车超过200万辆。

148. 中国社会发展进入中等收入需求

12月30日，中国社会科学研究院社会发展战略研究院发布《中国社会发展年度报告（2014）》。报告指出，2014年社会发展出现拐点：从低收入需求进入中等收入需求，人们更关注生活质量、公平正义和公共参与。

报告指出，以2012年为基准，2014年我国社会景气指数与社会信心指数均呈现不同程度的增长态势。

中国社科院社会发展战略研究院院长李汉林说，在经济发展“新常态”背景下，我国社会发展出现明显拐点：即从社会发展基本需求的低收入阶段提高到了社会发展更高层次需求的中等收入阶段。

人们的诉求可能更多地会关注自身权益的保护，关注自己与周围社会群体生活质量的提高，强调社会公平正义的实现以及对公共事务参与表达出强烈的意愿。

报告指出，公众对于总体层面的依法治国等信心提升。与2013年相比，2014年人们对区县政府的信任度出现了小幅度提升；对政府惩治腐败、办事效率和公开透明的不满意比例出现了明显下降。李汉林认为，这在一定程度上体现了中央落实“八项规定”和转变工作作风的成效。

环境质量、社会公正、收入水平、生活压力等，是2014年社会“不满意”关键词。社会发展战略研究院助理研究员艾云说，2014年，中国城市居民对心理和精神生活的不满意度首次超过了对物质经济生活的不满意度。但住房问题、物价水平、食品安全、城市居民工作压力大等依然是影响人们生活幸福度的主要社会问题。各个生活领域受访者对生活压力的不满意程度首次排列第一。

李汉林说，正确认识中国社会发展的阶段，对于推动经济社会协调发展具有重要意义。《中国社会发展年度报告》希望帮助全社会更好地认识人们在推动经济发展中的社会行为及社会态度。报告从2012年开始，已经连续发布了3年。

据介绍，《中国社会发展年度报告（2014）》包括《中国社会景气与社会信心研究报告》《社会包容状况》《中国城市居民生活质量研究报告》等十二个分报告。

149. 2014年中国十大民生新闻

一、城乡居民基本养老保险统一

2月，国务院印发《关于建立统一的城乡居民基本养老保险制度的意见》，部署在全国范围内建立统一的城乡居民基本养老保险制度。《意见》的颁布将有利于促进人口合理流动，逐步缩小城乡差距，实现基本公共服务均等化，创建社会主义和谐社会。

二、低价药新政策减轻患者负担

5 月 8 日，国家发展改革委公布了鼓励低价药品生产供应的价格政策，取消 283 种低价西药和 250 种低价中成药中 1100 多个剂型的最高零售限价。生产企业可在西药费用日均不超过 3 元、中成药费用日均不超过 5 元的前提下自主定价。

三、事业单位人事管理改革提速

由国务院制定的《事业单位人事管理条例》7 月 1 日施行。该条例以公开招聘、竞聘上岗、聘用合同、人事争议处理及法律责任等为内容，确立了事业单位人事管理的基本制度。条例的施行，意味着“事业单位公开招聘”从部门规定上升为法律行为。

四、户籍制度改革全面实施

7 月，国务院发布《关于进一步推进户籍制度改革的意见》，促进有能力在城镇稳定就业和生活的常住人口有序实现市民化，稳步推进城镇基本公共服务常住人口全覆盖。《意见》指出，在落户政策上，全面放开建制镇和小城市落户限制，有序放开中等城市落户限制，合理确定大城市落户条件，严格控制特大城市的人口规模。

用不上了　　新华社发　朱慧卿　作

五、购买养老服务应对老龄社会

9 月，财政部、国家发展改革委、民政部、全国老龄办下发关于做好政府购买养老服务工作的通知，要求到 2020 年，基本建立比较完善的政府购买养老服务制度，促进形成与经济社会发展相适应、高效合理的养老服务资源配置机制和供给机制，推动建成功能完善、规模适度、覆盖城乡的养老服务体系。

六、高考制度改革意见出台

9 月 4 日，国务院公布《关于深化考试招生制度改革的实施意见》，对高考的内容、形式、录取、管理等环节进行全新设计和部署，其中不分文理科、取消艺体特长生加分等多项变化备受关注。此举标志着新一轮考试招生制度改革全面启动。

七、关注治霾“APEC蓝”成热词

11月召开的北京APEC会议期间，北京及其周边地区采取临时性减排等措施，使北京市二氧化硫、氮氧化物、PM10、PM2.5、挥发性有机物“减排比例”分别达到54%、41%、68%、63%和35%左右，周边五省区市主要大气污染物排放量均明显下降，百姓称之为“APEC蓝”。

八、“双十一”覆盖两百多国家和地区

11月11日，阿里巴巴天猫交易额达571亿元。仅6年时间，阿里巴巴“双十一”销售额便从5000万元增至571亿元，参与品牌从27个拓至4.2万个，消费者更遍及200多个国家和地区。“双十一”效应为拉动内需创造了机遇，也让物流、支付、零售业甚至制造业在数据背后看到变革的可能。

九、控烟条例征求意见控烟力度空前

11月24日，《公共场所控制吸烟条例（送审稿）》公开征求意见。根据该送审稿，所有室内公共场所一律禁止吸烟。这是我国首次拟制定行政法规在全国范围全面控烟。在国家层面通过立法的形式对禁烟场所、责任主体、法律责任予以明确，将有助于推动我国全面加强控烟，维护公众健康。

十、出境旅游首次突破1亿人次

截至11月，我国内地公民年度出境旅游首次突破1亿人次。随着人民生活水平的提高、消费层次的提升以及精神文化的更新追求，我国与世界各国的交流交往达到新的水平。内地公民年度出境旅游比1998年的843万人次增长逾10倍，在我国旅游业发展进程中具有标志性意义。

人物篇

150. 张存浩、程开甲：国家最高科学技术奖获得者

2014年1月10日，2013年度国家科学技术奖励大会在北京人民大会堂隆重举行。中共中央总书记、国家主席、中央军委主席习近平向获得2013年度国家最高科学技术奖的张存浩、程开甲院士颁发奖励证书。

张存浩：中国著名物理化学家，中国高能化学激光的奠基人、分子反应动力学的奠基人之一。

张存浩，1928年生于天津，1947年获得中央大学化学工程学士学位，1948年赴美，先入爱阿华州大学，后转入密西根大学，本应在获得博士学位后回国。然而，1950年，他刚刚获得化学工程硕士学位的时候，朝鲜战争打响了。面对紧张的中美关系，张存浩不得不重新权衡自己的留学计划。在国家最需要的时候，毅然回到当时条件还十分艰苦的祖国。

1951年春天，张存浩谢绝包括北京大学在内的4所京区高校和研究所的邀请，辞别了家人，来到中国科学院大连化学物理研究所，正式开始了他报效祖国的科研人生。

张存浩

金立旺　摄（新华）

60多年的科研经历，张存浩将它分为5个阶段。每个阶段，他的研究方向不尽相同，而其中有个共同目标，就是满足国家需求。

20世纪50年代，刚刚被分配到“燃料第一研究室”工作的张存浩，

毅然接受了大连化学物理研究所所长张大煜院士交下的任务，投身于水煤气合成液体的研究中。

20 世纪 60 年代，国际形势激化，迫使中国独立自主地发展国防技术。张存浩又迅速转向火箭推进剂的研究。

从 20 世纪 70 年代至 90 年代的 20 多年中，张存浩的科研工作主要集中在激光领域的研究。

1986—1990 年，张存浩出任大连化物所所长，开始了“科研管理一肩挑”的学术生涯。

尽管他身为领导、又是项目负责人，但取得成果和获得各种重大奖励时，他总是把最大的功劳归于工作在第一线的学生和合作者。

张存浩在 1991—1999 年出任国家自然科学基金委员会主任，在他的倡议下设立了“国家杰出青年基金”。在他担任基金委主任 8 年多的时间里，自然科学基金总经费增加了近 8 倍。

让许多同事念念不忘的是，他在我国科技管理部门中第一个倡议设立了专门从事学风管理的机构——国家自然科学基金委员会监督委员会，保障了国家自然科学基金事业的健康发展，同时也赢得科技界乃至整个社会的赞誉。

如今，他不顾年事已高，仍活跃在科学研究最前沿，继续追寻着他那强国富民的科学报国梦。

程开甲：中国著名物理学家，中国核试验科学技术的创建者和领路人。

程开甲，1918 年生于江苏吴江，1941 年毕业于浙江大学物理系，1948 年获英国爱丁堡大学哲学博士学位，任英国皇家化学工业研究所研究员。历任中国核试验基地研究所副所长、所长，基地副司令员。1980 年当选中国科学院数学物理学部委员（院士），1999 年获“两弹一星”功勋奖章。

50 年前，中国西部的戈壁上空腾起巨大蘑菇云，我国第一颗原子弹爆炸成功。这声东方巨响的背后是当时一大批科技工作者隐姓埋名、呕心沥血的坚守与奋斗，其中就有一个传奇的名字——程开甲。

1960 年，南京大学教授程开甲接到命令，去北京报到，去干什么却不清楚。到了北京，他才知道，钱三强亲自点将，将他调进了我国核武器研制队伍。自此，已在学术研究上建树颇丰的程开甲在学术界销声匿迹几十年。

1962 年，程开甲成为我国核试验技术总负责人，参与主持决策了包括我国第一颗原子弹、氢弹、两弹结合以及地面、首次空投、首次地下平洞、首次竖井试验等多种试验方式的 30 多次核试验。

从 1963 年第一次踏入“死亡之海”罗布泊，到回北京定居，他把一生中最好的 20 多年时光献给了茫茫戈壁。

程开甲

新华社发

他参加制定了我国原子弹研制、试验等工作最早的一份纲领性文献，依据国情否定了苏联专家的空投建议，提出采用地面方式；他设计了第一颗原子弹百米高铁塔爆炸方案，确定了核爆炸可靠控制和联合测定爆炸威力的方法；他还前瞻性地谋划了核武器试验研究所的性质、任务、学科、队伍、机构等。

1964 年 10 月 16 日，中国第一颗原子弹爆炸成功，1700 多台（套）仪器全部拿到测试数据。

此后，程开甲在核试验任务中又不断取得新突破。1966 年 12 月，首次氢弹原理性试验成功，他提出塔基若干米半径范围地面用水泥加固，减少尘土卷入，效果很好；1967 年 6 月，第一颗空投氢弹试验成功，他提出改变投弹飞机的飞行方向，保证了投弹飞机的安全；1969 年 9 月，首次平洞地下核试验成功，他设计的回填堵塞方案，实现了“自封”，确保了试验工程安全；1978 年 10 月，首次竖井地下核试验成功，他研究设计的试验方案获得成功……

经过不懈奋斗，程开甲带领团队，建立发展了我国的核爆炸理论；创立了核爆炸效应的研究领域，建立完善不同方式核试验的技术路线、安全规范和技术措施；领导并推进了我国核试验体系的建立和科学发展，支持了我国核武器设计改进。

虽然参加核武器研试的 20 多年，程开甲隐姓埋名，没发表过论文，但他一生在学术研究上始终创新不辍。留学英国爱丁堡大学时，他与导师玻恩共同提出超导的“双带模型”；回国后，他率先在国内开展系统的热力学内耗理论研究，出版了我国第一本《固体物理学》教科书；离开戈壁后，他进一步发展、完善了高温和低温超导普遍适用的超导双带理论，提出并建立了系统的“托马斯—费米—狄拉克—程开甲”电子理论……

他说，自己还要“努力不懈，不老长青”。

151. 柳艳兵、易政勇："夺刀少年"

5月31日下午两点半左右，一辆由宜春开往金瑞的城乡公交车上一个三十来岁的男子突然抽出随身携带的砍刀，朝身边的乘客一顿乱砍。宜春三中高三学生柳艳兵和易政勇也在车上，二人受到袭击后，不顾自己的伤势，与歹徒展开搏斗。搏斗过程中，易政勇身上又中了一刀，柳艳兵的肩部和肘部也被划开了几道口子。车上的监控视频显示了柳艳兵抓住行凶男子握刀的手死死不放，易政勇因失血过多昏倒，歹徒趁机逃脱，经过警方全力侦破，歹徒于6月2日下午被抓获。

7月9日，柳艳兵（右）和易政勇分别收到来自南昌大学和江西财经大学的录取通知书。

陈子夏　摄（新华）

事件发生后，在社会引起了很大反响。柳艳兵夺刀救人的事迹在社会上广泛传播，不少网友发帖对他大力点赞，他获得了江西"希望之星"见义勇为好青年荣誉称号；荣获全国首个"中华见义勇为楷模"称号。

6月7日，中国中央电视台新闻联播报道，针对江西高三学生勇斗歹徒身负重伤情况，教育部已委托江西省教育厅派人前往看望慰问，对其行为表示高度赞赏，希望他们安心治疗，祝他们早日康复。在身体康复后，教育部门将为他们组织单独考试。

7月2日，柳艳兵参加高考。

7月6日，根据考生意愿，江西省高招委决定：综合考虑考生单考成绩、高中学业水平考试成绩和高中综合素质评价情况。由南昌大学、江西财经大学分别单独录取柳艳兵。两校表示将给予免除学杂费等一系列照顾措施。

当飞行员，是柳艳兵和易政勇的一个梦想。6月11日，国家民政部紧急救援促进中心带来好消息：只要他们参加该中心的招录考试，身体测试通过，就有望公派赴美参加直升机飞行训练，成为中国第一批救援直升机飞行员。

152. 吉狄马加："姆基瓦人道主义奖"诗人

10月10日，2014南非"姆基瓦人道主义奖"在南非东开普省巴特沃斯市颁奖，中国著名诗人、文化学者、青海省委常委、省委宣传部部长吉狄马加获得该奖。

评选委员会在颁奖辞中称赞吉狄马加为艺术事业以及文化教育发展所做的杰出贡献，称他为"人民文化的捍卫者"。

此次获奖的还有巴勒斯坦首席谈判代表赛义卜·埃雷卡特等人。

吉狄马加的彝族同胞、学生吉克曲布代其领奖。

吉狄马加在书面致谢辞中感谢姆基瓦人道主义基金会授予他的荣誉。他说："我为这个世界人类多元文化的传承和保护所作出的创造性工作和贡献还非常有限……我将把这一崇高的来自非洲的奖励，看成是你们对伟大中国和对勤劳、智慧、善良的中国人民的一种友好方式和致敬。"

2007年4月16日在北京举行的中国青海湖国际诗歌节新闻发布会上，吉狄马加（中）与诗人屠岸（左）、李瑛交流的资料照片。

何俊昌 摄（新华）

吉狄马加是中国当代著名诗人，其诗集《身份》《黑色狂想曲》等作品已被翻译成多种语言，在世界30多个国家出版发行；由他倡导创办的"青海湖国际诗歌节"和"世界山地纪录片节"等国际性文化活动，已经成为当前中国与世界开展国际对话和文化交流的一个窗口。

链 接

"姆基瓦人道主义奖"是为了纪念南非著名人权领袖、反殖民与种族隔离斗士理查德·姆基瓦于1999年设立的，旨在表彰以积极眼光与最广大人民接触的国际政要、著名社会活动家和文化艺术工作者。南非前总统纳尔逊·曼德拉、前古巴国务委员会主席菲德尔·卡斯特罗、非盟前秘书长艾哈迈德·萨利姆等国际政要和南非著名演员肯·甘普等社会活动家和文化知名人士曾获得该奖项。

153. 阎连科："荒诞现实主义大师"

10月22日，卡夫卡文学奖组委会正式授予中国作家阎连科2014年度卡夫卡奖，这是卡夫卡奖成立14年来首次将该奖授予中国作家，也使阎连科成为继村上春树后，第二位获此殊荣的亚洲作家。

阎连科被誉为"荒诞现实主义大师"，在国外广受赞誉。近年来，莫言、余华、阎连科的文学作品相继在国际上获奖，反映了国际文学界对汉语写作和中国作家的重视，对此，阎连科认为，"扩大中国文学的影响力，还需要更多的作家认真低下头来写出自己的作品，其他的不要考虑太多"。

阎连科1958年出生于河南嵩县，1992年加入中国作家协会，1998年发表的《日光流年》是他创作生涯第一个高峰，2003年发表长篇小说《受活》轰动文坛，成为他的代表作。近年来，他的作品一般先在法国出版，每年一本，已有七八本，然后再被翻译成英文在其他地区出版，比如他的《四书》在法国出版后，英

2011年10月21日，阎连科（右二）与其他获奖作者在首届"惠生·施耐庵文学奖"颁奖典礼上合影。

骆忠明 摄（新华）

译本随后在美国、英国和澳大利亚出版。

阎连科同时也是一个极具争议的作家，不少评论家批评他的作品内容充满各种性狂欢，妖魔化知青、丑化中国知识分子和农民等。他的作品由于经常触及中国审查制度的底线，所以屡屡遭禁。

他以超凡奇诡的想象、无与伦比的冷峻与深刻，刻画了一个“政治人”痴情而迷乱的人生追求，剖示了纷繁复杂的政治生活和社会生活的本质和本源，堪称中国当代文学“狂想现实主义”的奠基之作。小说虚构了一个叫受活庄的地方，这是一个遗世独立、鲜为人知的村落，所有村民都天生残疾，视健全者为另类。

《日光流年》如从荒野悄然走进读者视野的一个村夫。因着乡野，反有许多生命的本真，让人喜悦，让人诧异，让人面对土地与生命长说短论时，怀着醒透的感伤。在我的写作中，《日光流年》是争议最小的一部书，是好言偏多的一曲长调，之所以它有着一口的称许，我想，那是因为我终于可以以我的生命去面对生命，以我的灵魂去面对灵魂。只要是爱，只要真诚，哪怕是雷雨对土地的撞击，稼禾对干旱的恶言，细草对沙漠愚呆的顿念，其实也都是眷亲的爱恋，是一个生命对另一个生命的奉赠，一种生命对另一种生命的情仇疼痛。

链　接

卡夫卡奖由弗兰茨·卡夫卡协会和布拉格市政府于2001年设立，历届获奖者均为世界级作家，奖金为1万美元。他们是菲利普·罗斯、伊万·克里玛、彼得·纳达斯、耶利内克、哈罗德·品特、村上春树、博纳富瓦、卢斯蒂格、彼得·汉德克、哈维尔、约翰·班维尔、达妮埃拉·霍德罗娃和西摩司·奥兹，耶利内克和品特后来都获得了诺贝尔文学奖。

154. 内蒙古军区维和运输队：责任之旅

2014年11月，内蒙古军区第七批赴维和运输大队出发奔赴非洲。在此之前，运输部队已经安全行驶了近800万公里，相当于绕地球赤道200圈，运输物资相当于6000多节火车皮载货量。

该大队自2014年9月组建以来，200多名官兵针对任务区埃博拉疫情肆虐的世纪，科学制订训练计划，完成了执行维和任务的各项准备。他们11月从北京出征，分两个批次赴利比里亚执行为期8个月的维和运输任务。

11月16日，中国第十七批暨内蒙古军区第七批赴利比里亚维和运输大队官兵在出征仪式上。

李任滋 摄（新华）

从2006年4月到2014年3月，以内蒙古军区汽车团为主的维和运输大队，连续6批执行了赴非洲利比里亚维和任务。在非洲的6次维和任务期间，运输部队官兵们顽强拼搏、连续奋战，克服了环境艰苦、局势动荡、任务繁重、气候炎热多雨、道路泥泞坎坷等重重困难，坚持一流标准，圆满完成了维和任务。

自1990年起，中国开始参与联合国在非洲的维和行动。赴利比里亚执行维和运输任务，是军委总部和北京军区赋予内蒙古军区严肃的政治任务。内蒙古维和运输队在执行任务期间，通过国际维和的窗口展示了中国良好的国家形象。他们的奉献精神和严明纪律成为联合国驻利比里亚特别代表团维和部队的典范，收到了利比里亚各界的高度赞誉，全体官兵均被联合国授予和平荣誉勋章。

2007年，时任国家主席胡锦涛在利比里亚进行国事访问期间，专门视察看望维和官兵，并给予了高度评价。这是中国人民解放军历史上首次在国外接受中国国家元首的检阅。

155. 张纪清：江阴好人“炎黄”

11月20日下午6点多，江阴市祝塘镇敬老院院长突然接到张家港市警方的电话。电话里称，有一个叫“炎黄”的老人，晕倒在张家港市邮政局，目前正在医院医治。

早在1987年6月28日，祝塘镇政府收到“炎黄”最早一笔1000元的汇款，留言是用作镇里幸福院（即后来的敬老院）的建设，汇款地址是无锡市汉昌路1439号。“1000元在当时可不是小数目，相当于一个城镇职工两年的收入。”现任祝塘镇党委委员的徐向东，当时还是一名宣传干事。当看到这张汇款单时，徐向东凭着职业的敏感，决定要去找这个名叫“炎黄”的好心人。徐向东赶到无锡市汉昌路。“路名是对的，可路号错了，当时的汉昌路根本没有1439号。”

此后，祝塘镇几乎每年都会收到署名为“炎黄”或“黄炎民”的人的汇款，地址则是千变万化，有“无锡”，也有“张家港”“上海虬江路”等。27年间，祝塘镇敬老院多次尝试寻找，但名字是化名，地址也对不上。

徐向东说，就在20世纪90年代中期，感动于“炎黄”的善举，江阴人开始大规模寻找“炎黄”。其间，“炎黄”用公用电话联系过《江阴日报》，称他只是普通人，做了应该做的事，大家的好意他知道，但希望大家不要再继续找寻他，他会继续这样做下去。“有一次，‘炎黄’还被评为江阴好人，但因为找不到他，我还代表祝塘镇上台领回了这个奖。”徐向东说。

推开医院病房的门，眼前的人让徐向东很意外：“炎黄”真名叫张纪清，是徐向东岳母同事的丈夫。徐向东结婚时，他还打过电话表示祝贺。可转念一想，徐向东觉得一切都在情理之中，因为张纪清是出了名的乐善好施。

“唉，都怪我身体不好晕倒了，让你们给‘抓’住了。”张纪清说。当天，他在张家港市邮局向云南鲁甸灾区汇款。刚汇完款，他就因病晕倒，赶来的民警第一时间将老人送到医院抢救。民警发现，老人身上没有身份证和手机，只有随身携带的3张汇款单据，上面的汇款人写着“炎黄”和“黄炎民”。

图为江阴好人“炎黄”张纪清。

张纪清老人说：“我是放牛娃出身，是国家和社会让我过上了好日子，我想把这种感恩化作实实在在的行动。”其实他很早就开始捐款捐物，只是到1987年才真正化名“炎黄”。

“1987年6月28日，我第一次化名‘炎黄’，用‘无锡汉昌路1439号’这个假地址向祝塘镇党委汇款1000元，请其转交给正在筹建中的祝塘幸福院。”之所以当时化名“炎黄”，张纪清解释说，中国人都是炎黄子孙，助人为乐、济贫帮困是传统美德。“用化名和假地址，就是怕人找到。帮助人只是自己的事，不想因此出名而让受助人留下感恩回报的心理负担。”

整整27年，为了不露“马脚”，张纪清每次去汇款，都会选择去无锡、张家港、上海等地的邮政储蓄银行。

张纪清的老伴黄琴芬告诉记者，张纪清喜欢独来独往，前几年身体好的时候经常去中西部贫困地区走动，说是去“旅游”，其实是为后面的捐款捐物“打前站”，确保自己捐出的钱物能送到真正需要的人手中。

156. 吴亚琴、马善祥：“时代楷模”

11月28日，中央宣传部在中央电视台向全社会公开发布“时代楷模”吴亚琴和马善祥的先进事迹。

吴亚琴是吉林省长春市宽城区团山街道长山花园社区党委书记、居委会主任，她20年如一日，模范履行基层党组织带头人职责，创新基层思想政治工作方式方法，探索化解社会矛盾有效途径，竭尽全力为群众谋幸福，帮助群众解决了大量实际困难，用自己的行动诠释了共产党员的崇高理想和价值追求，受到当地干部群众的广泛赞誉。马善祥是重庆市江北区观音桥街道“老马工作室”负责人，从事基层群众工作26年，他始终把为基层群众服务视为终生事业，在推动解决实际问题的过程中，引导人们用社会主义核心价值观认识分析问题、正确看待利益关系，为

11月28日，中共中央宣传部在北京向全社会公开发布“时代楷模”吴亚琴、马善祥的先进事迹。在央视演播大厅内，吴亚琴（右二）、马善祥（左二）获颁“时代楷模”荣誉证书。

张玉薇　摄（新华）

促进人际和善、邻里和睦、社会和谐发挥了重要作用，赢得了当地干部群众的信任和赞誉。他创造的“老马工作法”，为加强和改进基层思想政治工作提供了有益经验。

吴亚琴和马善祥的先进事迹经新闻媒体广泛报道后，在全社会引起热烈反响。很多基层干部和思想政治工作者一致认为，他们的先进事迹和崇高精神，展现了对党忠诚、信念坚定的政治品格，扎根基层、服务群众的高尚情怀，敢于担当、干事创业的拼搏精神，恪尽职守、敬业奉献的务实作风，生动诠释了培育和践行社会主义核心价值观的要求，不愧为广大基层社区工作者的优秀代表，不愧为基层思想政治工作创新的杰出典范。大家纷纷表示，要向吴亚琴和马善祥学习，以这些“时代楷模”为榜样，坚定理想信念，立足基层一线，全力做好本职工作，自觉践行社会主义核心价值观，汇聚起全面深化改革、全面推进依法治国的强大正能量。

157. 邵逸夫：影视大亨、慈善大家

1月17日清晨，香港电视广播有限公司荣誉主席邵逸夫在香港家中安详离世，享年107岁。

邵逸夫原名邵仁楞，号逸夫。1907年生于浙江宁波镇海的一个富商家庭。邵家八兄弟姐妹中，他排行第六，旧上海时代人称“邵老六”，来港后尊称“六叔”。

1958年，邵逸夫与三哥邵仁枚成立邵氏兄弟（香港）有限公司，并任总裁。此后近30年间，邵氏共推出电影逾千部——黄梅调影片、功夫片、鬼片、清宫片乃至贺岁片，邵氏把每种类型电影都拍到了极至，《江山美人》《梁山伯与祝英台》与《独臂刀》等都叫好又叫座，并为香港电影商业片格局打下基础。最终，“邵氏出品，必属佳品”这句宣传语也成了影迷对于邵氏电影的至高评价。

邵氏电影捧红巨星无数，林黛、乐蒂、凌波、郑佩佩、王羽、姜大卫、狄龙、刘家辉……邵氏雄踞香江影坛数十载，仰仗的最重要资源就是这些耀眼明星。在每一个类型片种中都有当家巨星，让邵氏的光辉持久四射。

香港无线电视，也就是众所周知的TVB，于1967年成立，邵逸夫是创办公司董事之一。1980年，邵逸夫以最大私人股东身份掌舵TVB，一干就是31年。

在邵逸夫治下的 TVB 是真正的“星工场”。1971 年开始的无线艺员训练班，不只为电视台，也为整个香港演艺圈输送了大量中坚人才。周润发、周星驰、梁朝伟、刘德华、郭富城和刘嘉玲等巨星，都是训练班走出的名学生。

1994 年 5 月 2 日，浙江大学举行仪式，将该校第一个名誉博士学位授予邵逸夫爵士。

谭进　摄（新华）

而 TVB 制作的节目尤其是剧集，影响力遍及华人社会，创造了一代电视王国的光辉岁月。《千王之王》《上海滩》《万水千山总是情》《射雕英雄传》《我本善良》《大时代》等经典剧集风靡华人世界，也为香江捧出大批红星。邵逸夫“钦点”的歌坛“四大天王”品牌，一经塑造，光环至今不衰。

TVB 主办的一年一度选美盛事“香港小姐”，广受关注，也推出了不少明星，如赵雅芝、张曼玉、李嘉欣及袁咏仪等。TVB 不仅多年来占据香港收视领先地位，更是香江文化不可分割的组成部分。

1973 年，邵逸夫基金成立，宗旨是支持促进教育、医疗和艺术事业。邵逸夫基金在内地捐建大学、中学、小学、职业技术学校、师范学校、特殊教育学校等项目，包括图书馆、教学楼、科技楼、体育馆、艺术楼、学术交流中心等，遍布全国 31 个省（区、市）。近年来，邵逸夫基金重点支持了中西部大中小学的教育设施建设。每当内地一些省份遭受自然灾害时，也能看到邵逸夫基金的身影。

2002 年，邵逸夫基金还创立了被誉为“东方诺贝尔奖”的邵逸夫奖，表彰在天文学、生命科学与医学及数学科学方面有卓越成就的科学家。

邵逸夫生前接受采访时曾说：“中国要强大，教育太重要了。我看到国家教育事业在进步，心里很高兴呀！我的捐款重点在教育，培养人才，做些实际的事情，这是我最大的心愿！”

邵逸夫是影视大亨，“有华人的地方就有邵氏影视”。他是慈善大家，遍布中国的“逸夫楼”承载无数人的求学记忆。他更是传奇，百年的付出缔造了载入史册的文化帝国，慷慨的捐赠救济了众生也成就了慈善大家。

158. 马万祺：矢志此生随祖国

5月26日18时，杰出的社会活动家，著名的爱国人士，澳门工商界知名人士，中国共产党的亲密朋友，中国人民政治协商会议第八届、九届、十届、十一届全国委员会副主席，中华文学基金会会长，澳门中华总商会永远会长，澳门镜湖医院慈善会永远主席，澳门大华行投资有限公司董事长马万祺先生因病在北京逝世，享年95岁。

马万祺先生是澳门知名实业家、工商界知名人士。他早年经营粮油食品及土产批发生意。20世纪50年代，在澳门从事房地产业和工业投资，同时经营进出口贸易，发展与内地的经贸活动，在澳门经营国货并转口东南亚、美洲等地。他担任澳门中华总商会会长26年，并被推举为永远会长，长期致力于加强和扩大澳门工商界团结，关心和维护工商界合理权益，为推动澳门经济发展作出了积极贡献，受到澳门工商界人士的广泛好评和尊重。

马万祺

新华社发

马万祺先生是著名的爱国人士，中国共产党的亲密朋友。从青年时代起，他就积极投身爱国事业，为支持内地抗战，迎接新中国诞生，做了大量有益的工作。1998年，他出任澳门特别行政区筹备委员会副主任委员，在参与筹建澳门特别行政区政府过程中，频繁奔走于澳门与北京之间，主持各种会议，出席重要活动，听取和反映澳门各界人士的看法和意见，参与制定各种议案和政策，为筹组特区政府呕心沥血，为澳门平稳过渡和顺利回归，作出了重要贡献。澳门回归祖国后，他运用自己的社会影响力，全力支持特别行政区行政长官和特别行政区政府依法施政，为实施“一国两制”“澳人治澳”、高度自治的方针，保持澳门繁荣稳定作出了新的贡献。几十年来，他始终如一地坚持爱国爱澳立场，坚持不懈地投身爱国爱澳事业，堪称楷模，受到党和国家领导人的高度肯定，在与中央几代领导人的长期交往中，结下了深厚的友谊。

马万祺先生是杰出的社会活动家。新中国成立后，在澳门与内地相关的一些重大问题上，他积极奔走协调，发挥了重要作用。在出任澳门立法会议员期间，他深入民间，体察民情、反映民意，全力维护澳门同胞的合法权益。他长期担任全国政协领导职务，热心人民政协工作，积极参与国家大政方针和重要事务的协商，为祖国改革开放和现代化建设事业积极建言献策，为坚持和完善中国共产党领导的多党合作和政治协商制度，为推动澳门地区全国政协委员参政议政、发展壮大爱国爱澳力量、促进澳门与内地的交往与合作作出了积极贡献。

马万祺先生热心澳门和内地的慈善公益事业，不遗余力地支持国家的教育、医疗、文化和赈灾扶贫事业。他倾力资助澳门最大的民间慈善医疗机构——镜湖医院，以及澳门东亚大学、濠江中学等学校，支持筹集办校经费，关心学生素质培养，为发展澳门的教育事业倾注了大量心血。他捐资设立了“马万祺科技创新与医疗扶助基金”“大华教育基金会”“马万祺奖励基金”，奖励内地医院救治技术创新，资助高校奖学金等助学项目。他十分关心内地的赈灾扶贫工作，2003 年抗击“非典”斗争中，他积极带头并号召驻澳门的全国人大代表和各级政协委员捐款捐物，购买医疗设备，分送到北京、河北等地，还亲自写信题诗，鼓励慰问广大医务工作者。2008 年汶川特大地震发生后，卧病在床的他不仅自己带头捐款，还连同澳门地区全国政协常委发出倡议，推动澳门各界关心灾情，帮助灾区重建家园。他的善举得到了社会各界的高度评价，获得了民政部、中华慈善总会颁发的“中华慈善奖”。

马万祺先生是著名的诗人。他一生热爱文学艺术，尤其在研修中国诗词方面很有造诣。他的诗词跳动着时代的脉搏，具有很强的时代性和很高的思想性、艺术性，给后人留下了宝贵的精神财富。

马万祺先生的一生，是爱国的一生，奋斗的一生，奉献的一生。他将个人的命运融入民族复兴的历史洪流，把毕生精力都献给了国家发展进步、澳门繁荣稳定的伟大事业。他的爱国情怀和胸襟品格永远值得人们尊敬和怀念。

159. 汤一介：中国哲学问题的思考者

9月9日，著名哲学家、北大资深教授汤一介先生在北京病逝，享年88岁。汤先生一生致力于推动中国文化从传统走向现代，梳理、建构中国哲学体系，自己却不愿意被称为“哲学家”“国学大师”。

出身书香门第

汤一介1927年生于天津，出身书香门第。父亲汤用彤是久负盛名的国学大师，言传身教对子女影响很大。父亲嘱咐他的两句话“事不避难，义不逃责”成为家风，意思是勇于承担困难的事情，对合乎道义的事情敢于负责。

1947年，汤一介由先修班升入北京大学哲学系，从此一生都在读书、教书、写书、编书中度过。他因为历次的政治浩劫，与同龄人一样，耽误过做学问的大好时光。20世纪80年代，他以“知天命”之年重新焕发学术研究的活力。

引领儒学研究

20世纪80年代起，各种学术思潮涌动，整个社会掀起文化热潮。针对当时兴起的“国学热”“东方中心论”，汤一介开始就持冷静的态度。

汤一介

孙德利 摄（新华）

曾跟随汤先生读书、现在执教中国社会科学院的张广保说：“当时西学盛行，是汤先生创办的‘中国文化书院’举起文化复兴的大旗。他邀请梁漱溟、季羡林等一批儒释道大家，举办了一系列‘文化系列讲习班’，推动了文化启蒙运动。”

进入新世纪以来，汤一介将目光聚集在儒家典籍的梳理上。2003年，教育部正式批准由北大主持制订、汤一介为首席专家的“《儒藏》编纂与研究”方案。整个项目涵盖历史上儒家主要文献，包括历代学者研究著作等，还包括受儒家文化深刻影响的韩、日、越三国用汉文著述的主要著作。十年来，《儒藏》系列已出版百册“精华编”，吸纳四国大约500名学者。

沉静儒者本色

“生活中的汤先生是位沉静内敛、为人平和的老人。”他的学生、青年学者杨浩回忆说，先生不抽烟，不喝酒，不爱应酬和闲谈，生活起居十分规律和简单。他的书房除了窗户和门，两面墙都是书，从地板一直摞到天花板。他的妻子乐黛云也是一位令人敬重的学者，对学生非常和善。

张广保回忆，汤先生晚年身体状况时好时坏，但意识一直很清醒，思维敏捷、谈吐睿智。在一次春节聚会上，他对我们说，不希望人们用“国学大师”称呼他。因为他认为“大师”应该有一个思想的理论体系，而自己只是中国哲学问题的一个思考者。

160. 师昌绪：材料之父

国家最高科技奖获得者、中国科学院院士、中国工程院院士、著名材料科学家师昌绪因病医治无效，于2014年11月10日在北京逝世，享年96岁。

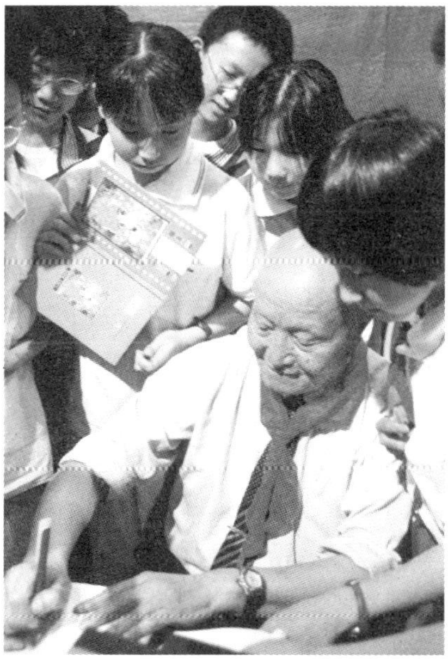

1998年，师昌绪在学校作报告后为学生们签名。

新华社发

师昌绪1918年11月15日出生于河北徐水。1945年毕业于国立西北工学院，1948年9月赴美求学，1952年6月获冶金博士学位。1951年，在朝鲜战争爆发之后，美国政府明令禁止学习理工、医学学科的中国留学生离开美国回国。1955年6月，美国政府在各方的压力下，被迫按照日内瓦谈判达成的“以美国空军战俘换回中国学者”为条件，同意一些中国留学生回国，其中就有师昌绪。

回到祖国的师昌绪被分配到了沈阳中科院金属研究所工作。当时，高温合金是航空、航天与原子能工业发展中必不可少的材料。他从中国既缺镍无铬，又受到资本主义国家封锁的实际出发，提出大力发展铁基高温合金的战略方针，研制出我国第一个铁基高温合金。

20 世纪 60 年代，我国战机发动机急需高性能的高温合金叶片，师昌绪率队研制的铸造九孔高温合金涡轮叶片，解决了一系列技术难题，使我国航空发动机涡轮叶片由锻造到铸造、由实心到空心迈上两个新台阶，成为继美国之后第二个自主开发这一关键材料技术的国家。

多年来，师昌绪致力于材料科学研究，在高温合金、合金钢、金属腐蚀与防护等研究领域取得了丰硕成果，主持研制出多项国家急需的战略材料及部件，丰富和发展了凝固理论、相变理论、性能评价方法；引领和推动了我国纳米科学技术、碳纤维、金属腐蚀与防护、生物医用材料、镁合金等学科的快速发展；造就和培育了大批材料与工程科学的杰出人才，为推动我国科技事业发展作出了重大贡献。

师昌绪曾说："我们这一代人在被列强欺凌的旧社会长大，留学美国后冲破一切阻碍回国，一干就是几十年无怨无悔，就是抱着一个强国的梦想。"

161. 邹碧华：改革法官　砥砺前行

12 月 10 日，上海市高级人民法院副院长邹碧华在赴徐汇区法院参加司法改革座谈会途中突感不适，送院抢救但终告不治，年仅 47 岁。他去世后，社会各界以各种方式悼念，纪念文字铺满多家媒体，这种公共舆论图景被称为"邹碧华现象"。

1988 年，邹碧华从北京大学法律系毕业后进入法院系统。2012 年 11 月起，任上海市高院党组成员、副院长、审判委员会委员。邹碧华在法律业务上持之以恒地学习钻研，将审判实务和理论研究结合。除了在核心期刊上发表 20 多篇论文，他还主编或撰写了《公司法疑难问题解析》《中国法官助理制度改革研究》《法庭上的心理学》等十多部著作。其中《要件审判九步法》成为全国民事法官和律师办案的重要指引，很多一线法官评价此书"逻辑清晰、思路严密，审判时按图索骥，大大提高了办案效率"。还有人戏称，要件审判九步法是"法庭上的独孤九剑"。

邹碧华一直致力于法律共同体建设。2010 年，他在担任上海市长宁区法院院长时，长宁法院出台了《法官尊重律师十条意见》，引发律师界震动。他坚持每天亲自阅批群众来信，曾在短短 4 个月内阅批各类群众来信 106 封；坚持每周四接待来访群众；坚持利用周末或下班时间上门看望上访老户，进行有针对性的化解工作。只要有时间，他就亲自阅看卷宗、亲自研判案情、亲自主持制订化解方案、亲自推进落实化解措施。他指导或参与审理了上海社保基金追索案等一大批在全国具有重大影响的案件。曾当选“上海市十大杰出青年”、首届“全国审判业务专家”、第三届“上海市优秀中青年法学家”。

2013 年 9 月 29 日，邹碧华（左一）在上海市的居民区会见一起案件当事人。 新华社发

在长宁法院担任院长期间，邹碧华曾大力推行法院效率管理试点，率先研发执行流程、信访、工作台账等信息管理系统。担任上海市高院副院长后，他在全国法院首创案件权重系数理论，设计多项审判管理评估指标，为进一步健全科学评估体系突破瓶颈。

从成为法官的第一天起，邹碧华就恪守着“做一个有良知的法官”的承诺，他把自己称为“庭前独角兽”，为追求公正，他敢于做第一个吃螃蟹的人，开创未成年人起诉亲生父母先例；为追求公正，他旗帜鲜明地为改善律师执业环境呼吁；为追求公正，他把学习作为毕生事业，成为当代中国“学者型法官”的杰出代表。邹碧华是法治时代的公正法官，同时也是改革时代的先行者，他公正为民、忠诚敬业、勇于创新、敢于担当的精神敲击出这个时代的最强音，也激励着后来者不断前行。

第六编　年度大事

1月

1日　最高人民法院决定在全国法院正式实施量刑规范化工作。

5日　18时45分，著名配音表演艺术家李梓在上海去世，享年84岁。

6日　国家铁路局揭牌并开通政府网站（http：//www. nra. gov. cn），标志着国家铁路局组建顺利推进。

7日　香港电视广播有限公司荣誉主席，邵氏兄弟电影公司创办人之一邵逸夫在香港逝世，享年107岁。

8日　由中华医学会主办、扬子江药业集团协办、中华医学科技奖2013年获奖项目在北京揭晓，共有86项医学科研成果获奖。

9日　人民日报报道：清华简第四辑整理报告《清华大学藏战国竹简（肆）》日前在清华大学发布，两个重要成果引人注目：第一次发现完整的“帛书”与发现了最早的“计算器”。第四辑整理报告收入了一篇题作《算表》的清华简文献，数学史专家认为是目前发现最早的实用算具。

10日　中共中央、国务院在北京举行国家科学技术奖励大会。中国科学院院士、中国科学院大连化学物理研究所张存浩，中国科学院院士、中国人民解放军总装备部程开甲获得2013年度国家最高科学技术奖。由军事医学科学院贺福初院士领衔的蛋白质组学创新团队荣获2013年度国家科技进步奖创新团队奖。

10日　中国政府网发布《国务院办公厅转发财政部关于调整和完善县级基本财力保障机制意见的通知》，标志着2010年启动的县级基本财力保障机制由解决财力缺口问题，转向解决财力均衡问题的新阶段。

11日　人民日报报道：国务院对山东省青岛市“11·22”中石化东黄输油管道泄漏爆炸特别重大事故调查处理报告作出批复，同意国务院事故调查组的调查处理结果，认定是一起特重大责任事故；同意对事故有关责任单位和责任人的处理建议，对48名责任人分别给予纪律处分，对涉嫌犯罪的15名责任人移送司法机关依法追究法律责任。国务院责成山东省人民政府、中石化集团公司向国务院作出深刻检查，责成青岛市人民政府向山东省人民政府作出深刻检查。

12日　3名潜水员圆满完成我国首次300米饱和潜水海底出潜探摸作业。中国由此具备了人工潜入300米深海底的能力。这表明中国可以在更大的深度下，开展复杂的水下安装、抽油、抢险打捞作业，可增强我国大深度水下各类应急抢险和环境救助能力，提高应对我国东海、南海及经济专属区政治、经济等紧急事件发生的能力。

14日　光明日报报道：北京大学量子材料中心、量子物质科学协同创新中心的江颖课题组和王恩哥课题组合作，在水科学领域取得重大突破，在国际上首次实现了水分子的亚分子级分辨成像，使得在实空间中直接解析水的氢键网络构型成为可能。这一科研成果已于1月5日在世界权威科学杂志《自然—材料学》上在线发表。

24 日 中共中央政治局召开会议，研究决定中央国家安全委员会设置。会议决定，中央国家安全委员会由习近平任主席，李克强、张德江任副主席，下设常务委员和委员若干名。

26 日 教育部公布《关于进一步做好小学升入初中免试就近入学工作的实施意见》。

29 日 人民日报报道：我国科学家拍摄到雷暴天气中球状闪电的视频，并记录下光谱。这被认为是迄今为止自然界球状闪电的首次科学记录。

30 日 人民日报报道：近日，国家安全监管总局公布《食品生产企业安全生产监督管理暂行规定》。《规定》的出台，填补了我国食品生产企业安全生产监督管理法规规章的空白。

2月

7 日 国务院常务会议召开，决定合并新型农村社会养老保险和城镇居民社会养老保险，建立全国统一的城乡居民基本养老保险制度。

8 日 零时 14 分，第二十二届冬季奥林匹克运动会在俄罗斯索契隆重开幕。国家主席习近平应俄罗斯总统普京邀请出席开幕式，我国派出了共 138 人的代表团，65 名选手参加 4 个大项、9 个分项、49 个小项目比赛。13 日，索契冬奥会短道速滑女子 500 米决赛中，中国选手李坚柔以 45 秒 263 的成绩轻松获得第一名，为中国队夺得了本届冬奥会上的首枚金牌。速度滑冰女子 1000 米决赛中，中国选手张虹以 1 分 14 秒 02 获得冠军，为中国速度滑冰摘取冬奥历史上第一枚金牌。15 日，索契冬奥会短道速滑女子 1500 米比赛中，中国选手周洋以 2 分 19 秒 140 的成绩获得冠军，成功实现了自己在这个项目上的卫冕。

8 日 我国南极泰山站正式建成并开站，这是我国继长城站、中山站和昆仑站之后建成的第四个南极科考站，也是第二个南极内陆站，其位于东南极内陆冰盖腹地，海拔 2621 米，年平均温度零下 36.6 摄氏度，距离中山站 522 公里，距离昆仑站约 600 公里。

14 日 人民日报报道：水利部等十部门联合印发《实行最严格水资源管理制度考核工作实施方案》，对考核组织、程序、内容、评分等做了明确规定，这标志着我国全面启动最严格水资源管理考核问责。

15 日 第六十四届柏林电影节颁奖晚会举行。刁亦男导演的《白日焰火》获得最佳影片金熊奖，该片主演廖凡获得最佳男主角银熊奖。另一部中国电影《推拿》也获得了最佳摄影艺术贡献奖。

17—21 日 省部级主要领导干部学习贯彻十八届三中全会精神全面深化改革专题研讨班在中央党校举办。

17 日 人民日报报道：2014 年“世界最美的书”评选近日在德国莱比锡揭晓。其中，由“中国最美的书”评委会选送的两部作品《刘小东在和田 & 新疆新观察》和《2010—2012 中国最美的书》分别荣获铜奖和荣誉奖。这也是我国图书参评该奖以来首次获得两个奖项。

18 日 著名文艺家莎莱（解放战争时期《白毛女》中喜儿的扮演者）因病在武汉协和医院病逝，享年 91 岁。

19 日 福建省农业科学院宣布，该院刘波团队从秦始皇兵马俑一号坑土壤分离的 FJAT—13831T 菌株，是世界上首次发现的一种地球微生物——芽孢杆菌属新种，命名为兵马俑芽孢杆菌。这一发现为人类开发利用芽孢杆菌提供了新途径。

23日 第二十二届索契冬奥会在俄罗斯索契闭幕，为期17天。东道主俄罗斯队以13金9银11铜的成绩位于金牌榜首位，挪威队和加拿大队分列第二、三位。中国队获3金4银2铜，排在金牌榜第十二位。

24日 国家统计局公布了《2013年国民经济和社会发展统计公报》，公报首次发布了城乡统一的居民收入数据：2013年全国居民人均可支配收入为18311元，比上年增长10.9%，扣除价格因素实际增长8.1%。

27日 人民日报报道：在秦俑一号坑第三次发掘中，在靠近坑壁北沿的过洞中清理发现了一件弓弩，其最易损毁的弓弦清晰可见，整体保存较完整，这在秦兵马俑考古史上尚属首次。

27日 人民日报报道：国务院印发《关于建立统一的城乡居民基本养老保险制度的意见》，部署在全国范围内建立统一的城乡居民基本养老保险制度，提出到“十二五”末，在全国基本实现新农保和城居保制度合并实施，并与职工基本养老保险制度相衔接；2020年前，全面建成公平、统一、规范的城乡居民养老保险制度，与社会救助、社会福利等其他社会保障政策相配套，充分发挥家庭养老等传统保障方式的积极作用，更好保障参保城乡居民的老年基本生活。

27日 十二届全国人大常委会第七次会议经表决通过了两个决定，分别将9月3日确定为中国人民抗日战争胜利纪念日，12月13日设立为南京大屠杀死难者国家公祭日。

28日 人民日报报道：国务院总理李克强签署国务院令，公布《社会救助暂行办法》。《办法》共13章70条，自2014年5月1日起施行。这是我国第一部统筹各项社会救助制度的行政法规。

3月

1日 人民日报报道：由清华大学程京院士领衔的生物芯片研究团队研制的世界上第一款遗传性耳聋基因检测芯片，即全球首张耳聋基因芯片应用取得新成果，北京等地众多被检测出携带耳聋基因的新生儿，将可避免“一针致聋”。

1日 商务部网站发布消息，据世界贸易组织秘书处统计，2013年中国已成为世界第一货物贸易大国。2013年我国货物进出口总额为4.16万亿美元，其中出口2.21万亿美元，进口1.95万亿美元。这是100多年来发展中国家首次成为世界货物贸易冠军，也是中国继成为全球第二大经济体、最大外汇储备国和最大出口国之后又一突破。

7日 第十一届冬季残疾人奥运会在俄罗斯城市索契开幕。

8日 凌晨，马航从吉隆坡飞往北京的MH370航班与地面失去联络，机上载有239人，包括154名中国同胞。

12日 最高人民法院发布《2010—2013年人民法院维护消费者权益状况》白皮书，同时公布了10起人民法院维护消费者权益典型案例。

14日 6时42分，“玉兔号”月球车收到正常遥测信号，成功自主唤醒。

17日 人民日报报道：近日，中共中央、国务院印发了《国家新型城镇化规划（2014—2020年）》，并发出通知，要求各地区各部门结合实际认真贯彻执行。

17 日　人民日报报道：最高人民检察院、公安部日前联合下发《关于规范刑事案件"另案处理"适用的指导意见》，对"另案处理"适用的范围、程序以及检察机关对"另案处理"适用的审查监督机制等进行了明确规范。

17 日　中韩双方在韩国京畿道坡州市启动实施在韩国中国人民志愿军烈士遗骸装殓工作。韩国曾于 1984 年至 1989 年期间经朝鲜向中国归还 42 具志愿军烈士遗骸。

19 日　人民日报报道：我国唯一具有完整自主知识产权的三代核电品牌——"华龙一号"，已由中核集团与中国广核集团合作研发设计成功，现已完成 360 项专利申请。

20 日　人民日报报道：首个《中国铁矿业中长期发展规划》编制工作近日在北京启动。

21 日　国家发展和改革委员会宣布，我国计划 2015 年底前在全国所有已通气城市建立居民生活用气阶梯价格制度，将居民用气分为三档，气价原则上按 1∶1.2∶1.5 左右的比价安排。第一档用气量，按覆盖区域内 80% 居民家庭用户的月均用气量确定，保障居民基本生活用气需求。

23 日　人民日报报道：近日，国务院正式印发《关于支持福建省深入实施生态省战略加快生态文明先行示范区建设的若干意见》。福建省成为国务院确立的全国首个省级生态文明先行示范区。

23 日　四川盆地天然气勘探获重大突破。经国土资源部审定，安岳气田磨溪区块寒武系龙王庙组新增天然气探明地质储量 4403.85 亿立方米，技术可采储量 3082 亿立方米。这是目前我国发现的单体规模最大的特大型海相碳酸盐岩整装气藏。

24 日　中国石油化工股份有限公司宣布，中国石化页岩勘探开发取得重大突破，将在 2017 年建成国内首个百亿方岩气田——涪陵页岩气田。这标志着我国页岩气开发实现重大战略性突破，提前进入规模化商业化发展阶段。

26 日　不动产登记工作第一次部际联席会议在北京召开。会议提出，推进不动产统一登记要保障不动产交易安全，保护权利人权益，用 3 年左右时间全面建立不动产统一登记制度。

30 日　中国海关博物馆开馆，免费向社会开放。

30 日　北京金隅队客场以 98∶88 击败新疆广汇队，从而以 4∶2 的总比分赢得了 2013—2014 赛季 CBA 总冠军。赛后，北京队外援莫里斯当选总决赛 MVP（最有价值球员），这是总决赛历史上首次将 MVP 这一殊荣颁给外援。

31 日　瑞典皇家科学院在斯德哥尔摩音乐厅举行颁奖典礼，清华大学教授施一公从瑞典国王卡尔十六世·古斯塔夫手中领取了 2014 年爱明诺夫奖，成为首位获得该奖的中国学者。

4 月

1 日　即日起，黑龙江重点国有林区全面停止天然林商业性采伐，标志着我国重点国有林区从开发利用转入全面保护的发展新阶段。

2 日　最高人民法院和中共天津市委召开大会，追授天津市蓟县人民法院上仓人民法院原副庭长石玉波"全国模范法官"荣誉称号。

2 日　人民日报报道：中国物流与采购联合会公共采购分会近日成立，中国公共采购网“公采通”同时正式上线运行。这是我国第一个全国性的政府采购平台，致力于及时、准确、全面发布采购信息，提供安全、高效、阳光的公共采购服务。

6日 我国首个美丽乡村省级地方标准——《美丽乡村建设规范》正式实施。

8日 第二十一届北京大学生电影节开幕。电影节评选了“二十年五佳电影和电影导演”。冯小刚、张艺谋、宁浩、黄建新、谢飞获得“二十年五佳电影导演奖”。

8日 国家文物局政务微博“中国文博”在新浪微博正式上线。

9日 中国首位男子体操世界冠军李月久入选第十八届国际体操名人堂。

12日 国内首个恶臭污染控制产业技术创新战略联盟在天津成立。

13日 人民日报报道：青海地勘人员在共和盆地成功钻获温度高达153℃的干热岩。这是我国首次发现大规模可利用干热岩资源。

14日 中国政府网发布消息：国务院正式批复《晋陕豫黄河金三角区域合作规划》，为探索区域协调发展的新机制、新路径开辟了新的篇章。

16日 中科院理化技术研究所研究员刘静带领的科研小组在印刷电子学领域取得技术突破，研发出世界首台全自动液态金属个人电子电路打印机。

16日 人民日报报道：由西藏藏医学院古籍文献整理课题组搜集整理、西藏人民出版社编辑出版的《中国西藏医药影印古籍珍本》丛书日前正式与读者见面，成为我国最大的藏医药学古籍抢救类出版项目。

16—23日 第四届北京国际电影节举办。章子怡凭《一代宗师》“宫二”一角再拿影后；加拿大、印度合拍电影《寻子记》获得最佳影片；王家卫凭《一代宗师》斩获最佳导演；法国演员纪尧姆·古依凭《声梦奇遇》获得影帝。

17日 新浪公司宣布，旗下微博业务正式登陆纳斯达克，成为全球范围内首家上市的中文社交媒体。

22日 中国政府网公布《国务院关于清理国务院部门非行政许可审批事项的通知》，要求将面向公民、法人或其他组织的非行政许可审批事项取消或依法调整为行政许可，将面向地方政府等方面的非行政许可审批事项取消或调整为政府内部审批事项，不再保留“非行政许可审批”这一审批类别。

22日 我国自主研制的首台4500米级深海遥控无人潜水器作业系统“海马号”，在南海完成海上试验，并通过海上验收。这是我国深海高技术领域继“蛟龙号”之后的又一标志性成果，标志着我国掌握了大深度无人遥控潜水器的关键技术，并在关键技术国产化方面取得实质性进展。

23日 人民日报报道：昆明铁路局推出全国首个铁路货运微信服务平台，推动货运服务进入“掌上时代”。

23日 位于北京市东城区美术馆东街的三联韬奋书店24小时书店正式挂牌营业。

24日 人民日报报道：国家信访局近日印发《关于进一步规范信访事项受理办理程序引导来访人依法逐级走访的办法》。《办法》自5月1日起施行。

24日 十二届全国人大常委会第八次会议表决通过了修订后的环境保护法，自2015年1月1日起施行。

28日 人民日报报道：国产ARJ21—

700新支线飞机“104”架机，在北美圆满完成自然结冰试验试飞后今天安全返回西安阎良。这是中国首款自主研制的涡扇喷气支线客机首次在海外开展试验试飞。

29日 中国和瑞士双方在北京互换了《中国—瑞士自由贸易协定》的生效照会。按照《协定》生效条款有关规定，《协定》于2014年7月1日正式生效。

5月

7日 “中国种业十大功勋人物”在北京揭晓，袁隆平、李振声、李登海、郭三堆、张海银、傅廷栋、方智远、谢华安、程相文、程顺和等10人获得改革开放以来“中国种业十大功勋人物”殊荣。

8日 上海交大一科研团队宣布，首次发现脊髓胰高血糖素样肽—1（GLP—1）受体可产生有效镇痛作用，成为治疗慢性疼痛的新潜在性镇痛靶点分子。该成果发表于当期国际神经科学权威性杂志《神经科学杂志》上。

14日 国家卫生计生委发布首个《中国家庭发展报告》，指出中国约有4.3亿户家庭。有65岁以上老人的家庭已超过8800万户，占全国家庭户的比重超过20%，给家庭养老带来挑战。

15日 全国妇联在北京举行“最美家庭”揭晓暨五好文明家庭表彰会。100户家庭被推选为全国“最美家庭”，230户为全国“最美家庭”提名家庭。

15日 中国商飞公司C919大型客机前机身大部段在江西南昌中航工业洪都成功下线，这是国产大型客机研制过程中即将交付的首个大部段。其顺利下线标志着大型客机项目所有机体部段的下线和交付工作正式开始，为2014年下半年首架飞机的机体对接奠定坚实基础。

15日 为期5天的第十届中国（深圳）国际文化产业博览交易会在深圳会展中心开幕。会上揭晓了第六届中国“文化企业30强”名单，本届“30强”企业净资产首次突破了2000亿元。

15日 国务院公布《事业单位人事管理条例》，自2014年7月1日起施行。这是中国第一部系统规范事业单位人事管理的行政法规。条例规定，事业单位新聘用工作人员，应当面向社会公开招聘；事业单位与工作人员订立的聘用合同，期限一般不低于3年；事业单位及其工作人员依法参加社会保险，工作人员依法享受社会保险待遇；建立事业单位工作人员工资的正常增长机制。

18日 上海崧泽遗址博物馆正式开馆，首次被复原的“上海第一人”公开“亮相”。2004年春天，考古学家在崧泽遗址发现了马家浜文化时期的7座墓葬，其中一座俯身墓葬中的头骨保存较为完好，通过先进的成像技术，“上海第一人”的相貌被复原。

20日 “山东国税出口退税服务平台”政务公众微信面向社会推出，这是中国第一个官方出口退税政务公众微信平台，该平台可以为纳税人提供退税申报提醒、出口退税政策解答等各种服务。以微信为代表的技术手段运用，成为当前各地税务机关千方百计提高办税效率、加快退税进度的缩影。

20—26日 中俄“海上联合—2014”军事演习在上海吴淞海军军港举行。20日，习近平同普京一起出席“海上联合—2014”中俄海上联合军事演习开始仪式并看望两国海军官兵代表。

21日 中俄两国政府间《中俄东线天

然气合作项目备忘录》、中国石油天然气集团公司和俄罗斯天然气工业股份公司间《中俄东线供气购销合同》在上海签署。根据双方商定，从2018年起，俄罗斯开始通过中俄天然气管道东线向中国供气，输气量逐年增长，最终达到每年380亿立方米，累计30年。

6月

4日 国内首家机场博物馆在上海浦东国际机场T2国际出发候机厅正式开馆。

5日 湖北省送变电工程公司带电作业队圆满完成极Ⅱ小号侧破损合成绝缘子更换全国首次大型带电作业任务，填补了中国在特高压直流线路带电作业技术领域的空白。

6日 贵州省公安厅生态环境保卫总队、环保厅环境监察局联动执法办公室揭牌仪式在贵阳市举行，这是全国在省级层面成立的第一家生态环保联动执法办公室。

6日 中科院古脊椎动物与古人类研究所汪筱林研究员、巴西国家博物馆亚历山大·凯尔纳等古生物学家组成的国际合作研究团队，在6月5日在线出版的国际著名刊物《现代生物学》及印刷版上，以封面文章报道了一个重大发现——汪筱林领导的新疆哈密科考队，通过近10年的野外考察，在哈密地区发现一处新的白垩纪翼龙动物群。这一翼龙化石分布区不但是世界上已知最大和最富集的翼龙化石产地，也是目前世界上唯一一处立体保存的翼龙蛋和雌雄个体共生的翼龙化石遗址。

11日 国务院批复山东省政府，同意设立青岛西海岸新区。青岛西海岸新区位于胶州湾西岸，包括青岛市黄岛区全部行政区域，其中陆域面积约2096平方公里，海域面积约5000平方公里，具备推进陆海统筹、城乡一体、军民融合发展的独特条件。

11日 陈嘉赓科学奖、陈嘉赓青年科学奖2014年度获奖奖项和科学家在北京揭晓，6个项目8位获奖者摘得2014年度陈嘉赓科学奖，5位青年科学家分享了2014年度陈嘉赓青年科学奖。同日，第十届光华工程科技奖在北京揭晓并颁奖，中国工程院院士、91岁高龄的水利水电工程专家钱正英领取了全国工程科学技术界的大奖——光华工程科技奖成就奖，成为首位获得该奖项的女院士。

12日 考古人员在广东省云浮市郁南县和罗定市境内发现了多处旧石器遗址，采集到包括手镐、手斧在内的200余件石制品标本，年代最早至旧石器时代早期。这是广东迄今为止发现的最早的古文化遗存，与周口店的北京猿人同期，将广东已知有人类活动的时间提前了数十万年。

14日 为期9天的第十七届上海国际电影节正式开幕。本届上海国际电影节此次再度刷新历史纪录：来自100多个国家和地区的1099部影片报名参赛、1808部报名参展，400多名中外电影人争艳红毯，15部参赛影片竞逐“金爵奖”。

16日 第一张全国联网的网络发票在山东省淄博宏展文化传媒有限公司开出，这标志着金税三期网络发票管理和查验系统在山东淄博平稳上线，网络发票管理从“各自为战”走向全国“大一统”迈出坚实一步。

18日 经中国人民银行授权，中国外汇交易中心宣布在银行间外汇市场开展人民币对英镑直接交易。这是中英两国共同推动双边经贸关系进一步向前发展的重要举措。

18日 中国工商银行新加坡人民币清算行与上海自贸区分行完成首笔人民币资金拆借和人民币外汇兑换交易，两笔业务总金额约计2亿元人民币。这是新加坡市场与上海自贸区的首笔人民币资金交易业务。

22日 在卡塔尔首都多哈召开的第38届世界遗产大会上，由扬州牵头的中国大运河项目，以及由中国、哈萨克斯坦、吉尔吉斯斯坦跨国联合申报的丝绸之路项目成功入选《世界遗产名录》，成为中国第32项和第33项世界文化遗产。

23日 中国首只自发自还的地方政府债正式亮相广东，共计发行148亿元人民币，期限包括5年、7年和10年，对应的计划发行规模分别为59.2亿元、44.4亿元和44.4亿元，上述三期债券的中标利率依次为3.84%、3.97%和4.05%。通过公开招标方式，中国建设银行、中国工商银行、中国农业银行及交通银行等4家机构中标成为2014年广东省政府债券主承销商；作为首只进行评级的地方债，本次发行的广东债获得了AAA的评级。

23日 由国防科技大学研制并落户国家超级计算广州中心的天河二号超级计算机，再次荣登全球超级计算机500强排行榜榜首，以每秒33.86千万亿次的浮点运算速度获得世界超算“三连冠”。这也是天河系列超级计算机第四次问鼎世界超算之巅。

25—28日 国台办主任张志军参访台湾。这是大陆对台事务主管部门负责人65年来第一次到台湾参访。期间，张志军和台湾方面陆委会负责人就两岸关系交换看法，会见新北、高雄、台中三市市长，与台湾企业界、宗教界、农渔民、学生等各界人士座谈，倾听各种意见。

28日 和平共处五项原则发表60周年纪念大会在人民大会堂举行。习近平出席大会并发表题为“弘扬和平共处五项原则 建设合作共赢美好世界”的主旨讲话，深刻阐述和平共处五项原则的历史性贡献和重大现实意义，强调中国将继续做弘扬和平共处五项原则的表率，同国际社会一道，推动建设新型国际关系和持久和平、共同繁荣的和谐世界。

28日 8时20分左右，国宝皿方罍器身和器盖在湖南长沙“身首合一”。该器1922年被发现，后因种种原因，身首分离。方罍盖于1956年由湖南省博物馆保存至今，器身流至国外。皿方罍此次由私下洽购的方式，得以回归。

7月

1日 即日零时起，全国铁路将实行新的列车运行图。全国铁路增开旅客列车60.5对，其中，增开动车组列车53对。调整后，全国铁路开行旅客列车总数达到2447对，包括动车组列车1330对。京沪、京广、京哈高铁，石太客专，以及杭深等干线运输能力得到扩充；首次开行了成渝地区去往上海、杭州、南京、厦门、福州、武汉等方向的动车组列车；普速旅客列车品质得到提升。

2日 中国联合航空有限公司宣布，转型成为低成本航空公司，预计今后票价将比其他航空公司及中联航现有票价优惠20%—40%。中联航也成为中国首个国有低成本航空企业。

3日 即日起，中央档案馆首次在官方网站发布铃木启久等45名日本侵华战犯笔供（日文）及其中文翻译件的档案原文视频，以及战犯笔供摘要（中英文），每天发布1名战犯笔供，分45天发布完毕。

4日 抗战纪念馆邮局在中国人民抗日战争纪念馆正式营业，全国首家以纪念抗战为主题的邮局正式成立。

4日 结构生物学家施一公教授所带领的研究组在世界科学界，首次揭示了与阿尔茨海默症（俗称老年痴呆症）发病直接相关的人源γ分泌酶复合物精细的三维结构。该项成果为理解γ分泌酶复合物的工作机制以及阿尔茨海默症的发病机理提供了重要的线索，填补了相关领域的空白。6月29日，该成果在英国《自然》杂志在线发表。

4日 证监会发布《关于改革完善并严格实施上市公司退市制度的若干意见（征求意见稿）》，标志着新一轮退市制度改革正式启动。新版退市制度方案扩展了主动退市的方式，为有主动退市需求的公司提供多样化的路径选择，同时引入重大违法公司强制退市制度。对存在欺诈发行、重大信息披露违法等市场反应强烈的违法行为的公司，证监会将予以强制退市。

5日 “2014年全球出版业50强排行榜”发布，中国出版集团公司以15亿美元的收入额再次入选该榜单，排名由2013年第二十二位上升至第十四位，位居国际著名出版集团哈柏·柯林斯和施普林格之上，并在国内入选的2家出版集团中位居第一（另一家是中国教育出版传媒集团）。

8日 保监会主席项俊波与中社科院副院长李扬共同为首份《中国保险业社会责任白皮书》揭幕。《白皮书》由保监会与中国社科院企业社会责任研究中心共同编纂，结合使用传统的抽样调查方法和最新的大数据技术，首次在全国范围展开保险业社会责任评估和需求调研。

10日 国务院发布《社会信用体系建设规划纲要（2014—2020）》。这是中国第一部国家级的社会信用体系建设专项规划。

11日 中央军委在北京八一大楼隆重举行晋升上将军衔仪式。中央军委主席习近平向晋升上将军衔的军官颁发命令状。中央军委副主席范长龙宣读了6月30日中央军委主席习近平签署的晋升上将军衔命令。中央军委副主席许其亮主持晋衔仪式。这次晋升上将军衔的4位军官是：副总参谋长戚建国，沈阳军区司令员王教成、政治委员褚益民，广州军区政治委员魏亮。

14日 中国科技大学教授曾杰课题小组把金和铜结合，发明了一种光热转换效率高、催化性能好的五角星形新型纳米材料——金铜合金纳米材料。这种被称为“纳米之星”的新型材料可有效治疗小鼠乳腺癌，从而有望开辟癌症治疗的新途径。相关成果日前在《自然·通讯》在线发表。

15日 国家典籍博物馆开馆（试运行），该馆是国内首家典籍博物馆。

16日 中共中央办公厅、国务院办公厅印发《关于全面推进公务用车制度改革的指导意见》和《中央和国家机关公务用车制度改革方案》。根据指导意见，公车改革的总体目标是力争2014年年底前基本完成中央和国家机关及其所属参照公务员法管理的事业单位公务用车制度改革，2015年年底前基本完成地方党政机关公务用车制度改革，用2—3年时间全面完成公务用车制度改革。

19—25日 巴西若昂佩索阿第十八届RoboCup机器人世界杯比赛。中国科学技术大学自主研发的“可佳”智能服务机器人以领先第二名3600多分的巨大优势首次夺冠。

25 日 由中国企业参与建设的连接土耳其首都安卡拉和伊斯坦布尔的高速铁路二期工程实现全线贯通。这是中国企业在海外组织承揽实施的第一个电气化高速铁路项目，对推动中国高铁“走出去”具有重要意义。

26 日 亚洲微电影艺术节在北京颁发最具影响力人物等奖项：丁荫楠等 10 人获得亚洲微电影艺术节最具影响力人物奖，王馥荔等获亚洲微电影十大新闻人物奖，创建中央新影国际微电影频道联盟等新闻获得亚洲微电影十大新闻奖。

28 日 经中央军委主席习近平批准，由解放军总参谋部、总政治部、总后勤部、总装备部制定的《军队奖励和表彰管理规定》印发全军和武警部队，并将于 8 月 1 日起施行。这是我军首都将奖励和表彰两种褒扬形式作为整体进行系统规范的专门法规。

29 日 广州白云机场综合保税区（一期）封关仪式在广州空港物流园内举行，标志着广东首个综合保税区正式封关运作。入驻园区的企业将享受到税收、海关监管、加工贸易等多方面的优惠政策。

30 日 北汽男排球员王琛正式加盟意大利 A1 联赛升班马蒙扎俱乐部，成为中国首位前往意大利联赛打球的现役国家男排运动员。

30 日 拉蒙·麦格赛赛奖 2014 年获奖名单正式公布，财新传媒总编辑胡舒立获奖。

31 日 5 位外国媒体驻京记者在国防部外事办公室新闻发布厅参加了每月例行的国防部记者会。这是国防部例行记者会制度自 2011 年 4 月 27 日建立发来，首度对外国媒体开放。

31 日 由中国五矿集团公司所属五矿资源有限公司牵头组成的联合体正式接手秘鲁邦巴斯特大铜矿，以 70.05 亿美元完成股权交割，从而实现了中国金属矿业史上的最大海外并购交易。

8月

1 日 我外交部发言人秦刚表示，中方已全部命名钓鱼岛及其附属岛屿，日本对包括中国钓鱼岛附属岛屿在内的 158 个无名离岛的命名是非法和无效的。

2 日 在柏林举行的第二十届世界翻译大会会员代表大会上，中国文学翻译家许渊冲荣获国际翻译界最高奖项之一——国际翻译家联盟（国际译联）2014“北极光”杰出文学翻译奖，成为该奖项 1999 年设立以来首位获此殊荣的亚洲翻译家。

3 日 16 时 30 分许，云南省昭通市鲁甸县境内（北纬 27.1 度，东经 103.3 度）发生 6.5 级地震，震源深度 12 公里。习近平和李克强立即作出重要指示和批示。4 日，受习近平总书记委派，李克强率工作组赶赴鲁甸地震灾区，实地察看灾情，指挥抗震救灾工作。截至 7 日 19 时，地震已造成 108.84 万人受灾，615 人死亡。

5 日 首部群众体育蓝皮书——《中国群众体育发展报告（2014）》在北京发布。

8 日 第一届全国武术运动大会在天津市工业大学体育馆正式开幕。

9 日 13 时 45 分，中国在酒泉卫星发射中心用长征四号丙运载火箭，成功将遥感卫星二十号送入太空。

14 日 在第四十一届国际象棋奥林匹克团体赛上，中国男队在最后一轮以 3:1 大胜波兰男队，首次问鼎奥赛冠军。中国女队在 2:2 战平乌克兰队后，连续第三次获得亚军。

16—28日 第二届夏季青年奥林匹克运动会在江苏省南京市举办。习近平出席开幕式。28日，李克强出席闭幕式，国际奥委会主席巴赫宣布南京青奥会闭幕。

20日 国家发改委宣布，对日本住友等8家零部件企业价格垄断行为依法处罚8.3亿余元，对日本精工等4家轴承企业价格垄断行为依法处罚约4亿元，合计罚款12.35亿元。这是中国反垄断部门迄今为止开出的最大罚单。

20日 "和平号角—2014"上海合作组织成员国首届军乐节开幕式暨军乐行进晚会在国家体育馆举行。许其亮出席并宣布军乐节开幕。

21日 刘云山出席全国纪念邓小平同志诞辰110周年学术研讨会并讲话，强调要认真学习贯彻习近平总书记在纪念邓小平同志诞辰110周年座谈会上的重要讲话精神，深刻认识邓小平同志的历史地位和卓越贡献，学习弘扬邓小平同志的崇高风范，不断深化邓小平理论的研究阐释，为夺取中国特色社会主义新胜利、实现中华民族伟大复兴的中国梦凝聚强大精神力量。

22日 人民日报报道：日前，我国研制运行的NIM5铯（sè）原子喷泉钟已通过评审，成为国际计量局认可的基准钟之一，参与修正国际原子时。这标志着，中国继法、美、德、意、日、英、俄7国之后，成为国际计量局认可的参与修正国际原子时的国家。

25日 由云南农业大学、云南省高原特色农业产业研究院等6家单位联合组成的科研团队，破译了辣木的三亿一千六百万对碱基排序，完成了世界上首个辣木基因组精细图谱绘制工作。该基因组的解析，为辣木的育种、药理研究、病虫害防治、推广等提供了重要的依据，将辣木研究带入到分子育种时代。

26日 为期三天的2014中国互联网大会在北京开幕。本次大会以"创造无限机会——打造新时代经济引擎"为主题，议题涵盖移动互联网、互联网金融、可穿戴设备、大数据、云计算等20余个板块。

9月

2日 李克强主持召开国务院常务会议，研究完善预算管理促进财政收支规范透明的相关意见，部署加快发展体育产业、促进体育消费推动大众健身。

3日 中共中央、国务院、中央军委在人民大会堂举行座谈会，纪念中国人民抗日战争暨世界反法西斯战争胜利69周年。习近平发表重要讲话。李克强出席座谈会，刘云山主持座谈会。上午，习近平、李克强、张德江、俞正声、刘云山、王岐山、张高丽等来到中国人民抗日战争纪念馆，与首都各界代表一起，向抗战烈士敬献花篮。

4日 中国首艘考古船"中国考古01号"在山东青岛首航。这是中国第一艘自主研发、设计和建筑的水下考古专用船，标志着我国水下考古专业设备的水平进入世界先进行列。

4日 纪念中美建交35周年招待会在人民大会堂举行，国家副主席李源潮出席并会见来华参加纪念活动家的美国前总统卡特。

5日 中共中央、全国人大常委会在人民大会堂隆重举行庆祝全国人民代表大会成立60周年大会。习近平在大会上发表重要讲话。李克强、俞正声、刘云山、王岐山、张高丽出席，张德江主持大会。

5日 云南省人民政府新闻办通报：昭通市水塘坝古生物化石遗址发现距今620万至610万年间的古猿头骨化石，弥补了亚洲古猿发现的时空空白，对欧亚大陆早期人类起源及其环境背景关系的研究具有极其重要的意义。

10日 第四届文化财产返还国际专家会议在甘肃敦煌闭幕，会议讨论并通过旨在促进文化财产保护与归还为主题的《敦煌宣言》，这是中国首次主导制定文物返还领域国际性规则。

10日 第二十七届中国电视金鹰奖评选结果在北京揭晓，《焦裕禄》《寻路》获最佳电视剧作品奖，《最强大脑》获最佳电视文艺节目作品奖，《苦难辉煌》获最佳电视纪录片作品奖，《新大头儿子小头爸爸》获最佳电视动画片作品奖等。

10日 在国家图书馆成立105周年之际，国家典籍博物馆正式开馆，首展为“国家图书馆馆藏精品大展”。

11日 人民日报报道：为进一步便利内地居民往来港澳地区，在广东省试点签发取得成功的基础上，公安部决定，全国公安机关出入境管理部门自9月15日起全面启用电子往来港澳通行证（即2014版往来港澳通行证）。

11日 人民日报报道：中国人民银行近日发布的《中国人民银行关于全面推进深化农村支付服务环境建设的指导意见》要求，深化助农取款服务，允许在银行卡助农取款服务点新增开办现金汇款、转账汇款、代理缴费三种业务。服务点办理助农取款或现金汇款业务，原则上单卡、单日累计金额均不得超过2000元。不得对余额查询及每卡、每月首笔取款业务收费。

12日 2014年女排亚洲杯在深圳落幕。中国女排在最后的决赛中以3:0战胜韩国女排，以6战全胜的战绩夺得冠军。

15日 以“质量、创新、发展”为主题的首届中国质量（北京）大会在人民大会堂召开，李克强出席会议并作重要讲话。

15日 最高人民检察院首次召开网络发布会，通过“网络上发布厅”发布第五批指导性案例。此次发布的3个指导性案例均为刑事抗诉案例，涉及抢劫、盗窃、故意杀人等刑事犯罪，都是检察机关在第二审程序提出抗诉、人民法院予以改判的案件。这是最高检自2010年12月31日发布首批指导性案例以来，第一次发布刑事抗诉指导性案例。

15日 中国银行在巴黎发行的人民币债券“凯旋债”成功在泛欧证券交易所上市，成为第一支在欧洲主板上市的中资机构人民币债券。同日，中国银行还与泛欧证券交易所签署全面战略合作协议，中国银行巴黎分行获得中国人民银行授权，担任巴黎人民币业务。

15日 人民日报报道：中科院古脊椎动物与古人类研究所汪筱林研究员领导的中国和巴西联合科研团队在中国辽西建昌和凌源距今约1.2亿年前的热河生物群中发现了一类新的翼龙类——阿凡达伊卡兰翼龙。

16日 中央军委授予空军某试飞大队“英雄试飞大队”荣誉称号暨给邹建国记一等功命名庆功大会在西安举行。中央军委委员、空军司令员马晓天出席大会，宣读了中央军委主席习近平签署的命令、通令，并分别为“英雄试飞大队”颁发奖旗、为邹建国颁发奖章和证书。

16日 人民日报报道：银监会、农业部近日联合发布《关于金融支持农业规模化生产和集约化经营的指导意见》，要求银行业金融机构适应农业规模化生产和集约化经营服务需要，调整信贷结构，创新产品服务，加大对农村金融服务的考核力度，对涉农业务进行专项激励考核，适当提高涉农业务的风险容忍度。

16日 人民日报报道：“海洋石油981”钻井平台在南海北部深水区陵水17－2测试获得高产油气流，测试日产天然气56.5百万立方英尺，相当于9400桶油当量。据测算，陵水17－2气田是中国海域自营深水勘探的第一个重大油气发现。

16日 由国家新闻出版广电总局主办、中央人民广播电台承办的首届国家应急广播大会——“2014中国应急广播大会”在北京召开。

16日 中国人民银行正式对外发布公告，授权中国工商银行担任卢森堡人民币业务清算行。这是工行在欧洲地区的第一家人民币清算行，也是工行在新加坡担任人民币清算行后再次获得境外清算行资格。

17日 李克强主持召开国务院第三次全体会议，决定任命崔世安为澳门特别行政区第四任行政长官，于2014年12月20日就职。

17日 李克强主持召开国务院常务会议，部署进一步扶持小微企业发展推动大众创业万众创新，决定全面建立临时救助制度、为困难群众兜底线救急难。

17日 人民日报报道：中国自主研制的第二代国产脑起搏器——清华可充电脑起搏器，已获得国家食品药品监督管理总局颁发的医疗器械产品注册证，即将上市销售。这标志着中国成为全球第二个掌握该技术的国家，帕金森患者将得到更加便宜、安全的治疗。

17—24日 第14届平壤国际电影节在朝鲜首都平壤举行。中国唯一入围参赛单元的影片《我的渡口》囊括长篇故事片导演奖、最佳男主角奖、音乐奖三大奖项，成为摘取奖项最多的影片。

18日 俞正声参观中华人民共和国国旗国歌国徽诞生珍贵档案展和庆祝人民政协成立65周年美术书法作品展。

20日 人民日报报道：国务院近日正式批复同意《国家应对气候变化规则(2014—2020)》，这是中国首部应对气候变化的中长期规划。

21日 中共中央、全国政协在全国政协礼堂隆重举行庆祝中国人民政治协商会议成立65周年大会。习近平在大会上发表重要讲话。李克强、张德江、刘云山、王岐山出席。俞正声主持大会。

21日 委内瑞拉政府与中国企业签署了总额约20亿美元的一系列合同，包括从中国采购建材、车辆等，旨在推动当地工业和住房建设发展。

22日 人民日报报道：据中国政府网消息，近日国务院正式批复同意在汕头经济特区设立华侨经济文化合作试验区。

23日 人民日报报道：中科院遥感与数字地球研究所郭华东院士领衔的“对地观测大数据应对全球变化”团队荣获联合国“全球脉动”计划奖。

23日 中俄建交65周年暨中俄友协成立65周年招待会在人民大会堂举行。全国人大常委会委员长张德江与俄罗斯联邦委员会主席马特维延科出席执行会并致辞。

24日 李克强主持召开国务院常务会议，部署完善固定资产加速折旧政策、促进企业技术改造、支持中小企业创业创新，决定进一步开放国内快递市场、推动内外资公平有序竞争。

24日 首届“日知世界史奖”颁奖典礼在北京举行，共评出四部获奖作品。北京大学马克垚教授的《西欧封建经济形态研究》获得一等奖。此外，东北师范大学建设的“世界古典文明文献数据库”也于当日正式上线启动。

24日 习近平在人民大会堂出席纪念孔子诞辰2565周年国际学术研讨会暨国际儒学联合会第五届会员大会开幕会并发表重要讲话。开幕会前，习近平会见了出席开幕会的部分外宾和国际儒学联合会负责人。国际儒学联合会会员、理事，国际儒学相关学术文化团体，国际友人及中国各界代表700多人出席开幕会。国际儒学联合会1994年10月5日在北京成立，目前有个人会员525人，团体会员45个，遍及世界五大洲50多个国家和地区。

27日 作家张贤亮因病医治无效去世，享年78岁。

27日 庆祝孔子学院建立10周年暨首个全球“孔子学院日”启动仪式在北京举行。习近平致信，向全球孔子学院全体师生表示热烈祝贺和诚挚问候。李克强也致集祝贺。

28日 全球单套装置规模最大的煤制油项目——神华宁煤400万吨/年煤炭间接液化示范项目，在宁夏宁东能源化工基地开工。

29日 李克强主持召开国务院常务会议，确定加强进口的政策措施，促进扩大对外开放；决定实施煤炭资源税改革，推进消费立税、减轻企业负担；部署强化审计工作，推动政策措施落实、服务经济社会发展。

29日 人民日报报道：近日，国务院印发《关于在中国（上海）自由贸易试验区内暂时调整实施有关行政法规和经国务院批准的部门规章规定的准入特别管理措施的决定》，自公布之日起施行。

30日 中国迎来首个“烈士纪念日”。上午，党和国家领导人同首都各界代表一起，在天安门广场人民英雄纪念碑前，向人民英雄敬献花篮。

10月

1日 民政部、财政部发出通知，即日起，再次提高优抚对象等人员抚恤和生活补助标准。

4日 第十七届亚洲运动会在韩国仁川落幕。中国体育代表团获得151金、108银、83铜，共计342枚奖牌，在金牌榜和奖牌榜均位列第一，并打破5项世界纪录。

5日 国务院新闻办发布《新疆生产建设兵团的历史与发展》白皮书，全面介绍新疆生产建设兵团的历史和发展状况。7日上午，庆祝新疆生产建设兵团成立60周年大会在新疆人民会堂隆重举行。中共中央、国务院、中央军委致贺信。

5日 人民日报报道：近日，国务院印发《物流业发展中长期规划（2014－2020年）》，部署加快现代物流业发展，建立和完善现代物流服务体系，提升物流业发展水平，为全面建成小康社会提供物流服务保障。

7日 第四十五届世界体操锦标赛在广西南宁开幕。当天晚上举行的男团决赛中，中国队以273.369分的总成绩夺得冠军，实现世锦赛男团“六连冠”。8日，中国体操女队以172.587分摘得女子团体银牌。

8日 党的群众路线教育实践活动总结大会在北京召开，习近平出席会议并发表重要讲话。

8日 首届南京国际美术展在南京开幕。这是迄今为止由中国民营机构发起主办的最大规模美术展。

9日 最高人民法院通报《关于审理利用信息网络侵害人身权益民事纠纷案件适用法律若干问题的规定》，首次划定个人住处保护的范围，明确利用自媒体等转载网络信息行为的过错认定，以及如何对网络水军进行规制。

9—15日 应德意志联邦共和国总理默克尔、俄罗斯联邦政府总理梅德韦杰夫、意大利共和国总理伦齐邀请，国务院总理李克强赴德国主持第三轮中德政府磋商并对德国进行正式访问、对俄罗斯进行正式访问并举行中俄总理第十九次定期会晤、对意大利进行正式访问。

10日 2014南非“姆基瓦人道主义奖”在南非巴特沃斯市颁奖，中国当代著名诗人、文化学者吉狄马加获奖，其彝族同胞、学生吉克曲布赴现场代为领取证书和奖杯。吉狄马加是第一个获得该奖的中国诗人，也是第一个获得该奖的亚洲人。评选委员会在颁奖词中称他为“人民文化的捍卫者”。

10日 人民日报报道：日前，国际知名学术期刊Cell Stem Cell刊登了北京大学生命科学学院邓宏魁研究组最新研究成果。该研究在世界上首次成功将恒河猴皮肤细胞诱导成为了“原始多潜能干细胞”，这是干细胞领域的一项重要突破。

10日 人民日报报道：中国科学技术大学合肥微尺度物质科学国家实验室陈向军教授研究组与罗毅教授合作，利用自主研制的扫描探针电子能谱仪，首次发现了非线性电子散射现象，该现象的发现有可能发展出一种革命性的表现单分子探测技术。研究成果发表在日前的《自然·物理》上。

13日 著名电影家、作家、文艺理论家于敏因病医治无效，在北京逝世，享年100岁。

14日 中国最大的石油与化工装备产业园——兰石集团兰州新区高端装备产业园项目建成投产。这是在中国向西开放的战略平台——兰州新区内首个从老城区迁入并投产的大型企业。

14日 中国首个航运和金融产业基地在上海启动。该基地将通过打造一站式航运服务综合体，吸引航运和金融产业链上的高端机构入驻，辐射整个亚太航运市场。

15日 习近平在北京主持召开文艺工作座谈会并发表重要讲话。他强调，文艺是时代前进的号角，最能代表一个时代的风貌，最能引领一个时代的风气。实现“两个一百年”奋斗目标、实现中华民族伟大复兴的中国梦，文艺的作用不可替代，文艺工作者大有可为。广大文艺工作者要从这样的高度认识文艺的地位和作用，认识自己所担负的历史使命和责任，坚持以人民为中心的创作导向，努力创作更多无愧于时代的优秀作品，弘扬中国精神、凝聚中国力量，鼓舞全国各族人民朝气蓬勃迈向未来。刘云山出席座谈会。

15日 人民日报报道：日前，国务院批复四川省政府，同意设立四川天府新区。四川天府新区位于四川省成都市主城区南偏东方向，区域范围涉及成都、眉山、资阳三市所辖7县（市、区），规划面积1578平方公里，具备交通设施完备、产业基础良好、科教实力雄厚等区位优势。

16日 人民日报报道：全国首家省级教育评估协会日前在广东成立，其主要功能是承接政府职能，开展教育评估学术与教育评估实践活动。

16日 蚂蚁金融服务集团正式宣告成立。蚂蚁金服专注于服务小微企业与普通消费者，未来将对所有合作伙伴开放云计算、大数据和市场交易三大平台，建设信用体系，拓展互联网时代的金融新生态。

16日 中国社会科学院学部委员、中国甲骨学及先秦史研究专家宋镇豪在《旅顺博物馆所藏甲骨》首发式上透露，中国社会科学院等机构的专家从旅顺博物馆馆藏1800多片从未公布过的罕见甲骨中，发现了34个新字和新字形。

17日 人民日报报道：经中央军委主席习近平批准，解放军总参谋部、总政治部、总后勤部、总装备部日前联合发布新修订的《军队领导干部经济责任审计规定》，为做好新形势下军队领导干部经济责任审计工作提供了基本依据，对于健全权力运行制约和监督体系，确保军队领导干部依法行使经济权力，促进军队作风纪律建设和反腐倡廉建设，将发挥重要作用。

17日 纪念《中华人民共和国民族区域自治法》颁布实施30周年座谈会在人民大会堂举行，张德江出席。

17日 中国证监会正式发布《关于改革完善并严格实施上市公司退回市制度的若干意见》，该意见自发布之日起30日后生效。

17日 人民日报报道：国际顶组学术期刊《科学》杂志首次为中国载入航天领域出版专刊——《人在太空的能力与绩效：中国航天人因工程研究进展》。

17日 人民日报报道：第五届“急救白金十分钟——全国自救互救日”活动日前在全国31个省份108个城市举行，本次活动由解放军总医院第一附属医院等178个医疗机构、红十字会、救援组织共同发起，其目的是向大众宣传普及急救知识和技能，降低意外伤病死亡率，减少致残率。2014年的主题是“做自己的急救医师”。

17日 泰国国家铁路上局与由中国铁建、泰国联合矿业公司等组成的联合体，在曼谷签订正式合同，确定购买115辆中国制造的客运列车车厢，用于提高泰国铁路长途客运能力。

18日 中国导演陈凯歌在法国驻上海总领事馆获颁法国艺术与文学司令官勋章，以表彰陈凯歌导演对中法文化交流所作出的杰出贡献。

18—24日 2014亚洲残疾人运动会在韩国仁川举办。中国体育代表团奖牌总数达317枚，其中金牌174枚、银牌95枚、铜牌48枚，奖牌和金牌总数均列第一。

19日 人民日报报道：中央近日审议通过了发展农民股份合作、赋予农民集体资产股份权能的改革试点方案，标志着中国布局农村集体资产产权试点工作即将全面展开。

19日 中华全国新闻工作者协会主办的第二十四届中国新闻将和第十三届长江韬奋奖评选揭晓。来自全国报社、通讯社、电台、电视台和新闻网站的283件作品获中国新闻将，其中特别奖4件，一等奖45件（含7个新闻名专栏），二等奖88件，三等奖146件；20名新闻工作者获长江韬奋奖，其中长江系列10名，韬奋系列10名。

20日 人民日报报道：经习近平主席批准，中央军委近日印发《中国人民解放军总部机关二级部党组织工作规定（试行）》。这是第一部系统规范总部机关二级部党组织的党内法规，为总部机关管党治党提供了重要遵循。

20—23日 中国共产党第十八届中央委员会第四次全体会议在北京举行。中央政治局主持会议，中央委员会总书记习近平作重要讲话。全会听取和讨论了习近平受中央政治局委托作的工作报告，审议通过了《中共中央关于全面推进依法治国若干重大问题的决定》。

21日 为促进云南由林业资源大省向林业经济强省的转变，中国首家森林资源评估协会云南省森林资源评估转会在昆明成立。

22日 曙光公司正式推出了国内首款基于龙芯3B处理器的服务器，为构筑国家住处安全长城提供了新基石。

22日 “汉风—中国汉代文物展”在法国国立吉美亚洲艺术博物馆开幕。习近平和法国总统奥朗德分别为展览题写序言，并共同担任监护人。

24日 02时00分，中国自行研制的探月工程三期再入返回飞行试验器，在西昌卫星发射中心用长征三号丙运载火箭发射升空，准确进入近地点高度为209公里、远地点高度41.3万公里的地月转移轨道。中国探月工程首次实施的再入返回飞行试验首战告捷。

25日 中国共产党第十八届中央纪律检查委员会第四次全体会议在北京举行。全会的主要任务是，认真学习贯彻党的十八届四中全会精神，对纪检监察系统落实全会精神进行部署，推动党风廉政建设和反腐败斗争深入开展，为全面推进依法治国提供坚强有力保证。全会由中央纪律检查委员会常务委员会主持。王岐山讲话。

26日 清华大学与信威通信产业集团联合宣布：中国首颗低轨移动通信卫星——灵巧通信试验卫星已完成全部在轨测试试验，工程任务取得圆满成功。

27日 习近平主持召开中央全面深化改革领导小组第六次会议并发表重要讲话。李克强、刘云山出席会议。会议审议了《关于加强社会主义协商民主建设的意见》《关于中国（上海）自由贸易试验区工作进展和可复制改革试点经验的推广意见》《关于加强中国特色新型智库建设的意见》，审议通过了《关于国家重大科研基础设施和大型科研仪器向社会开放的意见》，建议根据会议讨论情况进一步修改完善后按程序报批实施。

27日 军事检察院对中央军委原副主席徐才厚涉嫌受贿犯罪案件侦查终结，移送审查起诉。军事检察院侦查查明，徐才厚利用职务便利，为他人晋升职务提供帮助，直接和通过家人收受贿赂，数额特别巨大；利用职务影响为他人牟利，其和家人收受他人贿赂，数额特别巨大。徐才厚对受贿犯罪事实供认不讳。此前，中共中央决定开除徐才厚党籍，中央军委决定开除徐才厚军籍、取消其上将军衔。

28日 人民日报报道：国务院日前印发《关于加强审计工作的意见》。《意见》指出，重点围绕稳增长、促改革、调结构、惠民生、防风险等政策措施落实情况，以及公共资金、国有资产、国有资源、领导干部经济责任履行情况进行审计，实现审计监督全覆盖。

29日 人民日报报道：近日，国务院印发《关于加快科技服务业发展的若干意见》，部署培育和壮大科技服务市场主体，创新科技服务模式，延展科技创新服务链，促进科技服务业专业化、网络化、规模化、国际化发展，为建设创新型国家、打造中国经济升级提供重要保障。这是国务院首次对科技服务业发展作出的全面部署。

29日 人民日报报道：由中国华电集团公司与美国通用电气公司合作，在国内组装生产的首台世界上最先进的5万千瓦等级航改型燃气轮机发电机组日前在上海顺利下线。这标志着中美在清洁能源合作领域迈出实质性步伐，中国分布式能源核心装备国产化迈出了历史性的一步。

29日　何梁何利基金2014年度颁奖大会在北京举行。本年度何梁何利基金授予中国科学院物理所研究员赵忠贤和清华大学教授薛其坤“科学与技术成就奖”，授予陈恕行等36名科技工作者“科学与技术进步奖”，授予李劲松等14名科技工作者“科学与技术创新奖”。

29日　中国国家互联网信息办公室和国家新闻出版广电总局联合下发《关于在新闻网站核发新闻记者证的通知》，通知要求，在全国新闻网站正式推行新闻记者证制度。

30日　全军政治工作会议在福建省上杭县古田镇召开。31日，习近平出席会议并发表重要讲话。

30日　人力资源和社会保障部、国家卫生计生委和国家中医药管理局共同在北京举办第二届国医大师表彰大会，授予干祖望等29人“国医大师”荣誉称号，享受省部级先进工作者和劳动模范待遇；追授巴黑·玉素甫“国医大师”荣誉称号。

31日　人民日报报道：随着“老龄化”社会的到来，中国的“银发市场”日益吸引国际资本。中国人寿养老保险公司日前引入战略投资者，向澳大利亚安保人寿有限公司定向发行67996万股，对方持股比例为19.99%，为公司第二大股东。此举令中国人寿养老保险公司成为国内首家中外合资的养老保险企业。

11月

1日　自10月27日至今，十二届全国人大常委会第十一次会议在北京召开。会议表决通过全国人大常委会关于修改行政诉讼法的决定，表决通过反间谍法。表决通过全国人大常委会关于设立国家宪法日的决定和关于民法通则第九十九条第一款、婚姻法第二十二条的解释。张德江主持会议。

1日　中国国防科技工业局宣布，当日6时42分，再入返回飞行试验返回器在内蒙古四子王旗预定区域顺利着陆，我国探月工程三期再入返回飞行试验获得圆满成功。

4日　习近平主持召开中央财经领导小组第八次会议，研究丝绸之路经济带和21世纪海上丝绸之路规划、发起建立亚洲基础设施投资银行和设立丝路基金。习近平发表重要讲话，李克强、刘云山、张高丽出席。

5日　李克强主持召开国务院常务会议，决定削减前置审批、推行投资项目网上核准，释放投资潜力、发展活力；部署加强知识产权保护和运用，助力创新创业、升级“中国制造”。

5日　2014年全国乒乓球锦标赛决赛，上海队以3∶2战胜解放军一队，时隔15年后再压全国锦标赛男团冠军。黑龙江省女子乒乓球队夺得女团冠军，这是继黑龙江省1986年焦志敏时代夺冠后时隔28年再次夺冠。

6日　中国首个知识产权法院——北京知识产权法院正式履行法定职责，这标志着十八届三中、四中全会部署的司法体制改革迈出重要一步。

6日　2014赛季中超联赛颁奖盛典在北京清华大学举行。广州恒大外援埃尔克森获得最佳射手和最佳球员两项大奖，最佳教练员被北京国安队教练员曼萨诺获得。

6—10日　应国务院总理李克强邀请，

加拿大总理斯蒂芬·哈珀对我国进行正式访问。哈珀总理还应邀出席了亚太经合组织领导人非正式会议有关活动。

7日 人民日报报道：中央军委主席习近平近日签署命令，解放军审计署由总后勤部划归中央军委建制，在中央军委领导下，主管全军审计工作，对中央军委负责并报告工作，其党的建设、政治工作和行政管理由军委办公厅领导。调整解放军审计署建制领导关系命令宣布大会6日在北京举行。

7—13日 中国国家主席习近平在北京主持了亚太经合组织（APEC）第二十二次领导人非正式会议、东道国伙伴对话会并举行相关国事活动。习近平主席共开展约80场双边和多边活动，同22位国家元首和政府首脑会谈会见，签署和见证签署70多个双边合作协议。李克强总理、其他领导也开展了20多场相关外交活动。

10日 国家主席习近平夫人彭丽媛同参加2014年亚太经合组织领导人非正式会议的部分经济体领导人夫人出席由中国残疾人联合会主办的“促进残疾人共享经济社会发展成果”主题系列活动。

10日 根据中国外交部消息，中美双方经过友好协商并本着平等互惠原则，已就互为对方商务、旅游和留学人员颁发长期多次签证达成共识，根据该共识，双方将为前往对方国家从事商务、旅游活动的另一方公民颁发有效期最长为10年的多次入境签证，为从事留学活动的公民颁发有效期最长为5年的多次入境签证，自11月11日起执行。

10—12日 应中国国家主席习近平邀请，美利坚合众国总统贝拉克·奥巴马来华出席亚太经合组织领导人非正式会议并对中国进行国事访问。

11日 国际著名科学杂志《物理评论D》快报栏目发表了中国暗物质实验合作组的研究成果。这个结果非常明确地排除了美国CoGeNT实验组给出的暗物质区域，并且排除了意大利和美国两家权威暗物质实验组的大部分区域，是一个国际前沿水平的实验结果。

12日 由国家新闻出版广电总局和广东省政府主办的2014中国（广州）国际纪录片节在广州图书馆揭幕。广州纪录片节已经成为亚洲规模最大的纪录片产业盛会。

12日 人民日报报道：中国科学技术大学生命科学学院教授刘海燕研究组成功建立了一种蛋白全序列从头设计的新途径，该方法设计的蛋白质空间结构与预定目标高度吻合。相关论文近日发表在《自然·通讯》杂志上。

12—14日 应东盟轮值主席国缅甸联邦共和国总统吴登盛邀请，国务院总理李克强出席在缅甸内比都举行的第十七次中国—东盟（10+1）领导人会议、第十七次东盟与中日韩（10+3）领导人会议和第九届东亚峰会，并对缅甸进行正式访问。

13日 人民日报报道：国家反恐怖情报信息平台联合坐席制日前在北京启动。

14日 人民日报报道：在广东珠海举行的第十届中国国际航空航天展览会上，中航工业直升机哈飞与美国维信航空公司签署20架运-12系列飞机销售合同。这是国产民机首次进入发达国家市场，标志着运-12飞机已经被发展最成熟的、要求最严格的美国市场所认可，在中国民机发展史上具有里程碑的意义。

14日 人民日报报道：解放军总医院生殖医学中心姚元庆教授带领研究团队，开发出基于新一代测序技术的植入前胚胎遗传学检测技术，并顺利完成临床转化，标志着人类辅助生殖技术进入了后基因组时代。

15日 李克强主持召开国务院常务会议，部署加快推进价格改革，更大程度让市场定价；决定实施普遍性降费，进一步为企业特别是小微企业减负添力；确定促进云计算创新发展措施，培育壮大新业态新产业。

17日 沪港通正式启动。沪港通是指上海证券交易所（上交所）和香港联合交易所有限公司（香港联交所）建立技术连接，使内地和香港投资者可以通过当地证券公司或经纪商买卖规定范围内的对方交易所上市的股票。

17日 国务院办公厅发布《关于加快发展商业健康保险的若干意见》，提出到2020年，基本建立市场体系完备、产品形态丰富、经营诚信规范的现代商业健康保险服务业。

18日 人民日报报道：《中共中央关于再废止和宣布失效一批党内法规和规范性文件的决定》日前发布。根据《决定》，纳入第二阶段清理范围的新中国成立至1977年期间中共中央制定的411件党内法规和规范性文件中，160件被废止，231件宣布失效，20件继续有效。《决定》的发布，标志着中央党内法规和规范性文件集中清理工作全部完成。

18日 经国务院批准，《政府核准的投资项目目录（2014年本）》正式印发。

18日 从中国海运（集团）总公司获悉：当今世界最大集装箱船19100TEU型“中海环球”轮正式交付投入运营。

19日 李克强主持召开国务院常务会议，决定进一步采取有力措施缓解企业融资成本高问题，部署促进贫困地区儿童发展、让困难家庭孩子拥有美好未来，讨论通过《中华人民共和国促进科技成果转化法修正案（草案）》。

19日 中国海事仲裁委员会香港仲裁中心在香港正式成立，这是海仲委首个在内地以外的仲裁中心。

20日 中华英烈褒扬事业促进会在北京成立。该会旨在搭建政府与社会合作桥梁，开展促进英烈褒扬事业发展的活动，宣扬英烈事迹、弘扬英烈精神，为实现中华民族伟大复兴、凝聚中国力量作出积极贡献。

20日 人民日报报道：第三届“中国法治政府奖”日前揭晓。湖南省长沙发市政府法制办报送的“出台全国首部规范政府法制工作的地方政府规章”、山东省济宁市政府报送的“行政复议体制改革”、北京市委市政府信访办报送的“创办信访矛盾分析研究中心”等10个项目获奖。另有14个项目获得“中国法治政府奖提名奖”。

21日 人民日报报道：近日，中共中央办公厅、国务院办公厅印发了《关于引导农村土地经营权有序流转发展农业适度规模经营的意见》，要求各地区各部门结合实际认真贯彻执行。

21日 人民日报报道：近日，国务院印发《关于扶持小型微型企业健康发展的意见》，从资金支持、财税优惠、创业基地建设、促进企业信息互联互通等方面提出一系列政策措施，扶持小微企业（含个体工商户）健康发展。

21日 人民日报报道：近日，国务院印发《关于调整城市规模划分标准的通知》，对原有城市规模划分标准进行了调整，明确了新的城市规模划分标准。

21日 歌剧《白毛女》首场演出中喜

儿扮演者、歌唱家王昆去世，享年89岁。

21日 人民日报报道：国防科技大学研制的天河二号超级计算机在国际TOP500组织首次正式发布的超级计算机高性能共轭梯度（HPCG）基准测试排行榜上位居第一。

21日 人民日报报道：珠海航展上，中国电子科技集团公司研制的中国浮空器首次在世界级航展亮相。

23日 自11月14日至今，国家主席习近平应邀赴布里斯班出席二十国集团领导人第九次峰会，对澳大利亚、新西兰、斐济进行国事访问并同太平洋建交岛国领导人举行集体会晤。

24日 首届国家网络安全宣传周启动仪式在北京举行，刘云山在启动仪式上发表讲话。25日是首届国家网络安全宣传周的“政务日”。2014年，全国的党政机关和事业单位网站挂上统一的“防伪标识”，公众在互联网上寻求政务和公共服务时将更加安心放心。

24日 人民日报报道：近日，国务院批准并印发了《鲁甸地震灾后恢复重建总体规划》。

25日 人民日报报道：近日，国务院印发《关于取消和调整一批行政审批项目等项的决定》，取消和下放58项行政审批项目，取消67项职业资格许可和认定事项，取消19项评比达标表彰项目，将82项工商登记前置审批事项调整或明确为后置审批等。

25日 人民日报报道：根据自然出版集团最新发布的自然指数，中国科研机构对全球科学的贡献近年来显著增加，其中中科院“加权分值计数法”指数在全球科研机构中名列第一。

26日 李克强主持召开国务院常务会议，部署加快发展服务外包产业、打造外贸竞争新优势，确定进一步加强传染病防治人员安全防护的措施，讨论通过《中华人民共和国大气污染防治法（修订草案）》。

26日 财政部、科技部、工业和信息化部、发改委近日联合发出通知，为加快新能源汽车充电设施建设，推进新能源汽车产业稳步发展，中央财政拟安排资金对新能源汽车推广城市或城市群给予充电设施建设奖励。政策执行期限为2013—2015年；2016年以后，财政部等四部委将根据新能源汽车推广应用规模和充电设施建设运营成本等情况，对奖励政策进行适当调整。

26日 教育部留学服务中心发布《2014中国留学回国就业蓝皮书》，《蓝皮书》得出结论：中国留学回国人员年龄分布在22—34岁区间的，占全部留学回国人员的95%，接近7成的回国人员年龄分布22—26岁之间。获得学士学位留学回国人员的平均年龄为25.53岁，硕士为26.63岁，博士为34.73岁。63%的回国人员具有硕士学位，30%具有学士学位，具有博士学位的仅占6%。

28日 中国农业银行400亿元优先股在上海证券交易所正式挂牌，标志着中国境内资本市场第一支优先股产品圆满完成发行及挂牌工作。

29日 《中国城市报》首发式在北京举办。《中国城市报》是一份致力于服务国家城镇化战略和推进中国城镇化进程的专业报纸，填补了我国报业的一个空白。

29日 2014年世界青少年乒乓球锦标赛在沪开幕。这也是乒乓世青赛首次在中国举行。

29日 2014年度吴阶平医学奖和吴阶

平医药创新奖颁奖仪式在广东中山举行，吴天一、戴尅戎两位院士获得今年的吴阶平医学奖；宁光、高月、谢恬则获得吴阶平医药创新奖。

12月

1日 农业部副部长陈晓华表示，到2013年年底，全国已有2.8万个村和5万个组完成农村集体产权制度改革。

1日 从海关总署获悉，区域通关一体化改革即日起推广至长江全流域，陆路通关模式纳入广东地区海关区域通关一体化改革，这标志着京津冀、长江经济带、广东地区三大区域通关一体化改革全面实施。

1日 蒙（自）河（口）铁路正式开通运营。蒙河铁路的投入运营标志着中越国际铁路通道国内段全线贯通。

1日 韩中银行间韩元对人民币直接交易在韩正式启动，这是韩国离岸人民币市场发展中具有标志性意义的事件，有助于降低货币兑换和交易成本。

2日 《南京大屠杀死难者国家公祭读本》小学版《血火记忆》、初中版《历史真相》、高中版《警示思考》分别在南京市小学五年级、初中二年级、高中及职高二年级同时正式开课，全市相关年级12万学生在各自学校上了“国家公祭”第一课。

2日 民政部网站发布消息称，为推动我国养老服务业健康发展，推进社会服务业对外开放，商务部、民政部日前发布公告，鼓励外国投资者在华设立营利性养老机构从事养老服务。

3—4日 全军装备工作会议在北京召开。中共中央总书记、国家主席、中央军委主席习近平在会上发表重要讲话强调，要贯彻总体国家安全观，牢牢把握党在新形势下的强军目标，坚持信息主导、体系建设，坚持自主创新、持续发展，坚持统筹兼顾、突出重点，加快构建适应履行使命要求的装备体系，为实现强军梦提供强大物质技术支撑。

4日 人民日报报道：日前国务院发布了《全国资源型城市可持续发展规划（2013—2020年）》，提出到2020年，资源枯竭城市历史遗留问题基本解决，可持续发展能力显著增强，转型任务基本完成。这个《规划》是中国首次在资源型城市可持续发展领域发布的国家级专项规划。《规划》首次确定了资源型城市在全国的分布，主要包括矿业城市和森工城市两类。

4日 今天是我国首个国家宪法日。国家宪法日的设立，意味着宪法在中国政治生活中的地位进一步凸显。

4日 国家统计局发布公告，2014年全国粮食总产量达到60709.9万吨（12142亿斤），比2013年增加516万吨（103.2亿斤），增长0.9%。我国粮食总产量实现“十一连增”。

4—5日 中国自主三代核电技术ACP1000在维也纳接受并通过了国际原子能机构反应堆通用设计审查。这是我国自主三代核电技术首次面向国际同行审查。

5日 中共中央政治局会议审议并通过中共中央纪律检查委员会《关于周永康严重违纪案的审查报告》，决定给予周永康开除党籍处分，对其涉嫌犯罪问题及线索移送司法机关依法处理。最高人民检察院经审查决定，依法对周永康涉嫌犯罪立案侦查并予以逮捕。2013年12月1日，中央政治局常委会召开会议，听取了中央纪委在查办案件中发现的周永康违纪线索情况的汇报，决定开展相应核查工作。2014年7月29日，中央政治局召开会议，听取了中央纪委开展核查工作情况的汇报，决定对周永康立案审查。

5日 A股以总成交量逾1.07万亿元，首破万亿元大关。中国股市从9月初开始走出一波牛市行情，A股史上最大单日成交纪录被频频改写。时隔44个月，沪指于12月8日重新站上3000点。之后，多空双方展开了激烈的较量。

8日 新华社报道：国务院近期先后下达关于同意西藏自治区撤销日喀则地区、昌都地区，分别设立日喀则市、昌都市的批复。

9—11日 中央经济工作会议在北京举行。中共中央总书记、国家主席、中央军委主席习近平在会上发表重要讲话，分析当前国内外经济形势，总结2014年经济工作，提出2015年经济工作的总体要求和主要任务。李克强在讲话中阐述了2015年宏观经济政策取向，对2015年经济社会发展重点工作作出具体部署，并作总结讲话。

9日 上海市司法局公布《中国（上海）自由贸易试验区中外律师事务所互派律师担任法律顾问的实施办法》《中国（上海）自由贸易试验区中外律师事务所联营的实施办法》，这标志着自贸试验区法律服务扩大开放措施进入正式实施阶段。

12日 据新华社报道：中共中央办公厅、国务院办公厅近日印发了《关于规范国歌奏唱礼仪的实施意见》，并发出通知，要求各地区各部门结合实际认真贯彻执行。

12日 中国银监会发布公告，批准深圳前海微众银行开业。这是首家获准开业的民营银行。7月25日和9月29日，银监会先后批复深圳前海微众银行、温州民商银行、天津金城银行、上海华瑞银行股份有限公司和浙江网商银行股份有限公司五家民营银行筹建。

13日 中共中央、全国人大常委会、国务院、全国政协、中央军委在南京隆重举行南京大屠杀死难者国家公祭仪式。中共中央总书记、国家主席、中央军委主席习近平出席并发表重要讲话强调，只有人人都珍惜和平、维护和平，只有人人都记取战争的惨痛教训，和平才是有希望的。中共中央政治局常委、全国人大常委会委员长张德江主持公祭仪式。这是首个南京大屠杀死难者国家公祭仪式。

15日 国家发展改革委在其网站公布了关于北京新机场工程可行性研究报告的批复，同意建设北京新机场，并要求努力把北京新机场建成代表新世纪新水平的标志性工程。根据批复，工程按2025年旅客吞吐量7200万人次、货邮吞吐量200万吨、飞机起降量62万架次的目标设计。

16日 教育部出台《关于加强和改进普通高中学生综合素质评价的意见》，提出学校要为每位学生建立综合素质档案，包含思想品德、学业水平、身心健康、艺术素养、社会实践五个方面的综合素质评价，高校将参考评价情况招生录取。

17日 教育部等5部门联合下发《关于进一步减少和规范高考加分项目和分值的意见》，规定自2015年1月1日起，取消重大体育比赛获奖者、二级运动员统测合格者、省级优秀学生、思想政治品德突出事迹者、奥赛获奖者、科技类竞赛获奖者等6项全国性加分项目。

19日 中共中央总书记、国家主席、中央军委主席习近平乘专机抵达澳门，出席于20日举行的庆祝澳门回归祖国15周年大会暨澳门特别行政区第四届政府就职典礼。19日晚，以“澳门梦·中国心”为主题的庆祝澳门回归祖国15周年文艺晚会在澳门东亚运动会体育馆举行。国家主席习近平和夫人彭丽媛观看了演出。

20日 我国西南地区首条城际高速铁路客运专线——成绵乐客专正式投运，打造出了一条穿越成都平原最方便、最快捷的新通道。

23日 第十二届全国人民代表大会常务委员会第十二次会议审议了国务院关于统筹推进城乡社会保障体系建设工作情况的报告。报告指出，我国将推进机关事业单位养老保险制度改革。党政机关、事业单位建立与企业相同基本养老保险制度，实行单位和个人缴费，改革退休费计发办法。

28日 上海市第三中级人民法院、上海知识产权法院和上海市人民检察院第三分院正式成立。上海在全国首次探索设立跨行政区划的人民法院和人民检察院。

28日 由中国中铁大桥局承建的武汉鹦鹉洲长江大桥正式通车。鹦鹉洲长江大桥是目前世界上跨度最大的三塔四跨悬索桥。

29日 从国家卫生计生委网站获悉，国家卫计委、教育部、民政部三部门联合发布通知，要求确保受艾滋病影响儿童医疗、教育和生活保障等政策措施落实到位，努力消除对受艾滋病影响儿童的社会歧视。

29日 水陆两栖飞机AG600首个大部件——中机身在中航飞机西安分公司顺利下架。AG600飞机是国务院立项批复的三个大型民用飞机项目之一。

29日 新华社“新闻信息超市电子交易平台”项目在北京举行启动仪式。这是新华社结合先进的电子商务应用，推动新闻信息供稿服务方式转型升级，推动融合发展作出的重要创新举措。

30日 世界最大的两家轨道交通装备制造商——中国北车和中国南车联合发布公告，宣布双方依循“对等合并、着眼未来、规范操作”的原则进行合并，以打造一家以轨道交通装备为核心、跨国经营、全球领先的大型综合性产业集团，推动中国高端装备制造进一步走向世界。

30日 苏南运河苏州段三级航道整治工程通过验收，标志着京杭运河苏南段全线212公里航道已全部建成可通航千吨级船舶的三级航道。

鸣　谢

在本书的编纂过程中，我们以新华社数据库为主，参考了下列报纸、期刊和网络等媒体的相关报道，加以整合、精编，以成此书。特对以下媒体致谢！

《人民日报》《新华每日电讯》《参考消息》《经济日报》《光明日报》《工人日报》《新京报》《北京青年报》《文摘报》《法制日报》《中国文化报》《人民政协报》《科技日报》《中国新闻出版报》；

《半月谈》《时事资料手册》《新华月报》；

中国政府网、新华网、人民网、光明网、中国新闻网。

编　者

2015年1月1日

《中华人民共和国年鉴》（2014），中文版设有国家机构、国防、外交、经济总类等38个部类，310万字，并收录了100多幅具有史料价值的图片。英文版设有国家机构、国防、外交、商务等36个部类，并收录了400多幅具有史料价值的图片。

全书资料除取材于新华社多媒体数据库外，还特约中央有关部委、各省、自治区、直辖市人民政府的权威人士独家撰稿。